Mechatronische Produktentwicklung im Kontext der Mikromobilität

Margot Ruschitzka · Harry Ott · Rene Degen

Mechatronische Produktentwicklung im Kontext der Mikromobilität

Modellbildung, Regelung, Simulation

Springer Vieweg

Margot Ruschitzka
TH Köln – University of Applied Sciences
Köln, Deutschland

Harry Ott
TH Köln – University of Applied Sciences
Köln, Deutschland

Rene Degen
TH Köln – University of Applied Sciences
Köln, Deutschland

ISBN 978-3-662-64622-9 ISBN 978-3-662-64623-6 (eBook)
https://doi.org/10.1007/978-3-662-64623-6

Die Deutsche Nationalbibliothek verzeichnet diese Publikation in der Deutschen Nationalbiblio-grafie; detaillierte bibliografische Daten sind im Internet über http://dnb.d-nb.de abrufbar.

Planung/Lektorat: Markus Braun
Springer Vieweg ist ein Imprint der eingetragenen Gesellschaft Springer-Verlag GmbH, DE und ist ein Teil von Springer Nature.
Die Anschrift der Gesellschaft ist: Heidelberger Platz 3, 14197 Berlin, Germany

Vorwort

Die mechatronische Produktentwicklung nimmt unaufhaltsam an Bedeutung zu. In nahezu allen technischen uns augenscheinlich begegnenden und auch unsichtbaren Produkten spielt die effiziente und sichere Regelung der Komponenten eine entscheidende Rolle. Hinzu kommt das rapide Wachstum an elektrifizierten Antrieben in unseren alltäglichen Fortbewegungsmitteln: Ob im Auto, im Fahrrad oder den neuartigen urbanen Möglichkeiten – der intelligente Elektromotor begleitet uns auf Schritt und Tritt.

In der Folge gilt es auch für den nicht mit diesen Inhalten affinen Entwickler oder jenen anderen Interessierten souverän mit der Thematik umzugehen und ausreichende Kenntnisse darüber zu erlangen. Dieses Buch soll auf diesem wichtigen Weg begleiten. An dieser Stelle könnten nun bereits erste vertiefte Verweise auf die noch kommenden Inhalte und deren Charakteristika erfolgen, doch lassen Sie sich hiervon gerne überraschen. Vielmehr möchten wir zum jetzigen Zeitpunkt auf eine ganzheitliche Besonderheit eingehen. Sie werden beim Lesen und Stöbern in diesem Werk bemerken, dass die Art und Weise der Gestaltung der Inhalte ein ganz spezielles Naturell aufweist: Der Aufbau des Werkes erfolgt in Form einer speziell abgestimmten Komplexitätstreppe, durch die alle wesentlichen Informationen in komfortablen Wissensstufen zu erlangen sind. Wir hoffen Sie so auf einem möglichst transparenten, effizienten und zugleich auch spannenden Pfad zu leiten, bei dem Sie zu keiner Zeit den Überblick oder gar den Fokus auf das eigentliche Ziel verlieren.

Bevor die geführte Wanderung durch die mechatronische Entwicklungswelt nun aber beginnen soll, möchten wir zuvor noch den am Werk beteiligten und relevanten Personen herzlich danken:

Herrn Martin Maximilian de Fries, der im Rahmen von Forschungsarbeiten diverse Fragestellungen mit vorangetrieben und insbesondere in der finalen Phase bei der Aus- und Aufarbeitung entscheidend mitgewirkt hat.

Sebastian Knäpper und René Teitscheid, für Ihr Engagement und ihr Mitwirken im Rahmen von Abschluss- bzw. Projektarbeiten.

Herrn Alexander Nüßgen und Herrn Marcus Irmer, die maßgeblich bei der Finalisierung und Darstellung mitgewirkt und durch qualifizierte fachliche Anmerkungen sowie Gespräche entscheidend zum Erfolg beigetragen haben.

Ohne die entsprechende Unterstützung Eurerseits wäre das Erscheinen dieses Buchs so nicht möglich gewesen.

Inhaltsverzeichnis

Abbildungsverzeichnis

Tabellenverzeichnis

1 Einleitung

Die zunehmende Urbanisierung ist ein treibender Faktor für die Entwicklung von alternativen, effizienten und nachhaltigen Mobilitätslösungen in der Stadt. Dieser Prozess wird zusätzlich durch die weitreichenden Möglichkeiten und den technologischen Fortschritt von Elektromobilität unterstützt. Dies ermöglicht somit die Umsetzung bedarfsgerechter Lösungskonzepte für den Einsatz in städtischen Umgebungen, angepasst an Infrastruktur und Verkehrsteilnehmer. Das Resultat ist eine zunehmende Vielfalt an Mikromobilitätslösungen, welche die Entwicklung gesamtheitlicher, sicherer Lösungskonzepte erforderlich macht. So hat beispielsweise Bosch 2017 das erste Anti-Blockiersystem (ABS) für Fahrräder vorgestellt und dessen Mehrwert für – insbesondere elektrifizierte – Fahrräder begründet [1].

Diese Zunahme an Fahrerassistenzsystemen (FAS) geht eng mit dem technologischen Fortschritt im Bereich elektrischer Antriebssysteme für Mikromobilitätslösungen einher. Moderne E-Cargobikes sind derweil im Stande ein Gesamtgewicht von 300kg zu bewegen ohne besondere Zulassungsbeschränkungen zu erfüllen oder einen Versicherungsschutz nachzuweisen. Die elektrischen Antriebssysteme bieten dem Nutzenden demnach eine komfortable Unterstützungsmöglichkeit bei diesem hohen möglichen Betriebsgewicht eines mobilen Kleinstfahrzeuges. Fahrdynamisch sind solche Fahrzeuge wie beispielsweise E-Scooter mit kleinen Rädern oder mehrspurige E-Cargobikes mit hohem Fahrzeugschwerpunkt jedoch kritisch zu betrachten. Große Radstände spiegeln sich demnach in großen Wendekreisen und hohe Fahrzeugschwerpunkte bei zugleich hoher Zuladungsmasse in einer überdurchschnittlichen Kippanfälligkeit wieder. Dies macht es erforderlich, neben der fortwährenden Weiterentwicklung elektrischer Antriebssysteme, auch deren Potential zur Umsetzung weiterer Systemfunktionen zu untersuchen.

M. Ruschitzka et al., *Mechatronische Produktentwicklung im Kontext der Mikromobilität*, https://doi.org/10.1007/978-3-662-64623-6_1

Der steigende Bedarf spiegelt sich ebenfalls in dem wachsenden wissenschaftlichen Interesse an Mikromobilität wieder. Neben der Entwicklung von Assistenzsystemen zur Umfeldüberwachung, zeigt sich dies an dem steigenden Interesse an aktiven Assistenzsystemen zur Erhöhung der Fahrsicherheit. Diese nutzen insbesondere die vorhandenen elektrischen Antriebssysteme als Aktoren. Dabei unterstützt modernster Simulationstechnik und –Methoden den gesamtheitlichen Systementwurf. Darüber hinaus spielt die Betrachtung wirtschaftlicher und ressourceneffizienter Aspekte zunehmend eine Rolle. Beispielsweise kommen deutlich komplexere und genauere Regelungskonzepte zum Einsatz, welche den Einsatz kostengünstigerer Hardware erlauben. Ferner sind es Technologien zur Energierückgewinnung, welche gerade im urbanen Raum deutliche Potentiale zur Steigerung der systemischen Reichweite bieten.

Die Inhalte dieses Buches beschreiben die sukzessive Entwicklung einer modellbasierten Antriebsregelung für mehrspurige Elektro-Kleinstfahrzeuge unter Berücksichtigung der individuellen Fahrzeugdynamik. Hierzu dient ein gesamtheitlicher Simulationsansatz, der sich progressiv in mehreren Integrationsstufen entwickelt. Den Anfang macht dabei die mathematische Beschreibung des Antriebssystems, bestehend aus Batterie, Leistungselektronik und Motor, sowie der Fahrmechanik. Die korrespondierenden Simulationsmodelle bilden die Basis für den Entwurf von Antriebsregelungen sowie von übergeordneten Assistenzfunktionen. Im sukzessiven Vorgehen erfolgt dann die Implementierung der Regelungsalgorithmen in der Simulation bis hin zur realen Zielhardware.

In Summe präsentiert sich in den folgenden Kapiteln ein innovativer Ansatz zur Entwicklung gesamtheitlicher Fahrfunktionalitäten von mehrspurigen Mikromobilitätskonzepten.

Die Erarbeitung der Buchinhalte erfolgte teilweise mit Hilfe der Produkte MATLAB® mit der Control System™ Toolbox und Simulink® mit Stateflow® der Firma MathWorks[1] und weiterer Software der Firma dSPACE[2].

[1] *The MathWorks, Inc., 3 Apple Hill Drive, Natick, MA 01760-2098 USA*
[2] www.dspace.com

2 Regelung eines Synchronmotors

Die Grundlage für die Beeinflussung mechanischer Systeme bilden Aktuatoren. Diese setzten elektrische Steuersignale in mechanische Bewegungen oder andere physikalischen Größen um. Einen großen Anteil an Aktuatoren bilden elektrische Maschinen. Diese nutzten die Eigenschaften elektromagnetischer Wechselwirkung und basieren auf dem Prinzip der elektromagnetischen Induktion und der daraus resultierenden magnetischen Kraftwirkung. Dieser Teil des Buches beschäftigt sich insbesondere mit dem permanentmagneterregten Synchronmotor und dessen Regelung. Hierzu erfolgt zunächst die grundlegende Beschreibung des mechanischen Aufbaus. Anschließend wird die Raumzeigerdarstellung eingeführt, mit deren Hilfe Ströme und Spannungen im stationären Betrieb konstante Werte annehmen. Diese Prinzipien bilden die Grundlage für die mathematische Modellbildung des permanenterregten Synchronmotors, die Analyse des Modells und den Entwurf einer mehrschleifigen Regelung. Abschließend plausibilisiert eine simulative Erprobung das Systemverhalten.

2.1 Aufbau eines permanentmagneterregten Synchronmotors

Bei einer Synchronmaschine im Allgemeinen handelt es sich um eine Drehfeldmaschine, deren rotierender Läufer (Rotor) sich synchron zu dem Drehfeld der statischen Komponente (Stator) bewegt. Dabei bezeichnet Drehfeld ein magnetisches Feld, welches durch die Bestromung der räumlich versetzten Wicklungen im Stator mit zeitlich versetzten Strömen entsteht. Diese Wicklungen sind Teil mehrerer stromführenden Leiter, die sich Phasen oder auch Stränge nennen. Ein Motor ist dreiphasig, wenn drei dieser Leiter existieren. Pro Phase kann es mehrere Wicklungen geben, die entsprechend mehrere magnetische Polpaare bilden. Daraus ergibt sich der maschinenspezifische Kennwert der Polpaarzahl. Die Statorwicklungen können bei einem dreiphasigen Synchronmotor in einer Stern- oder Dreiecksschaltung miteinander verschaltet werden. [9]

M. Ruschitzka et al., *Mechatronische Produktentwicklung im Kontext der Mikromobilität*, https://doi.org/10.1007/978-3-662-64623-6_2

Neben der elektrischen Drehfelderzeugung muss zur Drehmomentbildung zudem ein magnetisches Erregerfeld im Rotor vorhanden sein. Synchronmaschinen unterscheiden sich damit nach der Art der Erregung. Bei elektrisch erregten Synchronmaschinen (EESM) wird das Erregerfeld durch bestromte Erregerwicklungen erzeugt. Permanentmagneterregte Synchronmaschinen (PMSM) nutzen zur Erregung Permanentmagneten. Beide Typen unterscheiden sich in Aufbau und Funktion, weshalb ihnen in der Literatur (vgl. [4]) in der Regel getrennte Kapitel gewidmet werden.

Bei PMSM sind die Magnete auf der Rotor-Oberfläche aufgeklebt oder in den Rotor eingebettet. Die Art der Befestigung der Magnete hängt von der gewünschten Betriebsdrehzahl ab. Sie beeinflusst das elektromagnetische Verhalten der Maschine. [35]

Neben der Art der Erregung unterscheiden sich Synchronmaschinen anhand der Lage von Stator und Rotor zueinander. Befindet sich der Rotor in der Maschinenmitte und ist vom Stator umschlossen, spricht man von einer Maschine mit Innenläufer. Ein Außenläufer liegt vor, wenn der Rotor den Stator umschließt. [38]

Ein weiteres Unterscheidungsmerkmal ist die konstruktive Ausführung des Rotors. So kann der Motor als Schenkelpolmaschine ausgeführt sein, wobei die Rotorpole deutlich konstruktiv ausgeprägt sind. Bei einer Vollpolmaschine ist der Rotorquerschnitt dagegen rund gehalten. [7]

In Abb. 2.1 sind zwei dreiphasige Synchronmaschinen mit Innenläufern in den zuvor beschriebenen Bauformen dargestellt. Links ist eine Schenkelpolmaschine mit elektrischer Erregung und der Polpaarzahl Eins dargestellt. Rechts daneben sieht man eine Vollpolmaschine mit Permanentmagneterregung und der Polpaarzahl Zwei.

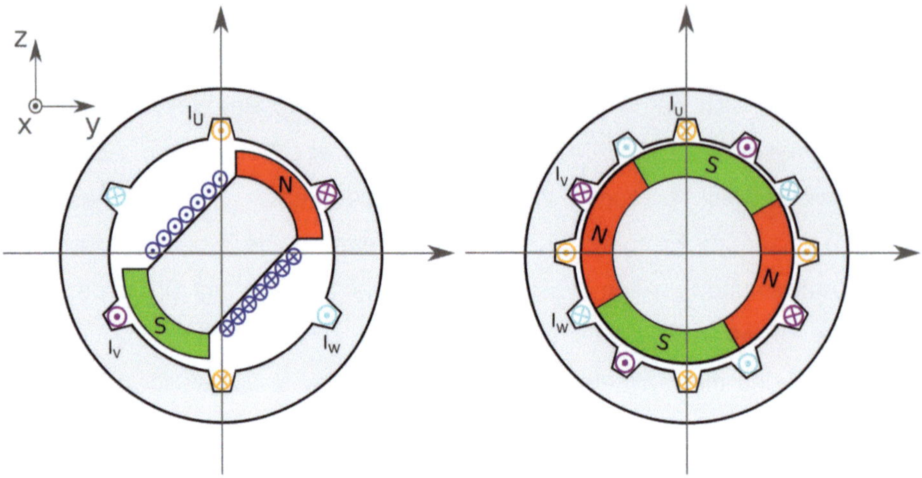

Abb. 2.1: Schenkelpolmaschine (links) und Vollpolmaschine (rechts)

2.2 Raumzeigertransformation

Neben der Kenntnis der Motortopologie ist auch das Verständnis der richtigen Darstellungsformen eine notwendige Grundlage für die Modellbildung. Innerhalb dieses Abschnitts wird daher die Raumzeigertransformation behandelt. Sie ermöglicht die Reduktion mehrphasiger Systeme auf zweiphasige Darstellungen. Zur anschaulichen Darstellung erfolgt die Vorstellung der Raumzeigertransformation am Beispiel einer Drehfeldmaschine mit der Polpaarzahl Eins. Ihre Stränge seien in Sternschaltung verschaltet. Zunächst wird die räumliche Lage der drei Wicklungen zueinander, analog zu Abb. 2.2, durch die Einführung von drei komplexen Zeigern in der Gauß'schen Zahlenebene beschrieben.

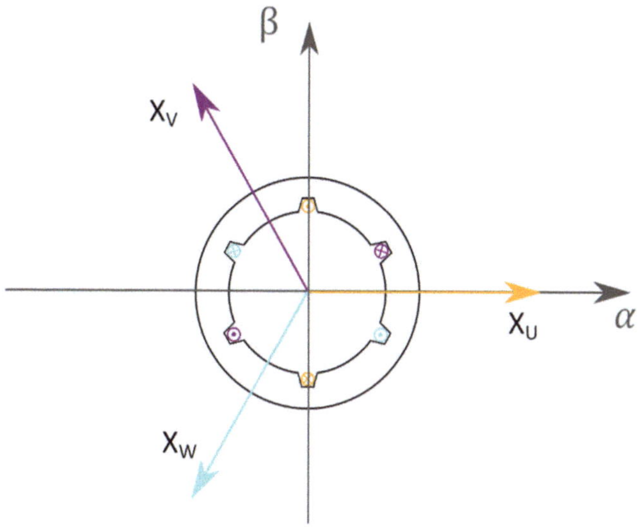

Abb. 2.2: Räumlich versetzte Zeiger der Stranggrößen dreiphasiger Systeme

Das zugehörige Koordinatensystem ist in seiner Position zum Stator der Beispielmaschine fest und somit als statorfest anzusehen. Sein Ursprung liegt auf der Längsachse des Rotors in der Maschinenmitte. Die Zeiger sind, wie die zugehörigen Stränge und die Wicklungen, um einen Winkel von 120 Grad zueinander versetzt und stehen senkrecht zum jeweiligen Phasenstrom. Man beachte die Abhängigkeit der Zeigerbeträge von der Zeit. In den folgenden Gleichungen sind die zeitvarianten, phasenverschobenen Stranggrößen beschrieben.

$$x_u(t) = x_{u,str}(t) \cdot e^{j \cdot 0} \tag{2.1}$$

$$x_v(t) = x_{v,str}(t) \cdot e^{j \cdot \frac{2}{3}\pi} \tag{2.2}$$

$$x_w(t) = x_{w,str}(t) \cdot e^{j \cdot \frac{4}{3}\pi} \tag{2.3}$$

Die drei Zeiger addieren sich zu einem komplexen Raumzeiger $x(\mathrm{t})$, der die Information der räumlichen Lage der Wicklungen enthält.

$$x(t) = x_{u,str}(t) \cdot e^{j \cdot 0} + x_{v,str}(t) \cdot e^{j \cdot \frac{2}{3}\pi} + x_{w,str}(t) \cdot e^{j \cdot \frac{4}{3}\pi} \tag{2.4}$$

Überführt in die trigonometrische Darstellungsform komplexer Zahlen

$$\begin{aligned} x(t) = x_{u,str}(t) \cdot [cos(0) + j \cdot sin(0)] + x_{v,str}(t) \cdot \left[cos\left(\tfrac{2}{3}\pi\right) + j \cdot sin\left(\tfrac{2}{3}\pi\right)\right] \\ + x_{w,str}(t) \cdot \left[cos\left(\tfrac{4}{3}\pi\right) + j \cdot sin\left(\tfrac{4}{3}\pi\right)\right] \end{aligned} \tag{2.5}$$

lassen sich der Realteil und der Imaginärteil wie folgt extrahieren:

$$\begin{aligned} \Re[x(t)] &= x_{u,str}(t) \cdot cos(0) + x_{v,str}(t) \cdot cos\left(\frac{2}{3}\pi\right) + x_{w,str}(t) \cdot cos\left(\frac{4}{3}\pi\right) \\ &= x_{u,str}(t) - x_{v,str}(t) \cdot \frac{1}{2} - x_{w,str}(t) \cdot \frac{1}{2} \end{aligned} \tag{2.6}$$

$$\begin{aligned} \Im[x(t)] &= x_{u,str}(t) \cdot sin(0) + x_{v,str}(t) \cdot sin\left(\frac{2}{3}\pi\right) + x_{w,str}(t) \cdot sin\left(\frac{4}{3}\pi\right) \\ &= x_{u,str}(t) \cdot 0 + x_{v,str}(t) \cdot \frac{\sqrt{3}}{2} - x_{w,str}(t) \cdot \frac{\sqrt{3}}{2}. \end{aligned} \tag{2.7}$$

Dabei entsprechen Realteil und Imaginärteil des komplexen Raumzeigers den Komponenten des vektoriellen Raumzeigers als α- und β-Komponente. Durch den Wechsel in die vektorielle Darstellung geht das Koordinatensystem der Gauß'-schen Zahlenebene in das kongruente Koordinatensystem der α-β-Ebene über. Aus Gleichung (2.6) und (2.7) ergeben sich in der α-β-Ebene die Komponenten des vektoriellen Raumzeigers $\vec{x}(t)$.

$$x_\alpha(t) = x_{u,str}(t) - x_{v,str}(t) \cdot \frac{1}{2} - x_{w,str}(t) \cdot \frac{1}{2} \tag{2.8}$$

$$x_\beta(t) = x_{u,str}(t) \cdot 0 + x_{v,str}(t) \cdot \frac{\sqrt{3}}{2} - x_{w,str}(t) \cdot \frac{\sqrt{3}}{2} \tag{2.9}$$

Die vektorielle Darstellung des Raumzeigers selber gestaltet sich damit wie folgt:

$$\vec{x}(t) = \begin{pmatrix} x_\alpha(t) \\ x_\beta(t) \end{pmatrix} = T_{\alpha\beta} \cdot \begin{pmatrix} x_{u,str}(t) \\ x_{v,str}(t) \\ x_{w,str}(t) \end{pmatrix} \quad \text{mit} \quad T_{\alpha\beta} = \begin{pmatrix} 1 & -\frac{1}{2} & -\frac{1}{2} \\ 0 & \frac{\sqrt{3}}{2} & -\frac{\sqrt{3}}{2} \end{pmatrix}. \tag{2.10}$$

Die Gleichung (2.10) bildet eine Transformationsvorschrift, welche die Abbildung dreier Stranggrößen über den vektoriellen Raumzeiger ermöglicht. Die Literatur bezeichnet diesen Transformationsschritt als Clarke-Transformation [4].
Die vorliegende Transformation ist jedoch nur dann eindeutig, wenn die Stranggrößen keine Gleichanteile beinhalten. Durch Einführung der sogenannten Nullkomponente lässt sich dieser Informationsverlust vermeiden. Sie wird als arithmetischer Mittelwert der Stranggrößen definiert und gibt ihre gleichphasigen Anteile an. [30]
Formal gilt für die Nullkomponente $x_0(\mathrm{t})$ folgende Gleichung.

$$x_0(\mathrm{t}) = \frac{1}{3} \cdot \left(x_{u,str}(t) + x_{v,str}(t) + x_{w,str}(t) \right) \tag{2.11}$$

Bezieht man die Nullkomponente $x_0(\mathrm{t})$ in die Transformation mit ein, so erweitert sich Gleichung (2.10) zu (2.12) mit der erweiterten Transformationsmatrix $T_{\alpha\beta0}$.

$$\vec{x}(t) = \begin{pmatrix} x_\alpha(t) \\ x_\beta(t) \\ x_0(t) \end{pmatrix} = T_{\alpha\beta0} \cdot \begin{pmatrix} x_{u,str}(t) \\ x_{v,str}(t) \\ x_{w,str}(t) \end{pmatrix} \quad \text{mit} \quad T_{\alpha\beta0} = \begin{pmatrix} 1 & -\frac{1}{2} & -\frac{1}{2} \\ 0 & \frac{\sqrt{3}}{2} & -\frac{\sqrt{3}}{2} \\ \frac{1}{3} & \frac{1}{3} & \frac{1}{3} \end{pmatrix} \tag{2.12}$$

Der vektorielle Raumzeiger $\vec{x}(t)$ weist einen Betrag auf, der um den Faktor 1,5 gegenüber den Amplituden der Stranggrößen gestreckt ist. Dies ist für spätere Berechnungen nicht praktikabel, da die Zeigerlänge nicht der Stranggrößenamplitude entspricht. Aus diesem Grund erfolgt die Normierung der Raumzeigerlänge durch einen Vorfaktor, der den Kehrwert zu 1,5 darstellt, auf die

Stranggrößenamplitude. Die Literatur bezeichnet diese erweiterte Transformation als amplitudenkorrekte Transformation [38]. Auf eine Herleitung des Faktors wird an dieser Stelle verzichtet. Damit der Vorfaktor nur die Zeigerkomponenten staucht, nicht aber die Nullkomponente beeinflusst, wird die letzte Zeile der erweiterten Transformations-Matrix $T_{\alpha\beta 0}$ entsprechend angepasst. Durch den Vorfaktor erhält die Clarke-Transformation die Form der Gleichung (2.13).

$$\vec{x}_{norm}(t) = \begin{pmatrix} x_\alpha(t) \\ x_\beta(t) \\ x_0(t) \end{pmatrix} = \frac{2}{3} \cdot T_{\alpha\beta 0} \cdot \begin{pmatrix} x_{u,str}(t) \\ x_{v,str}(t) \\ x_{w,str}(t) \end{pmatrix} \quad \text{mit} \quad T_{\alpha\beta 0} = \begin{pmatrix} 1 & -\frac{1}{2} & -\frac{1}{2} \\ 0 & \frac{\sqrt{3}}{2} & -\frac{\sqrt{3}}{2} \\ \frac{1}{2} & \frac{1}{2} & \frac{1}{2} \end{pmatrix} \tag{2.13}$$

Diese Darstellung bildet den Raumzeiger im statorfesten α-β-Koordinatensystem ab. Bei sinusförmigen, phasenverschobenen Stranggrößen rotiert der in Abb. 2.3 dargestellte Raumzeiger um den Koordinatenursprung, weshalb die α-Komponente und die β-Komponente weiterhin sogenannte Wechselgrößen darstellen.

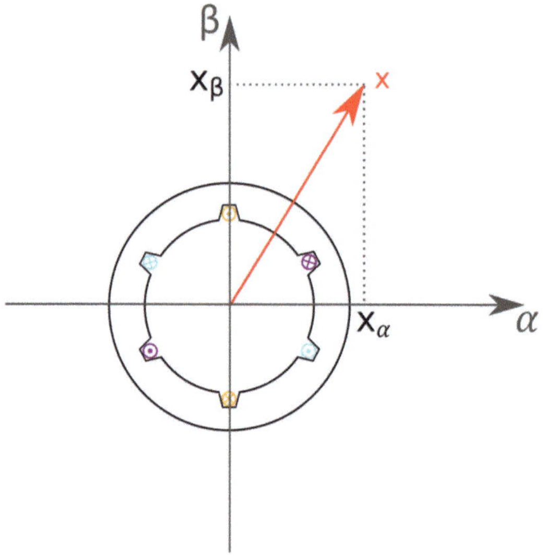

Abb. 2.3: Raumzeiger im statorfesten Koordinatensystem

Die Darstellung der Stranggrößen als Raumzeiger im α-β-Koordinatensystem könnte bereits als Ansatz für eine Modellierung dienen. In der Literatur sind auch Modelle auf dieser Basis zu finden, wie beispielsweise in [30].

Im Hinblick auf die nachfolgende Entwicklung einer Regelung wird jedoch eine Darstellung der Größen im sogenannten d-q-Koordinatensystem eingeführt, welches synchron zum Statordrehfeld rotiert. Dies bietet einige Vorteile, welche am Ende des Abschnitts aufgeführt sind. Dieses Koordinatensystem rotiert synchron mit der Frequenz des Drehfeldes. Wie schon beim α-β-Koordinatensystem liegt sein Ursprung in der Längsachse des Rotors in der Maschinenmitte. Die Systeme sind um den Winkel φ_{EL} zueinander verdreht. Zur Beschreibung des vektoriellen Raumzeigers innerhalb des d-q-Koordinatensystems erfolgt eine Koordinatentransformation über eine orthogonale Drehmatrix, welche sich Park-Transformation nennt [38]. Beide Koordinatensysteme und ihr geometrischer Zusammenhang sind in Abb. 2.4 dargestellt.

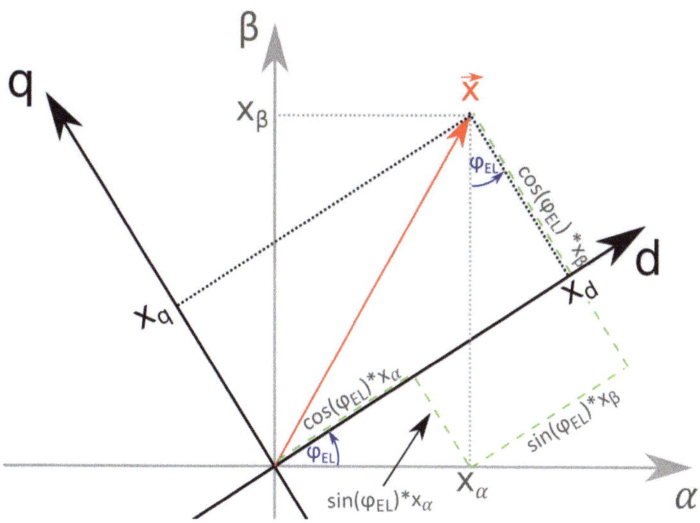

Abb. 2.4: Geometrische Zusammenhänge der Koordinatensysteme

Die Transformationsgleichungen lauten wie folgt:

$$x_d(t) = x_\alpha(t) \cdot cos(\varphi_{EL}) + x_\beta(t) \cdot sin(\varphi_{EL}) \tag{2.14}$$

$$x_q(t) = x_\alpha(t) \cdot (-sin(\varphi_{EL})) + x_\beta(t) \cdot cos(\varphi_{EL}). \tag{2.15}$$

In vektorieller Schreibweise ergibt sich für das Gleichungssystem die Transformationsmatrix T_{dq}.

$$\vec{x}(t) = \begin{pmatrix} x_d(t) \\ x_q(t) \end{pmatrix} = T_{dq} \cdot \begin{pmatrix} x_\alpha(t) \\ x_\beta(t) \end{pmatrix} \text{ mit } T_{dq} = \begin{pmatrix} cos(\varphi_{EL}) & sin(\varphi_{EL}) \\ -sin(\varphi_{EL}) & cos(\varphi_{EL}) \end{pmatrix} \tag{2.16}$$

Der Zeiger $\vec{x}(t)$ im α-β-Koordinatensystem rotiert wie das d-q-Koordinatensystem mit der Winkelgeschwindigkeit $\dot{\varphi}_{EL}$. Gegenüber der statorfesten Betrachtung bietet die rotierende Darstellung einige Vorteile. Die synchrone Rotation des d-q-Koordinatensystems zum Drehfeld und damit zu den Stranggrößen bewirkt, dass der Raumzeiger im stationären Betriebsfall keine Lageänderung zum Koordinatensystem erfährt. Daher sind die Raumzeigerkomponenten keine Wechselgrößen, sondern Gleichgrößen. Dies vereinfacht die Auslegung einer klassischen Regelung wesentlich. [35]

Weiterhin besteht die Möglichkeit zur Berücksichtigung maschinenspezifischer Parameter im d-q-Koordinatensystem. Beispielweise treten konstruktionsbedingt lageabhängige Unterschiede bezüglich der Stranginduktivitäten auf. Im d-q-Koordinatensystem ist dies durch Wahl verschiedener Induktivitätswerte für die d-Komponente und die q-Komponente berücksichtigt.

Zudem ist der formale Zusammenhang zwischen Strömen und Drehmoment in einem Modell auf Basis der d-q-Darstellung wesentlich klarer. Dies zeigt sich bei einem Vergleich der α-β-Darstellung und der d-q-Darstellung in [30]. So lassen sich Drehmoment und Drehfeld separat regeln.

2.3 Modellbildung des Synchronmotors

Mit diesem Kapitel beginnt nun der Entwicklungsprozess der Motorregelung. Dabei ist der erste Entwicklungsschritt die Modellbildung des permanentmagneterregten Synchronmotors. Zu diesem Zweck lässt sich der Motor in zwei Teilmodelle gliedern. Zunächst erfolgt die Herleitung des mathematischen Modells für die Mechanik des Motors, auch als Mechanismus bezeichnet. Anschließend erfolgt eine mathematische Beschreibung des elektrischen Systems und der Schnittstelle beider Teilmodelle.

2.3.1 Mathematisches Modell der Motormechanik

Das in diesem Abschnitt beschriebene Teilmodell bildet das dynamische Verhalten der Mechanik des Motors bestehend aus dem Rotor mit den Permanentmagneten ab. Es handelt sich dabei um eine träge, rotierende Masse, deren Rotation eine geschwindigkeitsproportionale Dämpfung entgegenwirkt. Die Berücksichtigung der Dämpfung ist in der Literatur kein Standard. Dort wird zumeist nur die Massenträgheit des Rotors einbezogen. Die Dämpfung mit der Dämpfungskonstante b bildet neben mechanischer Reibung auch elektrische Verluste im Eisen und mechanische Verluste im Luftspalt mit ab. Dies erzeugt bei der späteren Analyse ein realistischeres stationäres Verhalten. Phänomene der Haftreibung, wie Losbrechmomente, werden vernachlässigt.

Das Teilmodell erhält das im Stromkreis erzeugte Motordrehmoment M_{AN} als Eingangsgröße. Dieses beschleunigt die träge Masse des Rotors, die das Massenträgheitsmoment J repräsentiert und die durch die Dämpfung mit der Konstante b abgebremst wird. Die Darstellung der anzutreibenden Last erfolgt über ein Lastmoment M_L. Als Ausgangsgröße erhält man die Winkelgeschwindigkeit des Rotors. Die genannten Eigenschaften lassen sich in einem physikalischen Ersatzmodell für den Mechanismus zusammenfassen, welches in Abb. 2.5 zu sehen ist.

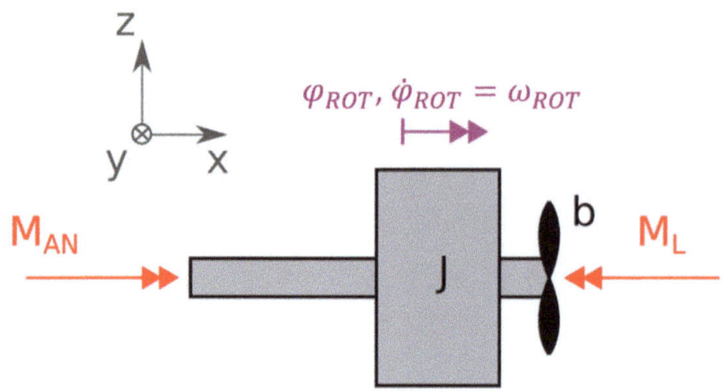

Abb. 2.5: Ersatzmodell des Motormechanismus

Die Freiheitsgrade bzw. die kinematischen Größen sind in Violett und die Drehmomente bzw. die kinetischen Größen in Rot dargestellt. Anhand dieses Ersatzmodell lässt sich eine Modellgleichung aufstellen. Die folgende Gleichung dient zur Bilanzierung der axialen Drehmomente am Rotor.

$$0 = M_{AN} - M_L - M_b - M_J \tag{2.17}$$

Die Drehmomente für Trägheit M_J und Dämpfung M_b unterliegen dabei folgenden physikalischen Gesetzmäßigkeiten:

$$M_J = J \cdot \ddot{\varphi}_{ROT} \tag{2.18}$$

$$M_b = b \cdot \dot{\varphi}_{ROT} \tag{2.19}$$

Dabei beschreibt der Punkt-Operator die zeitlichen Ableitungen. Nun werden die beiden Gleichungen (2.18) und (2.19) in den Drallsatz aus (2.17) eingesetzt. Daraus ergibt sich die lineare Differentialgleichung zweiter Ordnung für den Verdrehwinkel φ_{ROT}:

$$0 = M_{AN} - M_L - b \cdot \dot{\varphi}_{ROT} - J \cdot \ddot{\varphi}_{ROT}. \tag{2.20}$$

Da die Rotorwinkelgeschwindigkeit die gewünschte Ausgangsgröße des Teilmodells ist, wird ein Variablenwechsel von φ_{ROT} nach ω_{ROT} vorgenommen. Mit Gleichsetzen der Ableitung von φ_{ROT} und ω_{ROT} entsteht die entsprechende Gleichung

$$0 = M_{AN} - M_L - b \cdot \omega_{ROT} - J \cdot \dot{\omega}_{ROT}. \tag{2.21}$$

Für die Implementierung ist eine vereinfachte Darstellung im Laplace-Bildbereich günstig. Die Laplace-Transformation mit den zugehörigen Differentiationssätzen und der Annahme von Anfangswerten als gleich Null führt zu

$$0 = M_{AN}(s) - M_L(s) - b \cdot \omega_{ROT}(s) - J \cdot s \cdot \omega_{ROT}(s)\ . \tag{2.22}$$

Es ist an dieser Stelle zu erwähnen, dass die Zustandsgröße nun im Laplace-Bildbereich betrachtet werden, wodurch die Zustandsgrößen keine Zeitabhängigkeit aufweisen. Auf dieser Basis entsteht eine Übertragungsfunktion mit der Struktur eines sogenannten Verzögerungsglieds erster Ordnung (PT1-Glied), dessen Übertragungsfunktion folgendermaßen aussieht:

$$G_{om}(s) = \frac{\omega_{ROT}(s)}{M_{AN}(s) - M_L(s)} = \frac{\frac{1}{b}}{\frac{J}{b} \cdot s + 1} = \frac{K_{OM}}{\tau_{OM} \cdot s + 1}$$

$$\text{mit } K_{OM} = \frac{1}{b} \text{ und } \tau_{OM} = \frac{J}{b}. \tag{2.23}$$

2.3.2 Mathematisches Modell des Motorstromkreises

Die Modellierung des Motorstromkreises bildet den nächsten Schritt. Dabei nimmt die Beschreibung den Motorstromkreis als ein dreiphasiges symmetrisches System an, welches in Sternschaltung verschaltet ist. Wegen der Annahme der Symmetrie weist jeder der drei Stränge den gleichen Ohm'schen Widerstand R_{STR} und die gleiche Stranginduktivität L_{STR} auf. Hinzukommt eine Wechselspannungsquelle je Strang zur Berücksichtigung der durch die Rotorbewegung induzierten Spannungen. Ein physikalisches Ersatzmodell der drei Stränge U, V und W des Motorstromkreises zeigt in Abb. 2.6.

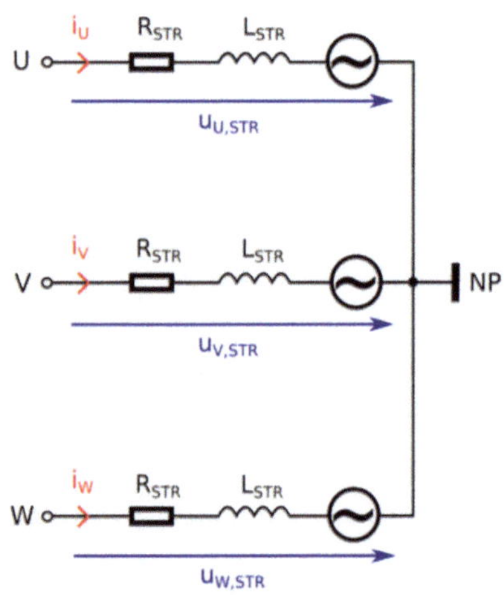

Abb. 2.6: Motorstromkreis mit Spannungen (blau) und Strömen (rot)

An dieser Stelle bietet es sich an, auf eine Systemschnittstelle hinzuweisen. Denn in der Abbildung sind auch die verketteten Spannungen u_{VKT} eingetragen, die durch einen Umrichter bzw. Wechselrichter zwischen zwei Strängen des Motors wirken. Dabei entspricht die verkettete Spannung der Spannung im Zwischenkreis des Wechselrichters, wenn man die Verluste in der Umrichterelektronik vernachlässigt. Genauere Informationen zur den genutzten Wechselrichtern finden sich in der Fachliteratur zu Leistungselektronik, wie beispielsweise in [11, 39, 47].

Wie Abb. 2.6 ebenfalls zeigt, bilden die verketteten Spannungen jeweils eine Kirchhoff'sche Masche mit den Strangspannungen $u_{k,STR}$ mit k = U, V oder W. In Abb. 2.7 findet ein einzelner Strang und alle dort anliegenden Spannungen Betrachtung.

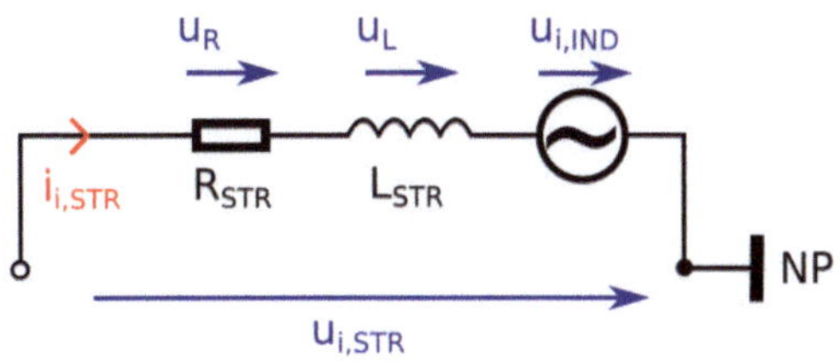

Abb. 2.7: Strang des Stromkreises (Index i für Stränge U, V und W)

Die Spannungen sind nach dem sogenannten Verbraucher-Zählpfeilsystem eingetragen, wie es in der Vornorm [12] festgelegt ist. Die Spannungen an den einzelnen elektrischen Komponenten des Stranges bilden die Verbraucherseite, die Strangspannung $u_{i,STR}$ bildet die Quellenseite. Die in Abb. 2.7 abgebildeten Spannungen eines Stranges lassen sich mittels des Kirchhoff'schen Maschensatzes durch den nachfolgenden Ausdruck bilanzieren:

$$0 = u_{k,STR} - u_{k,R} - u_{k,L} - u_{k,IND}. \tag{2.24}$$

Die Spannungen am Ohm'schen Widerstand und durch Selbstinduktion an der Induktivität lauten wie folgt:

$$u_{k,R} = R_{STR} \cdot i_{k,STR} \tag{2.25}$$

$$u_{k,L} = L_{STR} \cdot \dot{i}_{k,STR} \tag{2.26}$$

Durch Einsetzen der Gleichungen (2.25) und (2.26) in die Spannungsbilanz (2.24) erhält man die Differentialgleichung der Strangspannung

$$u_{i,STR} = R_{STR} \cdot i_{k,STR} + L_{STR} \cdot \dot{i}_{k,STR} + u_{k,IND}. \tag{2.27}$$

Damit ergeben sich die vorläufigen Spannungsgleichungen für die drei Stränge:

$$u_{U,STR} = R_{STR} \cdot i_{U,STR} + L_{STR} \cdot \dot{i}_{U,STR} + u_{U,IND}, \tag{2.28}$$

$$u_{V,STR} = R_{STR} \cdot i_{V,STR} + L_{STR} \cdot \dot{i}_{V,STR} + u_{V,IND}, \tag{2.29}$$

$$u_{W,STR} = R_{STR} \cdot i_{W,STR} + L_{STR} \cdot \dot{i}_{W,STR} + u_{W,IND}. \tag{2.30}$$

In der obigen dreiphasigen Darstellung erscheinen die einzelnen Stränge des Motors als abgeschlossene, unabhängige Systeme. Mit der Definition der induzierten Spannungen $u_{i,IND}$ wird diese Darstellung weiterentwickelt und die magnetische Koppelung zwischen den Strängen des Motorstromkreises in das Modell mit einbezogen. Die Wicklungen eines Stranges werden nämlich nicht nur von demjenigen magnetischen Fluss durchsetzt, welcher durch die Bestromung der strangeigenen Wicklungen bzw. durch Selbstinduktion entsteht. Hinzukommen auch Flüsse anderen Ursprungs, die zu weiteren Spannungen durch Fremdinduktion führen. Konkret handelt es sich dabei um Anteile des Flusses des permanentmagnetischen Rotors, den sogenannten Polradfluss, und Anteile der Flüsse, die durch die Bestromung der anderen Stränge entstehen. [30, 38]
Demzufolge bildet $u_{i,IND}$ eine Summe aus mehreren Spannungen verschiedenen Ursprungs. Enthalten sind diej Spannungen $u_{\Psi U}$, $u_{\Psi V}$ und $u_{\Psi W}$, die durch die Flüsse der Stränge induziert werden, und die durch den Polradfluss induzierten Polradspannungen $u_{\Psi PU}$, $u_{\Psi PV}$ und $u_{\Psi PW}$.

$$u_{U,IND} = u_{\Psi V} + u_{\Psi W} + u_{\Psi PU}, \tag{2.31}$$

$$u_{V,IND} = u_{\Psi U} + u_{\Psi W} + u_{\Psi PV}, \tag{2.32}$$

$$u_{W,IND} = u_{\Psi U} + u_{\Psi V} + u_{\Psi PW}. \tag{2.33}$$

Die Polradspannungen in den Gleichungen (3.31 – 3.33) entsteht durch den Polradfluss Ψ_P mit der Amplitude $\widehat{\Psi}_P$, der seine Lage zum Stator durch die Rotordrehung ändert. Zum besseren Verständnis zeigt Abb. 2.8 schematisch den Verlauf des Polradflusses für eine Maschine mit Polpaarzahl Eins.

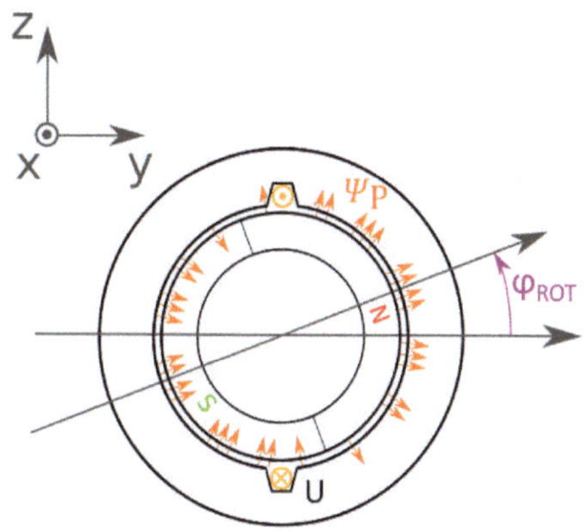

Abb. 2.8: Polradfluss am Rotorumfang

Es ist zu erkennen, dass die Anzahl und Richtung der Feldlinien, die hier exemplarisch die Wicklungen des Stranges U durchsetzen, vom Verdrehwinkel φ_{ROT} des Rotors anhängen. In der folgenden Beschreibung wird der Verdrehwinkel φ_{EL} des elektrischen Systems verwendet, dessen Bedeutung in Abschnitt 2.3.4 erklärt wird. Hinzu kommt, dass die Flussdichte von der Mitte eines Poles zu dessen Rand hin abnimmt. Die abnehmende Anzahl an Feldlinien, dargestellt durch die orangenen Pfeile, symbolisiert diese winkelabhängige Flussdichteverteilung. Sie verläuft sinusförmig um den Rotorumfang. [30]

Somit lassen sich die Flüsse durch die drei um 120 Grad zueinander versetzten Wicklungen wie folgt beschreiben:

$$\Psi_{PU} = \widehat{\Psi}_P \cdot cos(\varphi_{EL}) \tag{2.34}$$

$$\Psi_{PV} = \widehat{\Psi}_P \cdot cos\left(\varphi_{EL} - \frac{2 \cdot \pi}{3}\right) \tag{2.35}$$

$$\Psi_{PW} = \widehat{\Psi}_P \cdot cos\left(\varphi_{EL} + \frac{2 \cdot \pi}{3}\right) \tag{2.36}$$

Mit der allgemeinen Form des Induktionsgesetzes aus [42]

$$u_{\Psi} = \frac{d\Psi}{dt} = \dot{\Psi} \tag{2.37}$$

folgen die Gleichungen für die Polradspannungen zu

$$u_{\Psi PU} = -\widehat{\Psi}_P \cdot \dot{\varphi}_{EL} \cdot \sin(\varphi_{EL}), \tag{2.38}$$

$$u_{\Psi PV} = -\widehat{\Psi}_P \cdot \dot{\varphi}_{EL} \cdot sin\left(\varphi_{EL} - \frac{2 \cdot \pi}{3}\right), \tag{2.39}$$

$$u_{\Psi PW} = -\widehat{\Psi}_P \cdot \dot{\varphi}_{EL} \cdot sin\left(\varphi_{EL} + \frac{2 \cdot \pi}{3}\right). \tag{2.40}$$

Die weiteren Anteile von $u_{I,IND}$ sind die Spannungen $u_{\Psi U}$, $u_{\Psi V}$ und $u_{\Psi W}$. Sie entstehen durch die magnetische Kopplung der Stränge untereinander. Wie in Abb. 2.9 verdeutlicht, durchdringen Teile der in den anderen beiden Strängen erzeugten Flüsse die Wicklungen eines Stranges. Aus Symmetriegründen gilt dabei die Annahme, dass der in einem Strang erzeugte Fluss sich gleichmäßig auf die Wicklungen der anderen beiden Stränge verteilt und diese durchdringt [30].

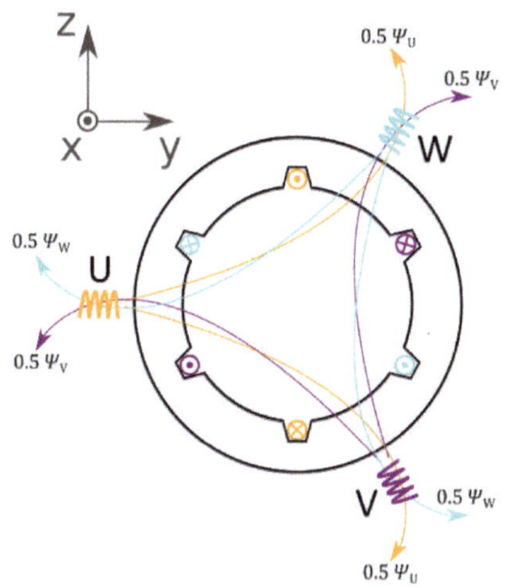

Abb. 2.9: Magnetische Flüsse der Stränge

Der in den Strangwicklungen entstehende Fluss hängt nach [42] proportional mit dem Strom zusammen, der darin fließt. Dieser Zusammenhang gilt unter Annahme einer konstanten Stranginduktivität. So ergibt sich der Ausdruck

$$\Psi_i = L_{STR} \cdot i_{i,STR} \tag{2.41}$$

für die Flüsse der Stränge U, V und W. Bei Hinzunahme des Induktionsgesetzes nach Gleichung (2.37) ergeben sich die Spannungen induziert durch die Hälfte des Flusses eines der anderen Stränge zu

$$u_{\Psi U} = \frac{1}{2} \cdot \frac{d\Psi_U}{dt} = -\frac{L_{STR}}{2} \cdot \dot{i}_{U,STR}, \tag{2.42}$$

$$u_{\Psi V} = \frac{1}{2} \cdot \frac{d\Psi_V}{dt} = -\frac{L_{STR}}{2} \cdot \dot{i}_{V,STR}, \tag{2.43}$$

$$u_{\Psi W} = \frac{1}{2} \cdot \frac{d\Psi_W}{dt} = -\frac{L_{STR}}{2} \cdot \dot{i}_{W,STR}. \tag{2.44}$$

Das negative Vorzeichen kommt dadurch zu Stande, dass die in den anderen Strängen erzeugten Flüsse entgegen dem Fluss des durchdrungenen Stranges wirken. Dies lässt sich mit der festen Orientierung des Magnetfeldes eines stromdurchflossenen Leiters begründen. Fließt der Strom eines Leiters aus der Ebene auf den Beobachter zu, so bildet sich ein Magnetfeld dessen Feldlinien immer entgegen dem Uhrzeigersinn orientiert sind. Da nun alle induzierten Spannungen bekannt sind, lassen sich Gleichungen (2.31), (2.32) und (2.33) zu

$$u_{U,IND} = -\frac{L_{STR}}{2} \cdot \dot{i}_{V,STR} - \frac{L_{STR}}{2} \cdot \dot{i}_{W,STR} - \widehat{\Psi}_P \cdot \dot{\varphi}_{EL} \cdot sin(\varphi_{EL}), \tag{2.45}$$

$$u_{V,IND} = -\frac{L_{STR}}{2} \cdot \dot{i}_{U,STR} - \frac{L_{STR}}{2} \cdot \dot{i}_{W,STR} - \widehat{\Psi}_P \cdot \dot{\varphi}_{EL} \cdot sin\left(\varphi_{EL} - \frac{2 \cdot \pi}{3}\right), \tag{2.46}$$

$$u_{W,IND} = -\frac{L_{STR}}{2} \cdot \dot{i}_{U,STR} - \frac{L_{STR}}{2} \cdot \dot{i}_{V,STR} - \widehat{\Psi}_P \cdot \dot{\varphi}_{EL} \cdot sin\left(\varphi_{EL} + \frac{2 \cdot \pi}{3}\right) \tag{2.47}$$

erweitern. Diese wiederum vervollständigen die Gleichungen (2.28) bis (2.30)., wobei die Polradspannungen aus (2.38) bis (2.40) an dieser Stelle nicht eingesetzt werden, sodass die Länge der Gleichungen eine einzeilige Darstellung ermöglicht:

$$u_{U,STR} = R_{STR} \cdot i_{U,STR} + L_{STR} \cdot \dot{i}_{U,STR} - \frac{L_{STR}}{2} \cdot \dot{i}_{V,STR} - \frac{L_{STR}}{2} \cdot \dot{i}_{W,STR} + u_{\Psi PU}, \tag{2.48}$$

$$u_{V,STR} = R_{STR} \cdot i_{V,STR} + L_{STR} \cdot \dot{i}_{V,STR} - \frac{L_{STR}}{2} \cdot \dot{i}_{U,STR} - \frac{L_{STR}}{2} \cdot \dot{i}_{W,STR} + u_{\Psi PV}, \tag{2.49}$$

$$u_{W,STR} = R_{STR} \cdot i_{W,STR} + L_{STR} \cdot \dot{i}_{W,STR} - \frac{L_{STR}}{2} \cdot \dot{i}_{U,STR} - \frac{L_{STR}}{2} \cdot \dot{i}_{V,STR} + u_{\Psi PW}. \tag{2.50}$$

Mit diesen Gleichungen liegt die vollständige Beschreibung des Motorstromkreises in dreiphasiger Darstellung vor.

Es gelten weiterhin Vereinfachungen und Annahmen, welche die Beschreibung des Motorstromkreises durch obige Gleichungen legitimieren. Sättigungseffekte innerhalb des Magnetkreismaterials werden in der Betrachtung der magnetischen Zusammenhänge vernachlässigt. [7]
Auch bleibt die Geometrie des Magnetkreises unbeachtet, könnte jedoch auch genauer mit einbezogen werden. Einige Möglichkeiten hierzu beschreibt die Literatur [7]. Ähnlich wie in [30] werden Streuflüsse und dadurch induzierte Spannungen vernachlässigt. Detaillierte Dissertationen mit ähnlich komplexem Modellierungsgrad nennen zudem diverse weitere Effekte. [34]
Die vollständige dreiphasige Darstellung wechselt zur erleichterten Implementierung und wegen diversen Vorteilen in die Raumzeigerdarstellung. Dies geschieht durch eine Clarke-Transformation und eine anschließende Park-Transformation. Zugehörige Grundlagen finden sich in Abschnitt 0 dieser Arbeit. Das Ergebnis ist eine zweiphasige Darstellung des Motorstromkreises im rotierenden d-q-Koordinatensystem. Als Vorbereitung der Transformation mittels Matrizen werden die skalaren Gleichungen der dreiphasigen Darstellung (2.38) bis (2.40) und (2.48) bis (2.50) in die vektorielle Form überführt.

$$\begin{pmatrix} u_{U,STR} \\ u_{V,STR} \\ u_{W,STR} \end{pmatrix} = R_{STR} \cdot \begin{pmatrix} i_{U,STR} \\ i_{V,STR} \\ i_{W,STR} \end{pmatrix} + L_{STR} \cdot M_L \cdot \begin{pmatrix} \dot{i}_{U,STR} \\ \dot{i}_{V,STR} \\ \dot{i}_{W,STR} \end{pmatrix} + \begin{pmatrix} u_{\Psi PU} \\ u_{\Psi PV} \\ u_{\Psi PW} \end{pmatrix}, \tag{2.51}$$

$$\begin{pmatrix} u_{\Psi PU} \\ u_{\Psi PV} \\ u_{\Psi PW} \end{pmatrix} = -\widehat{\Psi}_P \cdot \dot{\varphi}_{EL} \cdot \begin{pmatrix} sin(\varphi_{EL}) \\ sin\left(\varphi_{EL} - \frac{2 \cdot \pi}{3}\right) \\ sin\left(\varphi_{EL} + \frac{2 \cdot \pi}{3}\right) \end{pmatrix}. \tag{2.52}$$

Zur Verbesserung der Übersichtlichkeit und Verkürzung der Ausdrücke wird in Gleichung (2.51) die Matrix M_L eingeführt, welche die Wirkung der Induktivitäten auf die Stränge abbildet:

$$M_L = \begin{pmatrix} 1 & -\frac{1}{2} & -\frac{1}{2} \\ -\frac{1}{2} & 1 & -\frac{1}{2} \\ -\frac{1}{2} & -\frac{1}{2} & 1 \end{pmatrix}. \tag{2.53}$$

Auf dieser Grundlage beginnt der erste Schritt der Raumzeigertransformation. Die Gleichung (2.13) für die Clarke-Transformation geht über in

$$\begin{pmatrix} x_{u,str}(t) \\ x_{v,str}(t) \\ x_{w,str}(t) \end{pmatrix} = \frac{3}{2} \cdot T_{\alpha\beta 0}{}^{-1} \cdot \begin{pmatrix} x_\alpha(t) \\ x_\beta(t) \\ x_0(t) \end{pmatrix} \text{ mit } T_{\alpha\beta 0} = \begin{pmatrix} 1 & -\frac{1}{2} & -\frac{1}{2} \\ 0 & \frac{\sqrt{3}}{2} & -\frac{\sqrt{3}}{2} \\ \frac{1}{2} & \frac{1}{2} & \frac{1}{2} \end{pmatrix}. \tag{2.54}$$

Durch Anwendung auf Gleichung (2.51) folgt

$$\begin{aligned} \frac{3}{2} \cdot T_{\alpha\beta 0}{}^{-1} \cdot \begin{pmatrix} u_\alpha \\ u_\beta \\ u_0 \end{pmatrix} &= R_{STR} \cdot \frac{3}{2} \cdot T_{\alpha\beta 0}{}^{-1} \cdot \begin{pmatrix} i_\alpha \\ i_\beta \\ i_0 \end{pmatrix} + \\ & L_{STR} \cdot M_L \cdot \frac{3}{2} \cdot T_{\alpha\beta 0}{}^{-1} \cdot \begin{pmatrix} \dot{i}_\alpha \\ \dot{i}_\beta \\ \dot{i}_0 \end{pmatrix} + \frac{3}{2} \cdot T_{\alpha\beta 0}{}^{-1} \cdot \begin{pmatrix} u_{\psi P\alpha} \\ u_{\psi P\beta} \\ u_{\psi P0} \end{pmatrix}. \end{aligned} \tag{2.55}$$

Dividiert man nun beide Gleichungsseiten durch den Faktor 1,5 und multipliziert von rechts mit der Transformationsmatrix $T_{\alpha\beta 0}$, lassen sich in den meisten Summanden die betreffenden Glieder kürzen. In dem Summanden mit der Matrix M_L bleibt die inverse Transformationsmatrix jedoch als Faktor erhalten, da die Matrixmultiplikation nicht kommutativ ist und es daher nicht zu einer Kürzung kommt. Diese Umformungen führen zu

$$\begin{pmatrix} u_\alpha \\ u_\beta \\ u_0 \end{pmatrix} = R_{STR} \cdot \begin{pmatrix} i_\alpha \\ i_\beta \\ i_0 \end{pmatrix} + L_{STR} \cdot T_{\alpha\beta0} \cdot M_L \cdot T_{\alpha\beta0}{}^{-1} \cdot \begin{pmatrix} \dot{i}_\alpha \\ \dot{i}_\beta \\ \dot{i}_0 \end{pmatrix} + \begin{pmatrix} u_{\Psi P\alpha} \\ u_{\Psi P\beta} \\ u_{\Psi P0} \end{pmatrix}. \tag{2.56}$$

Die Matrixmultiplikation innerhalb des mittleren Summanden erzeugt eine Matrix der Form

$$T_{\alpha\beta0} \cdot M_L \cdot T_{\alpha\beta0}{}^{-1} = \begin{pmatrix} \frac{3}{2} & 1 & 1 \\ 1 & \frac{3}{2} & 1 \\ 0 & 0 & 0 \end{pmatrix}. \tag{2.57}$$

Mit diesem Ausdruck für die Matrix lässt sich Gleichung (2.56) in den Ausdruck

$$\begin{pmatrix} u_\alpha \\ u_\beta \\ u_0 \end{pmatrix} = R_{STR} \cdot \begin{pmatrix} i_\alpha \\ i_\beta \\ i_0 \end{pmatrix} + L_{STR} \cdot \begin{pmatrix} 1{,}5 & 1 & 1 \\ 1 & 1{,}5 & 1 \\ 0 & 0 & 0 \end{pmatrix} \cdot \begin{pmatrix} \dot{i}_\alpha \\ \dot{i}_\beta \\ \dot{i}_0 \end{pmatrix} + \begin{pmatrix} u_{\Psi P\alpha} \\ u_{\Psi P\beta} \\ u_{\Psi P0} \end{pmatrix} \tag{2.58}$$

überführen. Daran schließt sich die Transformation der Gleichung (2.52) an, wozu wiederum auf Gleichung (2.13) zurückgegriffen wird.

$$\frac{3}{2} \cdot T_{\alpha\beta0}{}^{-1} \cdot \begin{pmatrix} u_{\Psi P\alpha} \\ u_{\Psi P\beta} \\ u_{\Psi P0} \end{pmatrix} = -\widehat{\Psi}_P \cdot \dot{\varphi}_{EL} \cdot \begin{pmatrix} sin(\varphi_{EL}) \\ sin\left(\varphi_{EL} - \frac{2 \cdot \pi}{3}\right) \\ sin\left(\varphi_{EL} + \frac{2 \cdot \pi}{3}\right) \end{pmatrix} \tag{2.59}$$

$$\begin{pmatrix} u_{\Psi P\alpha} \\ u_{\Psi P\beta} \\ u_{\Psi P0} \end{pmatrix} = -\widehat{\Psi}_P \cdot \dot{\varphi}_{EL} \cdot \frac{2}{3} \cdot T_{\alpha\beta0} \cdot \begin{pmatrix} sin(\varphi_{EL}) \\ sin\left(\varphi_{EL} - \frac{2 \cdot \pi}{3}\right) \\ sin\left(\varphi_{EL} + \frac{2 \cdot \pi}{3}\right) \end{pmatrix} \tag{2.60}$$

Mit der Matrixmultiplikation und unter Einbeziehung des Bruchs bildet sich der Ausdruck für die Darstellung der Polradspannungen in α-β-Koordinaten. Der formale Übergang von Gleichung (2.60) zu (2.61) wird in Anhang I beschrieben.

$$\begin{pmatrix} u_{\psi P\alpha} \\ u_{\psi P\beta} \\ u_{\psi P0} \end{pmatrix} = \widehat{\Psi}_P \cdot \dot{\varphi}_{EL} \cdot \begin{pmatrix} -sin(\varphi_{EL}) \\ cos(\varphi_{EL}) \\ 0 \end{pmatrix} \tag{2.61}$$

Durch Einsetzen von (2.61) in (2.58) erhält man die vektorielle Raumzeiger-Differentialgleichung in α-β-Koordinaten.

$$\begin{pmatrix} u_\alpha \\ u_\beta \\ u_0 \end{pmatrix} = R_{STR} \cdot \begin{pmatrix} i_\alpha \\ i_\beta \\ i_0 \end{pmatrix} + L_{STR} \cdot \begin{pmatrix} \frac{3}{2} & 1 & 1 \\ 1 & \frac{3}{2} & 1 \\ 0 & 0 & 0 \end{pmatrix} \cdot \begin{pmatrix} \dot{i}_\alpha \\ \dot{i}_\beta \\ \dot{i}_0 \end{pmatrix} + \widehat{\Psi}_P \cdot \dot{\varphi}_{EL} \cdot \begin{pmatrix} -sin(\varphi_{EL}) \\ cos(\varphi_{EL}) \\ 0 \end{pmatrix} \tag{2.62}$$

Die Nullkomponente spielt bei dieser Transformation keine Rolle, da sie bei einem symmetrischen Stromkreis, einem symmetrischen Magnetkreis und einer symmetrischen Spannungsversorgung, wie hier angenommen, gleich Null ist, sodass Gleichung (2.62) in

$$\begin{pmatrix} u_\alpha \\ u_\beta \end{pmatrix} = R_{STR} \cdot \begin{pmatrix} i_\alpha \\ i_\beta \end{pmatrix} + L_{STR} \cdot \frac{3}{2} \cdot \begin{pmatrix} \dot{i}_\alpha \\ \dot{i}_\beta \end{pmatrix} + \widehat{\Psi}_P \cdot \dot{\varphi}_{EL} \cdot \begin{pmatrix} -sin(\varphi_{EL}) \\ cos(\varphi_{EL}) \end{pmatrix} \tag{2.63}$$

übergeht.

Als zweiter Schritt der Raumzeigertransformation wird nun die Park-Transformation durchgeführt. Sie entspricht einer Koordinatentransformation des Raumzeigers aus dem statorfesten α-β-Koordinatensystems in das rotierende d-q-Koordinatensystem, das in Abschnitt 0 behandelt wird.

Die Transformationsvorschrift lautet konform zu Gleichung (2.16):

$$\begin{pmatrix} x_\alpha(t) \\ x_\beta(t) \end{pmatrix} = T_{dq}{}^{-1} \cdot \begin{pmatrix} x_d(t) \\ x_q(t) \end{pmatrix} \quad \text{mit} \quad T_{dq} = \begin{pmatrix} cos(\varphi_{EL}) & sin(\varphi_{EL}) \\ -sin(\varphi_{EL}) & cos(\varphi_{EL}) \end{pmatrix}. \tag{2.64}$$

Die Transformationsvorschrift für die Ableitung der Raumzeigerkomponenten ergibt sich aus der Differentiation der Vorschrift aus (2.16). Die Herleitung hierfür findet sich in Anhang II und resultiert in

$$\begin{pmatrix} \dot{x}_\alpha(t) \\ \dot{x}_\beta(t) \end{pmatrix} = T_{dq}{}^{-1} \cdot \left[\dot{\varphi}_{EL} \cdot \begin{pmatrix} 0 & -1 \\ 1 & 0 \end{pmatrix} \cdot \begin{pmatrix} x_d(t) \\ x_q(t) \end{pmatrix} + \begin{pmatrix} \dot{x}_d(t) \\ \dot{x}_q(t) \end{pmatrix} \right]. \tag{2.65}$$

Die beiden Ausdrücke (2.64) und (2.65) können nun auf die Ströme und Spannungen in der Gleichungen (2.63) angewendet werden.

$$\begin{aligned} T_{dq}{}^{-1} \cdot \begin{pmatrix} u_d \\ u_q \end{pmatrix} = R_{STR} \cdot T_{dq}{}^{-1} \cdot \begin{pmatrix} i_d \\ i_q \end{pmatrix} + L_{STR} \cdot \frac{3}{2} \cdot T_{dq}{}^{-1} \\ \cdot \left[\dot{\varphi}_{EL} \cdot \begin{pmatrix} 0 & -1 \\ 1 & 0 \end{pmatrix} \cdot \begin{pmatrix} i_d \\ i_q \end{pmatrix} + \begin{pmatrix} \dot{i}_d \\ \dot{i}_q \end{pmatrix} \right] + \hat{\Psi}_P \cdot \dot{\varphi}_{EL} \cdot \begin{pmatrix} -sin(\varphi_{EL}) \\ cos(\varphi_{EL}) \end{pmatrix} \end{aligned} \tag{2.66}$$

Die Linksmultiplikation beider Gleichungsseiten mit der Transformationsmatrix T_{dq} überführt Gleichung (2.66) in den Ausdruck,

$$\begin{aligned} \begin{pmatrix} u_d \\ u_q \end{pmatrix} = R_{STR} \cdot \begin{pmatrix} i_d \\ i_q \end{pmatrix} + L_{STR} \cdot \frac{3}{2} \cdot \left[\dot{\varphi}_{EL} \cdot \begin{pmatrix} 0 & -1 \\ 1 & 0 \end{pmatrix} \cdot \begin{pmatrix} i_d \\ i_q \end{pmatrix} + \begin{pmatrix} \dot{i}_d \\ \dot{i}_q \end{pmatrix} \right] \\ + \hat{\Psi}_P \cdot \dot{\varphi}_{EL} \cdot T_{dq} \cdot \begin{pmatrix} -sin(\varphi_{EL}) \\ cos(\varphi_{EL}) \end{pmatrix}. \end{aligned} \tag{2.67}$$

Unter Anwendung des trigonometrischen Pythagoras nach [31] führt die Matrixmultiplikation im letzten Summanden zu folgendem Zwischenergebnis:

$$\begin{pmatrix} cos(\varphi_{EL}) & sin(\varphi_{EL}) \\ -sin(\varphi_{EL}) & cos(\varphi_{EL}) \end{pmatrix} \cdot \begin{pmatrix} -\sin(\varphi_{EL}) \\ \cos(\varphi_{EL}) \end{pmatrix} = \begin{pmatrix} 0 \\ 1 \end{pmatrix}. \tag{2.68}$$

Mit der Äquivalenz aus Gleichung (2.68) vereinfacht sich die vektorielle Raumzeiger-Differentialgleichung aus (2.67) in d-q-Koordinaten folgendermaßen.

$$\begin{pmatrix} u_d \\ u_q \end{pmatrix} = R_{STR} \cdot \begin{pmatrix} i_d \\ i_q \end{pmatrix} + L_{STR} \cdot \frac{3}{2} \cdot \left[\dot{\varphi}_{EL} \cdot \begin{pmatrix} 0 & -1 \\ 1 & 0 \end{pmatrix} \cdot \begin{pmatrix} i_d \\ i_q \end{pmatrix} + \begin{pmatrix} \dot{i_d} \\ \dot{i_q} \end{pmatrix} \right] + \widehat{\Psi}_P \cdot \dot{\varphi}_{EL} \cdot \begin{pmatrix} 0 \\ 1 \end{pmatrix} \tag{2.69}$$

Anschließend wird Gleichung (2.69) in zwei skalare Differentialgleichungen für die Raumzeigerkomponenten überführt. Dazu werden die Statorlängsinduktivität L_d und die Statorquerinduktivität L_q eingeführt.

$$L_d = L_q = L_{STR} \cdot \frac{3}{2} \tag{2.70}$$

Dies ermöglicht die Berücksichtigung von winkelabhängigen Induktivitäten, die durch die Montierungsweise der Magnete und die Konstruktion des Motors bedingt sein können. Bei einer Vollpolmaschinen mit Oberflächenmagneten können beide Induktivitäten als gleich vorausgesetzt [35, 38].
Zudem wird von nun an die zeitliche Ableitung des Drehfeldwinkels φ_{EL} durch ω_{EL} substituiert, sodass aus Gleichung (2.69) die Gleichungen

$$u_d = R_{STR} \cdot i_d - L_q \cdot \omega_{EL} \cdot i_q + L_d \cdot \dot{i_d}, \tag{2.71}$$

$$u_q = R_{STR} \cdot i_q + L_d \cdot \omega_{EL} \cdot i_d + L_q \cdot \dot{i_q} + \widehat{\Psi}_P \cdot \omega_{EL} \tag{2.72}$$

folgen. Wie schon im mechanischen Teilmodell erfolgt nach einer Laplace-Transformation die Darstellung der beiden Differentialgleichungen als Übertragungsfunktionen mit den Eigenschaften eines PT1-Glieds:

$$G_{id}(s) = \frac{i_d(s)}{u_d(s) + L_q \cdot \omega_{EL}(s) \cdot i_q(s)} = \frac{\frac{1}{R_{STR}}}{\frac{L_d}{R_{STR}} \cdot s + 1} = \frac{K_d}{\tau_d \cdot s + 1} \quad (2.73)$$

mit $K_d = \frac{1}{R_{STR}}$ und $\tau_d = \frac{L_d}{R_{STR}}$

sowie

$$G_{iq}(s) = \frac{i_q(s)}{u_q(s) - L_d \cdot \omega_{EL}(s) \cdot i_d(s) - \widehat{\Psi}_P \cdot \omega_{EL}(s)} = \frac{\frac{1}{R_{STR}}}{\frac{L_q}{R_{STR}} \cdot s + 1} = \frac{K_q}{\tau_q \cdot s + 1} \quad (2.74)$$

mit $K_q = \frac{1}{R_{STR}}$ und $\tau_q = \frac{L_q}{R_{STR}}$.

2.3.3 Ermittlung des Motordrehmoments

Nachdem beide Teilmodelle fertig beschrieben sind, stellt sich die Frage nach ihren Verknüpfungen. Eine dieser Schnittstellen stellt das Motordrehmoment als Ausgangsgröße des Motorstromkreis-Modells und als Eingangsgröße des Motormechanik-Modells dar. Zur Ermittlung dieses Drehmoments ist eine Betrachtung des Energieumsatzes innerhalb des Motors von Nutzen. Die Versorgung des Motors mit Energie übernimmt eine elektrische Quelle, wie beispielsweise einer Batterie. Von dieser elektrischen Energie wird ein Anteil innerhalb von Ohm'schen Widerständen in Wärme umgewandelt. Ein zweiter Anteil dient zum Aufbau der magnetischen Felder in den Spulen. Die übrige Energie fließt in die Drehmomentbildung. [34]
Daraus lässt sich auf Grundlage des Energieerhaltungssatzes eine Leistungsbilanz ableiten, die in Abb. 2.10 schematisch dargestellt ist.

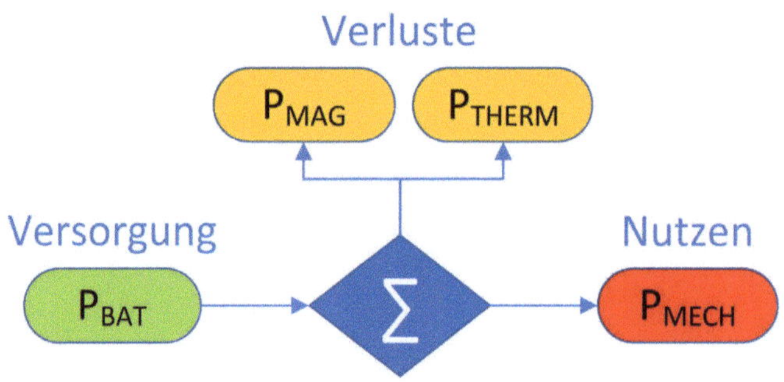

Abb. 2.10: Schematische Darstellung der Leistungsbilanz

Diese Leistungsbilanz stellt sich als Summe aus der versorgenden Leistung P_{BAT}, der thermischen Leistung P_{THERM}, der magnetischen Leistung P_{MAG} und der gesuchten mechanischen Leistung P_{MECH} wie folgt dar:

$$P_{MECH} = P_{BAT} - P_{MAG} - P_{THERM} \tag{2.75}$$

Beginnend mit der versorgenden Leistung P_{BAT}, die auf der Gesetzmäßigkeit aus [42] basiert und die elektrische Leistung als Produkt von Strom *i* und Spannung *u* darstellt:

$$P = u \cdot i. \tag{2.76}$$

Betrachtet man den Motorstromkreis, so ist festzustellen, dass an allen drei Strängen eine Spannung abfällt und jeder Strang stromführend ist. Damit ist P_{BAT} die Summe der elektrischen Leistungen der Einzelstränge.

$$\begin{aligned} P_{BAT} &= u_{U,STR} \cdot i_{U,STR} + u_{V,STR} \cdot i_{V,STR} + u_{W,STR} \cdot i_{W,STR} \\ &= \begin{pmatrix} u_{U,STR} & u_{V,STR} & u_{W,STR} \end{pmatrix} \cdot \begin{pmatrix} i_{U,STR} \\ i_{V,STR} \\ i_{W,STR} \end{pmatrix} \end{aligned} \tag{2.77}$$

Nach der Transformation in das rotierende d-q-Koordinatensystem (vollständig im Anhang III), ergibt sich für die versorgende elektrische Leistung.

$$P_{BAT} = \frac{3}{2} \cdot \begin{pmatrix} u_d & u_q \end{pmatrix} \cdot \begin{pmatrix} i_d \\ i_q \end{pmatrix} = \frac{3}{2} \cdot \left(u_d \cdot i_d + u_q \cdot i_q \right) \tag{2.78}$$

Daran schließt sich die Beschreibung derjenigen Leistung P_{MAG} an, welche zum Aufbau der magnetischen Felder innerhalb der Spulen notwendig ist. Die Gesetzmäßigkeit ergibt sich durch Einsetzen der Spannung durch Selbstinduktion mit der Induktivität L aus Gleichung (2.26) in Gleichung (2.76).

$$P = L \cdot \dot{i} \tag{2.79}$$

Mit allen drei Strängen des Motors resultiert aus Gleichung (2.79) für die gesamte Leistung zu

$$\begin{aligned} P_{MAG} &= L_{STR} \cdot \dot{i}_{U,STR} \cdot i_{U,STR} + L_{STR} \cdot \dot{i}_{V,STR} \cdot i_{V,STR} + L_{STR} \cdot \dot{i}_{W,STR} \cdot i_{W,STR} \\ &= L_{STR} \cdot \begin{pmatrix} \dot{i}_{U,STR} & \dot{i}_{V,STR} & \dot{i}_{W,STR} \end{pmatrix} \cdot \begin{pmatrix} i_{U,STR} \\ i_{V,STR} \\ i_{W,STR} \end{pmatrix}. \end{aligned} \tag{2.80}$$

Die Transformation in das rotierende d-q-Koordinatensystem findet sich ebenfalls in Anhang III wieder und liefert

$$P_{MAG} = \frac{3}{2} \cdot \begin{pmatrix} L_d \cdot \dot{i}_d & L_q \cdot \dot{i}_q \end{pmatrix} \cdot \begin{pmatrix} i_d \\ i_q \end{pmatrix} = \frac{3}{2} \cdot \left(L_d \cdot \dot{i}_d \cdot i_d + L_q \cdot \dot{i}_q \cdot i_q \right). \tag{2.81}$$

Als dritter Teil der Leistungsbilanz kommt die thermische Leistung P_{THERM} hinzu, welche die Energieumwandlung in Wärme bei der Bestromung von Ohm'schen Widerständen beschreibt. Mathematisch lässt sie sich aus Gleichung (2.76) und dem Ohm'schen Gesetz ableiten.

$$P = R \cdot i^2 \tag{2.82}$$

Mit allen drei Strängen des Motors ergibt sich der Ausdruck

$$\begin{aligned} P_{THERM} &= R_{STR} \cdot {i_{U,STR}}^2 + R_{STR} \cdot {i_{V,STR}}^2 + R_{STR} \cdot {i_{W,STR}}^2 \\ &= R_{STR} \cdot \begin{pmatrix} i_{U,STR} & i_{V,STR} & i_{W,STR} \end{pmatrix} \cdot \begin{pmatrix} i_{U,STR} \\ i_{V,STR} \\ i_{W,STR} \end{pmatrix} \end{aligned} \tag{2.83}$$

für die gesamte thermische Leistung P_{THERM}.

Es folgt die Koordinatentransformation in das d-q-Koordinatensystems mit Herleitung in Anhang III für die thermische Leistung

$$P_{THERM} = \frac{3}{2} \cdot R_{STR} \cdot (i_d \quad i_q) \cdot \begin{pmatrix} i_d \\ i_q \end{pmatrix} = \frac{3}{2} \cdot R_{STR} \cdot \left(i_d{}^2 + i_q{}^2\right). \tag{2.84}$$

Durch Einsetzen der beschriebenen Leistungsanteile in die Leistungsbilanz aus Gleichung (2.75) ergibt sich der Ausdruck

$$P_{MECH} = \frac{3}{2} \cdot \left[\left(u_d \cdot i_d + u_q \cdot i_q\right) - \left(L_d \cdot \dot{i_d} \cdot i_d + L_q \cdot \dot{i_q} \cdot i_q\right) - R_{STR} \cdot \left(i_d{}^2 + i_q{}^2\right)\right] \tag{2.85}$$

für die mechanische Leistung. Daraufhin werden die Spannungsgleichungen (2.71) und (2.72) in d-q-Koordinaten eingesetzt, sodass die Leistungsbilanz nur noch von den Strömen abhängt und sich folgender Ausdruck ergibt:

$$\begin{aligned} P_{MECH} &= \frac{3}{2} \cdot \omega_{EL} \cdot \left(-L_q \cdot i_q \cdot i_d + L_d \cdot i_d \cdot i_q + \hat{\Psi}_P \cdot i_q\right) \\ &= \frac{3}{2} \cdot \omega_{EL} \cdot \left[\left(L_d - L_q\right) \cdot i_q \cdot i_d + \hat{\Psi}_P \cdot i_q\right]. \end{aligned} \tag{2.86}$$

Ein anderer Ausdruck für die mechanische Leistung P_{MECH}, welche zur Erzeugung des antreibenden Motordrehmoments M_{AN} zur Verfügung steht, ist

$$P_{MECH} = M_{AN} \cdot \omega_{ROT}. \tag{2.87}$$

Mit dem im nachfolgenden Abschnitt beschriebene Zusammenhang zwischen der Kreisfrequenz des elektrischen Feldes und der Winkelgeschwindigkeit des Rotors, folgt für P_{MECH} bezogen auf die Rotation des elektrischen Feldes.

$$P_{MECH} = M_{AN} \cdot \frac{\omega_{EL}}{z_p} \tag{2.88}$$

Durch Einsetzen dieses Ausdrucks in die Gleichung (2.86) und anschließende Umformung ergibt sich die endgültige Modellgleichung

$$M_{AN} = \frac{3}{2} \cdot z_p \cdot \left[\left(L_d - L_q \right) \cdot i_q \cdot i_d + \widehat{\Psi}_P \cdot i_q \right] \tag{2.89}$$

des antreibenden Motordrehmoments.

2.3.4 Elektrische und mechanische Winkelgeschwindigkeit

Neben dem Motordrehmoment bilden die Winkelgeschwindigkeiten eine Schnittstelle zwischen den Teilmodellen des Mechanismus und des Motorstromkreises. Letzteres Modell benötigt für Berechnungen und Transformationen die Kreisfrequenz des Drehfeldes, welche in einer konstruktionsbedingten Abhängigkeit zur Winkelgeschwindigkeit des Rotors steht. Liegt ein dreiphasiger Motor vor, bei dem jeder Strang exakt mit einer Wicklung auf dem Statorumfang vertreten ist, entspricht die Kreisfrequenz der sinusförmigen Stranggrößen im Motorstromkreis der Rotorwinkelgeschwindigkeit. Es liegt eine Polpaarzahl von z_p = 1 wie links in Abb. 2.11 vor.

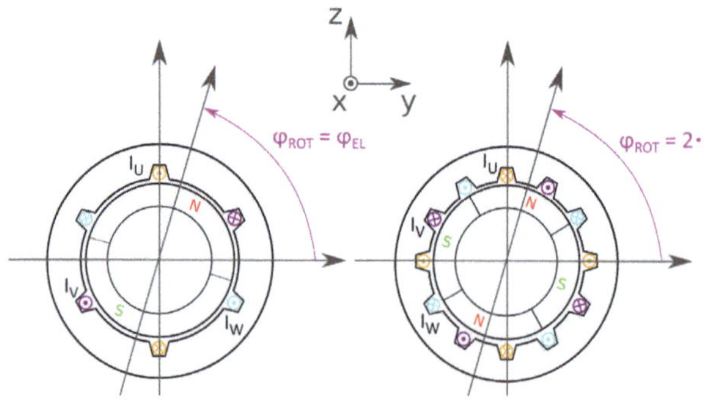

Abb. 2.11: Motoren mit Polpaarzahl Eins (links) und Zwei (rechts)

Ist jeder Strang mit mehr als einer Wicklung vertreten und die Polpaarzahl größer als Eins, muss die Kreisfrequenz der Stranggrößen ein entsprechendes Vielfaches der Rotorwinkelgeschwindigkeit sein. Dieser Zusammenhang gilt auch für den Winkel und die Winkelbeschleunigung.

$$z_p = \frac{\dot{\varphi}_{EL}}{\dot{\varphi}_{ROT}} = \frac{\omega_{EL}}{\omega_{ROT}} \tag{2.90}$$

2.4 Analyse des Motormodells

Im Anschluss an die Modellbildung folgt die Analyse des gesamten Motormodells. Zweck dieser Analyse ist die genaue Charakterisierung und Plausibilitätsprüfung des dynamischen Modellverhaltens des Modells. Den ersten Schritt bildet die Untersuchung der Übertragungspfade des Modells im Frequenzbereich, um einige spezifische Kennwerte seines dynamischen Verhaltens zu ermitteln. Anschließend erfolgt eine Simulation des Modells im Zeitbereich, welche die oben genannte Plausibilitätsprüfung ermöglicht und Unzulänglichkeiten im dynamischen Modellverhalten aufdeckt. Die Ergebnisse der Analyse bilden die inhaltliche Grundlage für die Entwicklung einer Regelung.

2.4.1 Vorbereitende Annahmen für die Analyse

Ein Übertragungspfad bildet das Übertragungsverhalten von einer bestimmten Eingangsgröße auf eine bestimmte Ausgangsgröße ab. Weisen Modellgleichungen, wie beispielsweise (2.73), (2.74) und (2.89), mehrere Eingangsgrößen auf, werden diejenigen Eingangsgrößen, die nicht zum aktuellen Übertragungspfade gehören, als gleich null angenommen. Somit findet die Reaktion des Systems auf mehrere Eingangsgrößen bei der Analyse der Übertragungspfade im Frequenzbereich keine Berücksichtigung. Erkenntnisse darüber liefert erst die Simulation im Zeitbereich. In der Ausgangssituation liegen in den Gleichungen (2.71) und (2.72) bzw. (2.73) und (2.74) für die Spannungen u_d und

u_q Summanden vor, die von ω_{EL}, i_d und i_q abhängen. Die Gleichungen sind somit über diese Größen gekoppelt und zunächst von nichtlinearer Natur. Setzt man diese Größen ω_{EL}, i_d und i_q als messbar bzw. bekannt voraus, kann eine Aufschaltung der davon abhängigen Spannungssummanden auf die Stellgrößen u_d und u_q der Regler erfolgen. Dies bewirkt eine Kompensation ihrer Wirkung auf das dynamische Verhalten. Die Aufschaltungen werden in den nachfolgenden Gleichungen durch Ergänzung von Summanden auf der linken Seite der Gleichungen umgesetzt. Für die Spannungsbilanz der d-Komponente aus Gleichung (2.71) ergibt sich mit dem Summand u_{dffid} der Aufschaltung die Gleichung

$$u_d + u_{dffid} = R_{STR} \cdot i_d - L_q \cdot \omega_{EL} \cdot i_q + L_d \cdot \dot{i_d}. \tag{2.91}$$

Dabei sieht der Summand u_{dffid} wie folgt aus:

$$u_{dffid} = -L_q \cdot \omega_{EL} \cdot i_q. \tag{2.92}$$

Mit dieser Aufschaltung heben sich die entsprechenden Terme auf beiden Gleichungsseiten auf und es ergibt sich eine vereinfachte Spannungsbilanz zu

$$u_d = R_{STR} \cdot i_d + L_d \cdot \dot{i_d}, \tag{2.93}$$

aus der die folgende Übertragungsfunktion generiert werden kann:

$$G_{id}(s) = \frac{i_d(s)}{u_d(s)} = \frac{\frac{1}{R_{STR}}}{\frac{L_d}{R_{STR}} \cdot s + 1} = \frac{K_d}{\tau_d \cdot s + 1} \tag{2.94}$$

Analog ergibt sich aus (2.72) für die Spannungsbilanz der q-Komponente mit dem Summand u_{qffid} der Aufschaltung

$$u_q + u_{dffiq} = R_{STR} \cdot i_q + L_d \cdot \omega_{EL} \cdot i_d + L_q \cdot \dot{i_q} + \hat{\Psi}_P \cdot \omega_{EL}. \tag{2.95}$$

Dabei gilt für den Summanden der Kompensation zu

$$u_{dffiq} = L_d \cdot \omega_{EL} \cdot i_d + \hat{\Psi}_P \cdot \omega_{EL} \tag{2.96}$$

und damit die vereinfachte Spannungsbilanz

$$u_q = R_{STR} \cdot i_q + L_d \cdot \dot{i_q}. \tag{2.97}$$

Aus dieser Spannungsbilanz resultiert die folgende Übertragungsfunktion:

$$G_{iq}(s) = \frac{i_q(s)}{u_q(s)} = \frac{\frac{1}{R_{STR}}}{\frac{L_q}{R_{STR}} \cdot s + 1} = \frac{K_q}{\tau_q \cdot s + 1} \tag{2.98}$$

Die Aufschaltungen neutralisieren die Wirkung der betroffenen Eingangsgrößen, welche damit als gleich Null gelten können. Die Beschreibung des kompensierenden Mechanismus der magnetischen Entkopplung folgt in Abschnitt 2.5.1. Auch die Gleichung (2.89) weist nichtlineares Verhalten auf, was sich durch die Multiplikation zweier Eingangsgrößen im zweiten Summanden zeigt. Mit der Annahme eines symmetrischen Magnetkreises sind die Längsinduktivität L_q und Querinduktivität L_d jedoch gleich, weshalb der entsprechende Summand gleich

Null ist. Es ergibt sich ein neuer Ausdruck für das antreibende Motordrehmoment, das bei obiger Annahme proportional vom Strom i_q abhängt:

$$M_{AN} = \frac{3}{2} \cdot z_p \cdot \hat{\Psi}_P \cdot i_q \tag{2.99}$$

Aus diesem Grund bezeichnet man diesen Strom i_q als drehmomentbildend. [30] Als Übertragungsfunktion zeigt sich dieser Zusammenhang in der Gleichung

$$G_{Tiq}(s) = \frac{M_{el}(s)}{i_q(s)} = \frac{3}{2} \cdot z_p \cdot \hat{\Psi}_P = K_M. \tag{2.100}$$

2.4.2 Analyse der Übertragungspfade des Modells

In diesem Absatz erfolgt die Definition der zu analysierenden Übertragungspfade. Als Basis für die Entwicklung der jeweiligen Übertragungsfunktionen dient das Blockschaltbild aus Abb. 2.12, welches sich aus den Gleichungen (2.94), (2.98), (2.100) und (2.23) ableitet.

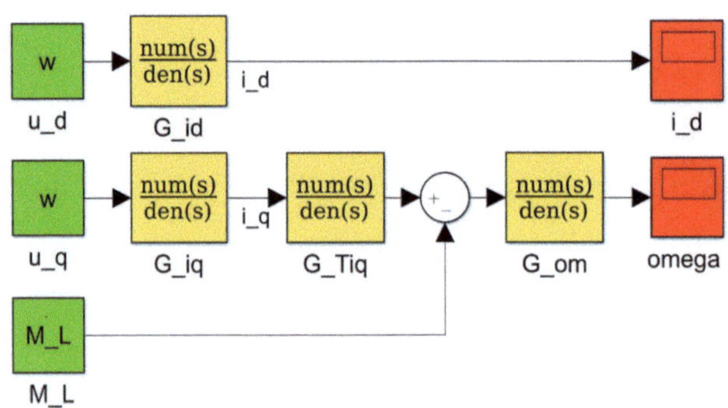

Abb. 2.12: Blockschaltbild mit Übertragungspfaden der Modellanalyse

Im Folgenden sind die Übertragungspfade aufgeführt. Sie ergeben sich aus dem Blockschaltbild. Dabei lässt sich zwischen Stellübertragungspfaden und Störübertragungspfaden unterscheiden. Die Stellübertragungspfade bilden die Stellgröße des Reglers bei verschwindenden Störgrößen auf die Ausgangsgrößen ab. Dazu zählen der nachfolgend dargestellte Übertragungspfad von u_d nach i_d, der der Übertragungsfunktion (2.94) entspricht, sowie der Übertragungspfad von u_q nach i_q, den die Übertragungsfunktion (2.98) abbildet. Weiterhin ist der Übertragungspfad von u_q nach ω_{ROT} als Reihenschaltung der Gleichungen (2.98), (2.100) und (2.23) ein Stellübertragungspfad. Einen Störübertragungspfad bildet der Übertragungspfad von M_L nach ω_{ROT}, der der Übertragungsfunktion (2.23) mit negativem Vorzeichen entspricht.

$$G(s) = -G_{om}(s) = \frac{\omega_{ROT}}{-M_L} = -\frac{K_{OM}}{\tau_{OM} \cdot s + 1} \quad \text{bei } u_d = u_q = 0 \tag{2.101}$$

Anhand der Übertragungsfunktionen und den Simulationsparametern aus Tab 2.8 kann erfolgt die Modellanalyse mithilfe der Entwicklungssoftware MATLAB. Dabei werden für die Übertragungspfade Kennwerte ermittelt und Einschwingverhalten sowie Frequenzgänge untersucht. Die Gleichung (2.94) zeigt, dass der Stellübertragungspfad von u_d nach i_d ein PT1-Verhalten aufweist. Die Kennwerte in der folgenden Tab. 2.1 bestätigen dies.

type	real. part	imag. part	τ	ω	d	steady-state gain
pole	-74.468	-	0.0134	74.468	1	2.857

Tab. 2.1: Kennwerte des Übertragungspfads $u_d \rightarrow i_d$

Die grafischen Darstellungen der Pol-Nullstellen-Konfiguration in der sogenannten s-Ebene und der Einheitssprungantwort innerhalb von Abb. 2.13 bilden das typische Verhalten eines PT1-Glieds ab. Der Übertragungspfad hat eine einzelne reelle Polstelle. Damit ist der Pfad nicht schwingfähig. Weiterhin liegt die

Polstelle in der linken s-Halbebene, weshalb die Übertragung abklingend verläuft. Es gibt keine Nullstelle. [14]

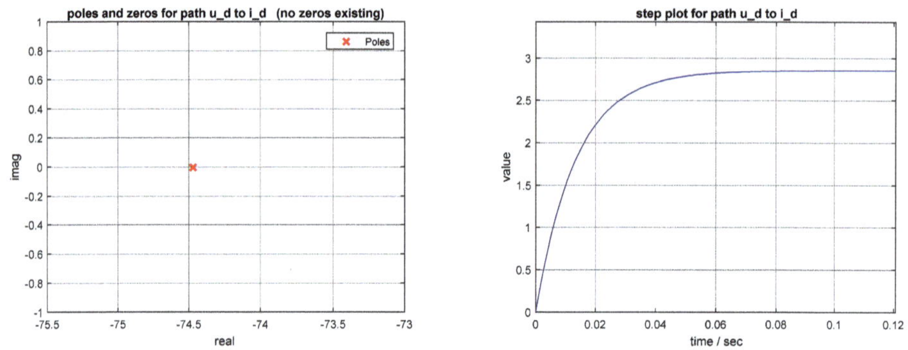

Abb. 2.13: Pol-Nullstellen-Konfiguration (links) Einheitssprungantwort (rechts) der Übertragungsfunktion G_{id} des Übertragungspfads von $u_d \rightarrow i_d$

Aus Abb. 2.13 der Einheitssprungantwort lässt sich in Übereinstimmung mit Tab. 2.1 ein Wert von circa 2,9 für die stationäre Verstärkung K_d ablesen. Die Zeitkonstante T_d des Pfads ist im systeminternen Vergleich klein. Das dynamische System des Stromkreises schwingt schnell ein. Der Frequenzgang im zugehörigen Bodediagramm der Abb. 2.14 bestätigt das PT1-Verhalten. Der minimale Wert des Phasengangs verläuft von 0° bis -90°. Der Amplitudengang verläuft zunächst waagerecht und ab der Knickfrequenz hinreichend mit einer Steigung von -20 Dezibel pro Dekade.

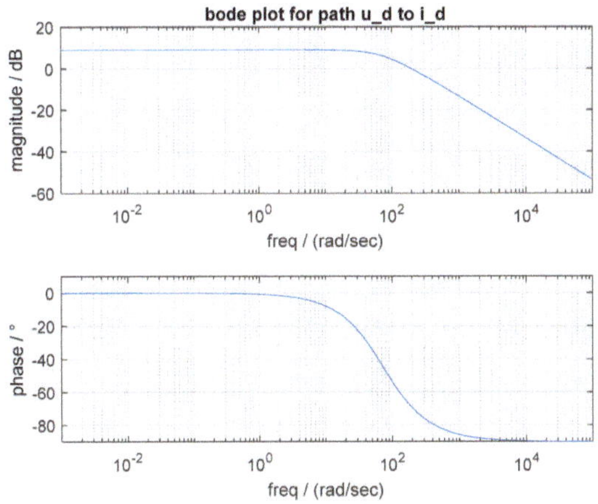

Abb. 2.14: Frequenzgang des Pfads von $u_d \rightarrow i_d$

Der Stellübertragungspfad von u_q nach i_q weist dasselbe Übertragungsverhalten wie der Übertragungspfad u_d nach i_d auf. Daher wird in diesem Fall von einer gesonderten Beschreibung des Verhaltens abgesehen. Der Grund für die Übereinstimmung liegt in dem symmetrischen Aufbau des Motorstromkreises und des Magnetkreises. Darauf folgt $K_q = K_d$ und $\tau_d = \tau_q$.

Bei dem Übertragungspfad u_q nach ω_{ROT} handelt sich um eine Reihenschaltung der PT1-Glieder aus den Gleichungen (2.98) und (2.23), sowie des Proportionalglieds aus Gleichung (2.100). Das sich ergebende Verzögerungsglied zweiter Ordnung (PT2-Glied) zeigt in Tab. 2.2 und dem Plot der Pol-Nullstellen-Konfiguration in Abb. 2.15 zwei reelle Polstellen, welche bei -74,468 und bei -3,333 liegen.

type	real. part	imag. part	τ	ω	d	steady-state gain
pole	-74.468	-	0.0134	74.468	1	23.143
pole	-3.333	-	0.3000	3.333	1	-

Tab. 2.2: Kennwerte des Übertragungspfads $u_q \rightarrow \omega_{ROT}$

Aufgrund der reellen Polstellen ist der Übertragungspfad nicht schwingfähig. Weiterhin liegen die Polstellen in der linken s-Halbebene weshalb die Übertragung abklingend verläuft. Die Polstelle mit der höheren Zeitkonstante τ_{OM} dominiert. Es gibt keine Nullstelle. In der Sprungantwort ist die kleine Zeitkonstanten τ_q wegen der Dominanz der großen Zeitkonstanten τ_{OM} kaum erkennbar. Aus Abb. 2.15 lässt sich in Übereinstimmung mit Tab. 2.2 ein Wert von circa 23 für die stationäre Verstärkung ablesen. Diese lässt sich aus der Multiplikation der drei Verstärkungskonstanten K_q, K_{OM}, und K_M bestimmen.

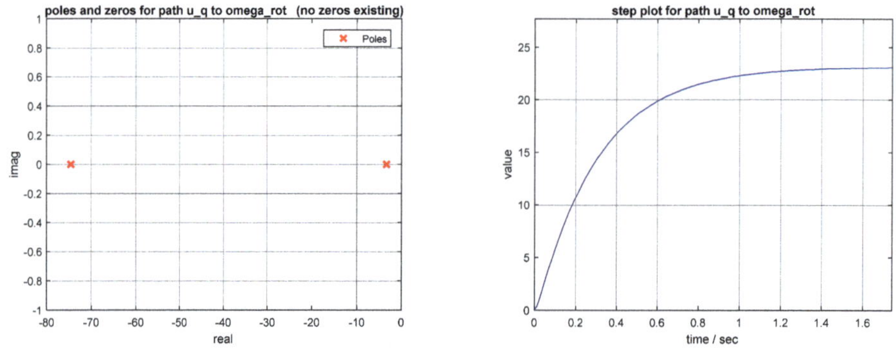

Abb. 2.15: Pol-Nullstellen-Konfiguration und Sprungantwort ($u_q \rightarrow \omega_{ROT}$)

Auch im Bodediagramm sind die Verläufe des Amplituden- und Phasengangs des PT2-Gliedes zu erkennen. Die Eckfrequenzen der Zeitkonstanten sind nur schwach optisch trennbar. Die Bandbreite des Pfads ist im systeminternen Vergleich klein, was an der dominanten langsamen Zeitkonstanten der Rotormechanik liegt. Die Abb. 2.16 zeigt, dass der minimal Wert des Phasengangs von 0° bis -180° verläuft und der Abfall des Amplitudengangs nach der Knickfrequenz bei einem Endwert von 40 Dezibel pro Dekade liegt.

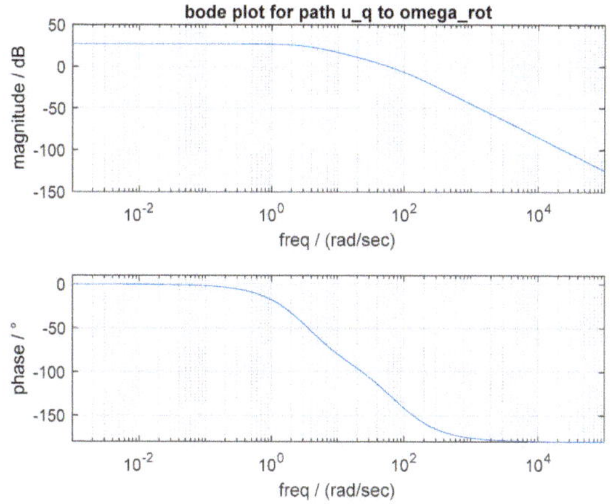

Abb. 2.16: Frequenzgang des Pfads u_q → ω_{ROT}

Der Störübertragungspfad von M_L nach ω_{ROT} weist ein PT1-Verhalten mit den Kennwerten aus Tab. 2.3 auf. Dieser Pfad weist eine reelle Polstelle, welche bei 3,333 liegt, und keine Nullstelle auf. Damit ist der Pfad ebenfalls nicht schwingfähig. Weiterhin liegt die Polstelle in der linken s-Halbebene, weshalb der Verlauf abklingt.

type	real. part	imag. part	τ	ω	d	steady-state gain
pole	-3.333	-	0.3	3.333	1	-10

Tab. 2.3: Kennwerte des Übertragungspfads M_L → ω_{ROT}

Obige Aussagen werden durch den Verlauf der Sprungantwort bestätigt. Aus Abb. 2.17 lässt sich in Übereinstimmung mit Tab. 2.3 ein Wert von -10 für die stationäre Verstärkung K_{OM} ablesen. Ebenso verhält es sich mit der Zeitkonstante τ_{OM} dieses PT1-Glieds, die im systeminternen Vergleich groß ist.

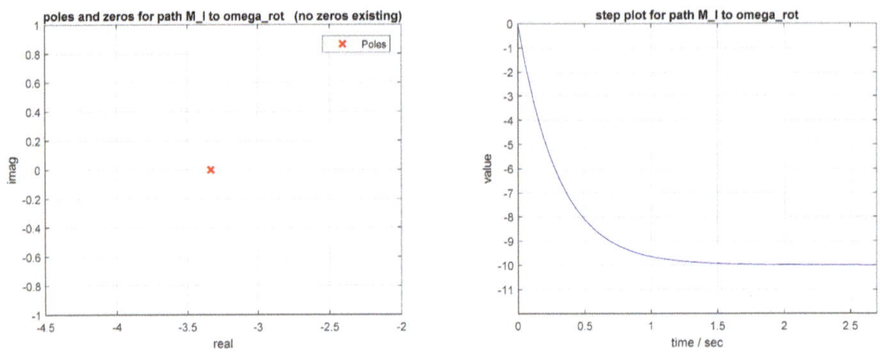

Abb. 2.17: Pol-Nullstellen-Konfiguration und Sprungantwort ($M_L \rightarrow \omega_{ROT}$)

Auch im Bodediagramm der Abb. 2.18 sind die Verläufe des Amplituden- und Phasengangs eines PT1-Glieds erkennbar.

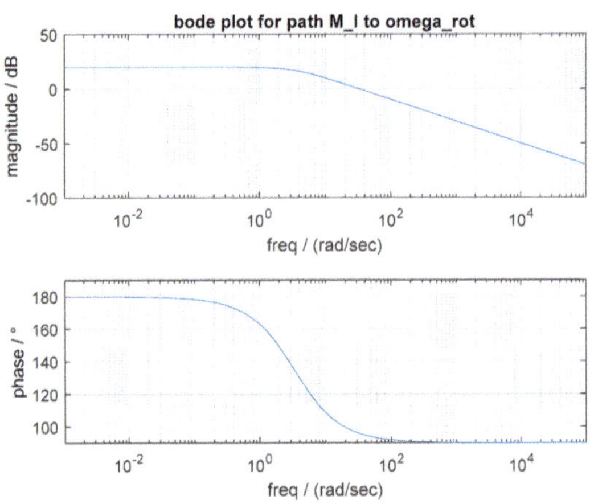

Abb. 2.18: Frequenzgang des Pfads $M_L \rightarrow \omega_{ROT}$

Die Bandbreite des Pfads ist im systeminternen Vergleich klein. Der Phasengang beginnt bei 180° und fällt auf den Wert von 90° Grad. Der Abfall des Amplitudengangs erreicht nach der Eckfrequenz den Endwert von 20 Dezibel pro Dekade.

2.4.3 Simulation des Modells

Während der vorherige Abschnitt die Charakteristika der einzelnen Übertragungspfade beleuchtet, ist nun das Modell in seiner Gesamtheit zu untersuchen. Dazu wird das in dem Simulationswerkzeug Simulink implementierte Modell mit definierten Anregungen simuliert. Darauf folgt eine Beschreibung der Simulationsergebnisse im Zeitbereich. Die Testanregung besteht aus der Vorgabe der Zeitverläufe von Eingangsgrößen und Störgrößen. In der Anfahrphase wird der Rotor des Motors durch die sprungförmige Vorgabe einer Eingangsspannung u_q beschleunigt. Nach einer gewissen Zeit erfolgt die Aufschaltung eines sprungförmiges Lastmoments M_L auf die Rotormechanik, um die Reaktion des Modells auf Störgrößen darzustellen. Die Eingangsspannung u_d ist gleich null gesetzt, da sie bei einer symmetrischen Maschine keine Auswirkung auf das antreibende Motordrehmoment und auf die Rotorwinkelgeschwindigkeit hat. Für das Testszenario und die Simulation gilt der Parametersatz aus Tab. 2.4.

Größe	Einheit	Wert
Zeit des Sprunges von u_q	s	0.5
Betrag von u_q	V	200
Zeit des Sprunges von u_d	s	0
Betrag von u_d	V	0
Zeit des Sprunges von M_L	sec	2.5
Betrag von M_L	Nm	9.5
Simulationsdauer	sec	4.5

Tab. 2.4: Test- und Simulationsparameter der Modell-Simulation

Es ist zusätzlich zu erwähnen, dass das nichtlineare Model mit entsprechender magnetischer Kopplung simuliert wird. Die Ergebnisse der Simulation des Modells mit den benannten Parametern zeigen sich in Abb. 2.19.

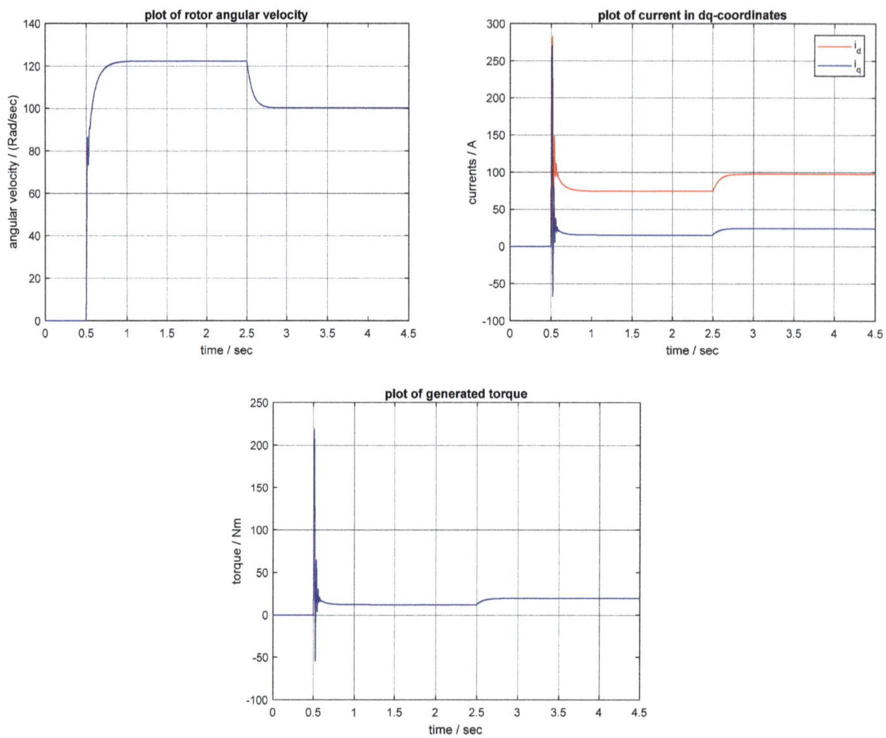

Abb. 2.19: Zeitverläufe der Rotorwinkelgeschwindigkeit (oben links), der Ströme (oben rechts) und des Motordrehmoments (unten)

Zu Beginn der Simulation ist die Winkelgeschwindigkeit ω_{ROT} gleich null. Bei Anlegen einer sprungförmigen Spannung u_q kommt es zu einem hochdynamischen Einschwingvorgang. Dieser ist von sehr hohen Spitzenwerten für Strom und dem dazu proportionalen Motordrehmoment gekennzeichnet. Weiterhin zeigt sich, dass das nichtlineare Modell entgegen der Analyse der Übertragungspfade durchaus schwingfähig ist. Es entsteht ein Strom i_q, welcher ein Antriebsmoment M_{AN} erzeugt. Dieses bewirkt eine Drehung des Rotors. Der Anstieg der Drehzahl erfolgt nur langsam, was in der vergleichsweise großen Zeitkonstante τ_{OM} des Mechanismus begründet liegt. Durch die ansteigende Winkelgeschwindigkeit werden nun Spannungsanteile in die jeweiligen beiden Stromkreise induziert.

Nach Einschwingen der Winkelgeschwindigkeit stellt sich zunächst ein stationärer Zustand ein, in dem die Ströme wieder auf einen stationären Wert abfallen. Durch die Aufschaltung der Störgröße M_L endet dieser stationäre Zustand. Als Lastmoment senkt M_L die Rotorwinkelgeschwindigkeit ab, wodurch i_d und i_q ansteigen. Der Grund für diesen Anstieg der Ströme ist das Absinken der induzierten Spannungsanteile an den PT1-Gliedern. Somit folgt auf einen Sprung im Lastmoment unweigerlich auch eine Steigerung im Antriebsmoment. Man kann dabei von einem systemeigenen Regelungsmechanismus sprechen, deren Regelgröße die Winkelgeschwindigkeit und deren Stellgröße das Antriebsmoment ist.

2.4.4 Zusammenfassung der Analyse-Ergebnisse

Als Vorbereitung für die Auslegung des Reglers erfolgt in diesem Abschnitt eine Charakterisierung unerwünschter Verhaltensweisen des Modells. Die Regelung soll Abhilfe schaffen und diese Eigenheiten beheben oder ihre Auswirkungen minimieren. Die Betrachtung des Führungsübertragungsverhaltens zeigt, dass das langsame Einschwingverhalten des mechanischen Teilmodells den Beschleunigungsvorgang des Rotors prägt. Transiente Vorgänge benötigen vergleichsweise viel Zeit. Die Einschwingvorgänge der Ströme sind hingegen deutlich schneller und bedürfen keiner starken Verbesserung.
Auch das Störverhalten ist nicht zufriedenstellend. Die hohe stationäre Verstärkung im Störübertragungspfad führt zu einem starken Störeinfluss. Bei sprungförmiger Störanregung bricht die Winkelgeschwindigkeit erheblich ein und erreicht in Abhängigkeit der dominanten Zeitkonstante τ_{OM} nach bestimmter Zeit einen stationären Wert.
Weiterhin lässt sich feststellen, dass die Ströme im transienten Fall sehr hohe Spitzenwerte erreichen. Diese können zur Beschädigung des Motorstromkreises führen. Ein solches Verhalten resultiert auch in rapide ansteigenden und hohen

Werten für das Motordrehmoment, wodurch auch mechanischen Komponenten Beschädigung droht. Wie bereits erwähnt, sind physikalische Grenzen des realen Systems bereits im virtuellen System zu beachten. Folgende Zielsetzungen einer Drehzahlregelung des Motors lassen sich aus den zuvor beschriebenen Eigenheiten des Modellverhaltens ableiten:

1. Schnelleres und stärker gedämpftes transientes Verhalten
2. Erreichen von stationärer Genauigkeit bei sprungförmiger Störanregung
3. Begrenzung der Ströme zum Schutz physischer Bauteile

2.5 Entwurf der Motorregelung

Die übergeordnete Struktur der Regelung entspricht dem Prinzip der Kaskadenregelung. In der Literatur ist dieses Prinzip für die Regelung von PMSM und Elektromotoren allgemein üblich. [5, 6, 30, 38]

Für die Umsetzung einer Kaskadenregelung ist die Regelstrecke in zwei Teilregelstrecken zu untergliedern. Es ergibt sich eine Struktur, die in Abb. 2.20 dargestellt ist. Im vorliegenden Fall lassen sich der Motorstromkreis und der Motormechanismus als Teilregelstrecken definieren. Beide Regelstrecken werden durch eigene Regler beeinflusst. Die Teilregelstrecke Motorstromkreis mit der Übertragungsfunktion G_{iq} bildet mit dem zugehörigen Regler und der Übertragungsfunktion G_{Ciq} den inneren Regelkreis. Zusammen mit dem Motormechanismus, dessen Übertragungsverhalten durch G_{om} beschrieben ist, ergibt sich damit die Regelstrecke des äußeren Drehzahlregelkreises mit dem zugehörigen Regler mit der Übertragungsfunktion G_{Com}. Das Übertragungsglied G_{Tiq} bildet den proportionalen Zusammenhang zwischen dem Strom i_q und dem Motordrehmoment ab. Durch Vorschalten des Kehrwertes des Übertragungsglieds G_{Tiq} vor den inneren Regelkreis erfolgt eine Kompensation dieses proportionalen Zusammenhangs. Die Regelung des Stromes i_d ist nicht Teil der in Abb. 2.20 dargestellten Kaskadenregelung, sondern erfolgt separat.

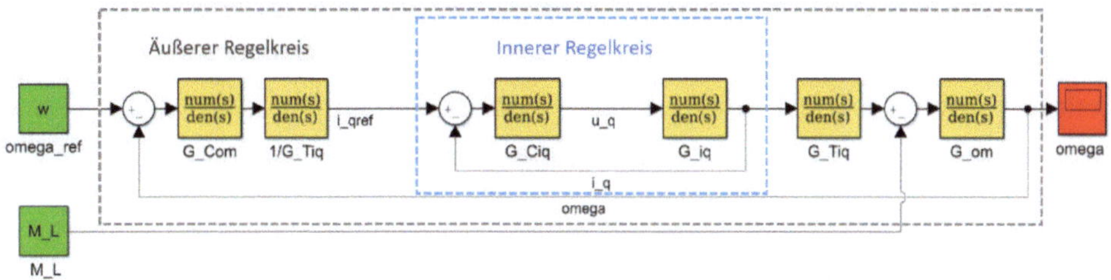

Abb. 2.20: Struktur der Kaskadenregelung

Auch zur Erfüllung der dritten Anforderung ist die Kaskadenstruktur für die Drehzahlregelung geeignet, da sie die Integration einer separaten Begrenzung des Stroms ermöglicht. [38]

Die getrennte Regelung der Drehzahl und des Stroms fördert zudem die erste Anforderung. Denn durch die Trennung sind die Regler spezifischer an die Dynamik der zugehörigen Teilstrecken anpassbar, was ein die Einstellung eines schnelleren Führungsübertragungsverhaltens sowie eine bessere Reaktion auf Störanregungen erlaubt. [14]

2.5.1 Integration einer magnetischen Entkopplung

Im nachfolgenden Abschnitt wird der Entwurf der bereits in Abschnitt 2.4.1 angesprochenen Entkopplung aufgegriffen, um die Koppelung der Spannungsgleichungen (2.71) und (2.72) über die Ströme von i_d und i_q aufzuheben. Auch die Abhängigkeit der Spannungsgleichungen von der Winkelgeschwindigkeit ω_{EL} wird durch eine solche Aufschaltung kompensiert. [14]

Im Blockschaltbild der Abb. 2.21 sind die Spannungsgleichungen (2.91) und (2.95) mit den Aufschaltungen aus den Gleichungen (2.92) und (2.96) umgesetzt. Die zu kompensierenden Spannungsterme werden additiv auf die Stellgrößen der Stromregler aufgeschaltet. Durch die genaue Kenntnis der Regelstrecke und der Annahme, dass die Parameter vollständig bekannt und konstant sind, ist es möglich die Entkopplung so anzulegen, dass die Kompensation der Spannungsterme vollständig erfolgt. Unter entsprechender Annahme können diese Terme für die Modellanalyse und die darauf aufbauende Reglerauslegung zunächst unberücksichtigt bleiben.

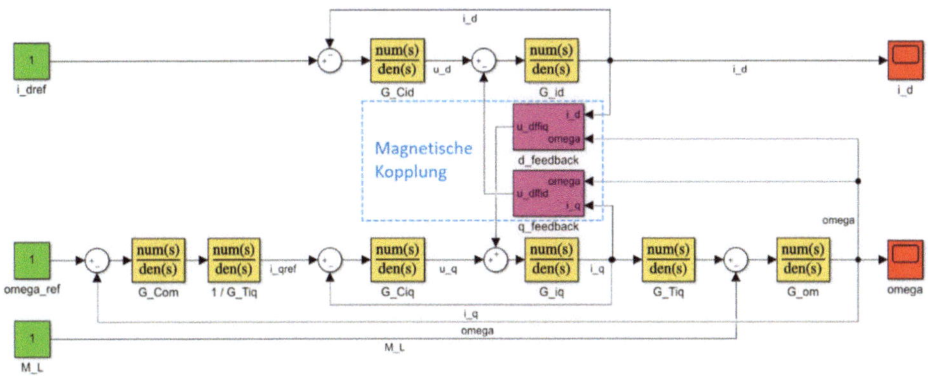

Abb. 2.21: Regelkreis mit Entkopplung

2.5.2 Auslegung des Stromreglers

Zwar weisen die Stromübertragungspfade ein hinreichend schnelles Übertragungsverhalten auf, um jedoch stationäre Genauigkeit bei Führungsgrößenvorgabe und gleichzeitigem Auftreten von Störgrößen zu erreichen, ist ein geeigneter Regler zu entwerfen. Nachdem die Grundstruktur der Regelung als Kaskadenstruktur bereits feststeht, folgt die Auslegung der einzelnen Regler. Wie bei einer Kaskadenregelung üblich, beginnt die Entwicklung mit der Auslegung des Reglers des inneren Regelkreises. [25]

Der Regler des Stromes i_d ist wegen der Symmetrie der Regelstrecken identisch auszulegen. Besagter Strom ist konstant auf den Wert Null zu regeln, da eine übergeordnete Regelung für die d-Stromkomponente, beispielsweise zur Berücksichtigung der Feldschwächung, keine Behandlung erfährt. Durch die Regelung auf den Wert Null kann der drehmomentbildende Strom i_q den Raumzeigerbetrag vollständig ausnutzen.

Als Ausgangspunkt für die Auslegung wird zunächst die Regelstrecke des Stromregelkreises festgelegt. Unter der regelungstechnischen Betrachtung der magnetischen Kopplung als Störgrößenaufschaltung erfolgt die Beschreibung des Stromregelkreis durch Gleichung (2.98).

Konform zur Literatur [15, 34, 35] wird zur Regelung ein PI-Regler eingesetzt. Das integrierende Verhalten des Reglers sorgt für stationäre Genauigkeit bei Regelstrecken ohne eigenes, integrierendes Verhalten. Der proportionale Anteil wirkt beschleunigend auf das Einschwingverhalten des geregelten Systems. Von der Nutzung eines PID-Reglers ist abzusehen, da der differenzierende Anteil auf stochastische Störungen stark reagiert, welche beispielsweise durch Messvorgänge entstehen können. Diese Argumentation orientiert sich an [25].

Im Hinblick auf die Ergänzung weiterer Komponenten bei der späteren Implementierung in MATLAB/Simulink erfolgt die Nutzung eines PI-Reglers in Parallelstruktur. Formelmäßig lässt sich dieser folgendermaßen abbilden:

$$G_{Ciq}(s) = K_{Piq} + \frac{K_{Iiq}}{s} \tag{2.102}$$

Durch Umformung ergibt sich folgende Darstellung des Reglers.

$$G_{Ciq}(s) = K_{Piq} \cdot \frac{\tau_{Ciq} \cdot s + 1}{\tau_{Ciq} \cdot s} \quad \text{mit } \tau_{Ciq} = \frac{K_{Piq}}{K_{Iiq}} \tag{2.103}$$

Mit den Übertragungsfunktionen des Reglers (2.103) und der Regelstrecke (2.98) bildet die Übertragungsfunktion F_{Oiq} des offenen Regelkreises wie folgt:

$$\begin{aligned} F_{Oiq}(s) &= G_{Ciq}(s) \cdot G_{iq}(s) = K_{Piq} \cdot \frac{\tau_{Ciq} \cdot s + 1}{\tau_{Ciq} \cdot s} \cdot \frac{K_q}{\tau_q \cdot s + 1} \\ &= K_{Piq} \cdot K_q \cdot \frac{\tau_{Ciq} \cdot s + 1}{\tau_{Ciq} \cdot s \cdot (\tau_q \cdot s + 1)}. \end{aligned} \tag{2.104}$$

Für die Berechnung der Parameter des Stromreglers referenziert die Literatur das Auslegungsverfahren nach dem Betragsoptimum. [1, 35]
Dieses Verfahren zielt auf die Verbesserung des Führungsübertragungsverhaltens ab, was sich in Maximierung der Bandbreite des geschlossenen Regelkreises niederschlägt. [14]
Die Anwendungsfälle innerhalb der Literatur weisen komplexere Regelstrecken als die hier definierte Regelstrecke auf. Durch Anwendung dieses Verfahren bei der vorliegenden PT1-Regelstreck, ergeben sich dieselben Parameter wie bei einer Auslegung als Kompensationsregler. Somit ist es möglich von einer Auslegung als Kompensationsregler zu sprechen. Die Standardprozedur zur Auslegung eines solchen Reglers sieht die Vorgabe einer gewünschten Führungsübertragungsfunktion vor. Bei gegebener Regelstrecke ergibt sich damit die Übertragungsfunktion des Reglers. [48]
Im vorliegenden Fall findet jedoch die Vorgabe der Übertragungsfunktion des Reglers statt, weshalb die Führungsübertragungsfunktion anstatt der Regler-Übertragungsfunktion zu ermitteln ist. Anhand der Übertragungsfunktion des offenen Regelkreises ist zu erkennen, dass sich deren Pol- und Nullstellen bei einer entsprechenden Wahl von τ_{Ciq} kürzen. Diese Kompensation findet statt, wenn folgende Bedingung erfüllt ist:

$$\tau_{Ciq} = \tau_q \tag{2.105}$$

Die Übertragungsfunktion des offenen Regelkreises F_{Oiq} aus Gleichung (2.104) verändert sich folgendermaßen:

$$F_{Oiq}(s) = K_{Piq} \cdot \frac{\tau_q \cdot s + 1}{\tau_q \cdot s} \cdot \frac{K_q}{\tau_q \cdot s + 1} = \frac{K_{Piq} \cdot K_q}{\tau_q \cdot s}. \tag{2.106}$$

Damit ergibt sich die Führungsübertragungsfunktion F_{Wiq} des geschlossenen Regelkreises.

$$G_{Wiq}(s) = \frac{i_q}{i_{qref}} = \frac{F_{Oiq}(s)}{1 + F_{Oiq}(s)} = \frac{1}{\frac{\tau_q}{K_{Piq} \cdot K_q} \cdot s + 1} = \frac{1}{\tau_{Wiq} \cdot s + 1}. \tag{2.107}$$

Die Zeitkonstante des PT1-Glieds lässt sich somit über die Proportional-Verstärkung K_{Piq} des Reglers einstellen. Im Hinblick auf spätere Begrenzungen der Stellgrößen sowie Empfindlichkeiten hinsichtlich Modellierungsfehler und Messstörungen ist es empfehlenswert die Verstärkung so zu wählen, dass die Dynamik nur leicht über derjenigen des ungeregelten Motorstromkreises bleibt. Das Übertragungsverhalten desselben ist bereits schnell und bedarf somit keiner besonderen Beschleunigung. Durch die hier getroffene Annahme, die Dynamik des geschlossenen Regelkreises als halb so schnell zu wählen, ergibt sich Bedingung (2.108).

$$2 \cdot \tau_{Wiq} = 2 \cdot \frac{\tau_q}{K_{Piq} \cdot K_q} = \tau_q \tag{2.108}$$

Daraus folgt die Proportionalverstärkung des Stromreglers zu

$$K_{Piq} = \frac{2}{K_q}. \tag{2.109}$$

Mit der Bedingung aus Gleichung (2.105) und dem Zusammenhang der Reglerverstärkung aus Gleichung (2.103) ergibt sich für die Integrator-Verstärkung:

$$K_{Iiq} = \frac{2}{K_q \cdot \tau_q}. \tag{2.110}$$

Um die Führungsübertragungsfunktion des Regelkreises für i_d und die zugehörigen Reglerparameter zu erhalten, sind in den Gleichungen (2.107), (2.109) und (2.110) lediglich die Indizes entsprechend zu vertauschen.

2.5.3 Auslegung des Drehzahlreglers

Aufbauend auf dem inneren Regelkreis der Kaskadenregelung erfolgt in einem nächsten Schritt die Auslegung der Drehzahlregelung. Ferner wird zur Vorbereitung die Regelstrecke betrachtet. Ihre Komponenten zeigt Abb. 2.22.

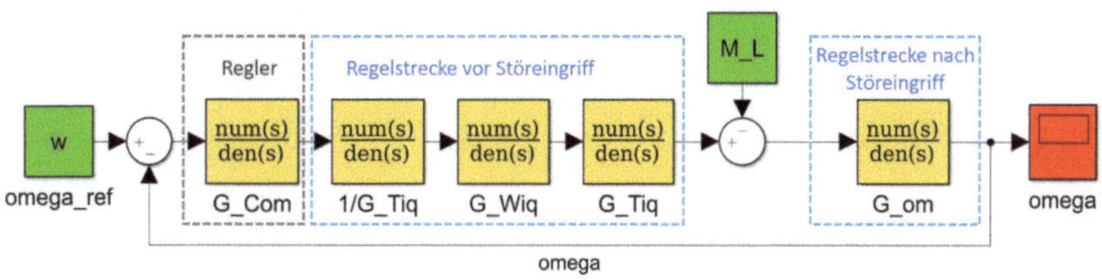

Abb. 2.22: Kaskadenstruktur für die Auslegung des Drehzahlreglers

Die Teilregelstrecke vor dem Störeingriff bildet eine Reihenschaltung aus der Führungsübertragungsfunktion G_{Wiq} des inneren Regelkreises und den Übertragungsfunktionen des proportionalen Zusammenhangs (2.100) zwischen dem Strom i_q und dem Motordrehmoment M_{AN}. Letztere Gleichung wird nicht in den Drehzahlregler hineingezogen, damit der Strom als Stellgröße begrenzt werden kann. Hinter dem Störeingriff gliedert sich der Teil der Regelstrecke an, welcher das Übertragungsverhalten des Mechanismus enthält. Die Beschreibung der Regelstrecke des äußeren Regelkreises erfolgt durch die Übertragungsfunktion

$$\begin{aligned} G_{POM}(s) &= \frac{1}{G_{Tiq}(s)} \cdot G_{Wiq}(s) \cdot G_{Tiq}(s) \cdot G_{om}(s) = G_{Wiq}(s) \cdot G_{om}(s) \\ &= \frac{1}{\tau_{Wiq} \cdot s + 1} \cdot \frac{K_{OM}}{\tau_{OM} \cdot s + 1}. \end{aligned} \tag{2.111}$$

Wie schon bei der Stromregelung wird als Reglerstruktur der PI-Regler festgelegt. Auch für den Drehzahlregler ist diese Struktur der Standard. [5, 34, 35]
Die Übertragungsfunktionen des Reglers entsprechen strukturell derjenigen des Stromreglers,

$$G_{Com}(s) = K_{Pom} + \frac{K_{Iom}}{s} = K_{Pom} \cdot \frac{\tau_{Com} \cdot s + 1}{\tau_{Com} \cdot s} \quad mit\ \tau_{Com} = \frac{K_{Pom}}{K_{Iom}}. \tag{2.112}$$

Mit den Übertragungsfunktionen des Reglers und der Regelstrecke aus Gleichung (2.111) ist es möglich die Übertragungsfunktion

$$\begin{aligned} F_{Oom}(s) &= G_{Com}(s) \cdot G_{Pom}(s) \\ &= \frac{(\tau_{Com} \cdot s + 1) \cdot K_{OM} \cdot K_{Pom}}{\tau_{Com} \cdot s \cdot \left(\tau_{Wiq} \cdot s + 1\right) \cdot (\tau_{OM} \cdot s + 1)} \end{aligned} \tag{2.113}$$

des offenen Regelkreises aufzustellen. Die Parameter des Reglers werden nach dem Verfahren des symmetrischen Optimums ausgelegt. Dieses Verfahren ist die gängige Methode zur Auslegung des Drehzahlreglers einer kaskadierten Motorregelung. [38]
Anders als die Auslegung nach dem Betragsoptimum eignet sich dieses Verfahren auch für offene Regelkreise, welche zwei freie Integratoranteile besitzen. [38]
Zudem bietet es eine gute Störunterdrückung. Im vorliegende Anwendungsfall liegt eine Regelstrecke in Form einer Reihenschaltung von zwei PT1-Gliedern vor, wie mittels Gleichung (2.111) zu erkennen ist. Für die Berechnung der Reglerparameter wird die passende Einstellregel nach [14] genutzt, die in Tab. 2.5 aufgeführt ist.

Form der Regelstrecke	Regler	Verstärkungen
$\frac{\boldsymbol{K_S}}{(\boldsymbol{1}+\boldsymbol{\tau_1}\cdot\boldsymbol{s})\cdot\prod_{\mu=1}^{m}(\boldsymbol{1}+\boldsymbol{\tau_\mu}\cdot\boldsymbol{s})}$ Mit einer dominanten Zeitkonstante: $\boldsymbol{\tau_1} \gg \boldsymbol{\tau_\Sigma} = \sum_{\mu=1}^{m} \boldsymbol{\tau_\mu}$	$\frac{K_R}{s}\cdot(1+\tau_R\cdot s)$	$K_R = \frac{\tau_1}{8\cdot K_S\cdot {\tau_\Sigma}^2}$ $T_R = 4\cdot\tau_\Sigma$

Tab. 2.5: Einstellregel für eine Regelstrecke nach [14]

Als Voraussetzung für die Anwendung der Einstellregel ist gefordert, dass die Regelstrecke eine Anzahl kleinerer Zeitkonstanten aufweisen muss, die von einer weit größeren Zeitkonstante dominiert werden. Nur so ist ein zufriedenstellendes Störverhalten erreichbar. [38]

Mittels der Parameter aus dem vorherigen Abschnitt lassen sich folgende Zahlenwerte für die beiden Zeitkonstanten τ_q und τ_{OM} ermitteln.

$$\tau_q = 0.0134\,s \quad \text{und} \quad \tau_{OM} = 0.3\,s \tag{2.114}$$

Die beiden Zeitkonstanten τ_q und τ_{OM} unterscheiden sich bereits stark in ihrer Größenordnung. Mit der Gleichung (2.108) ergibt sich für die Zeitkonstante der Regelstrecke G_{POM} folgender Zusammenhang:

$$\tau_{Wiq} = \frac{\tau_q}{K_{Piq}\cdot K_q} = \frac{\tau_q}{2} = 0.0067\,s \tag{2.115}$$

Somit ist für die Regelstrecke aus Gleichung (2.111) allgemein anzunehmen, dass ihre beiden Zeitkonstanten τ_{Wiq} und τ_{OM} sich stark genug unterscheiden, um die oben aufgelistete Formel anwenden zu dürfen. Nach Tab. 2.5 wird folgende Struktur für den PI-Regler angenommen:

$$G_{PI}(s) = \frac{K_R}{s} \cdot (\tau_R \cdot s + 1) \quad = K_R \cdot \tau_R + \frac{K_R}{s}. \tag{2.116}$$

Unter Nutzung der Parameter der vorliegenden Regelstrecke erfolgt die Berechnung der Reglerparameter nach der Einstellregel folgendermaßen:

$$K_R = \frac{\tau_{OM}}{8 \cdot K_{OM} \cdot {\tau_{Wiq}}^2} \text{ bei } \tau_R = 4 \cdot \tau_{Wiq}. \tag{2.117}$$

Um die Parameter K_R und τ_R für die Reglerstruktur aus Gleichung (2.112) verwenden zu können, sind diese umzuformen. Ein Koeffizientenvergleich zwischen den Übertragungsfunktionen der Regler aus (2.112) und (2.116) ergibt folgende Zusammenhänge:

$$K_{Pom} = K_R \cdot \tau_R = \frac{\tau_{OM}}{2 \cdot K_{OM} \cdot \tau_{Wiq}} \tag{2.118}$$

$$K_{Iom} = K_R = \frac{\tau_{OM}}{8 \cdot K_{OM} \cdot {\tau_{Wiq}}^2} \tag{2.119}$$

Durch Einsetzen von Gleichung (2.115) vereinfachen sich die Ausdrücke zu

$$K_{Pom} = K_R \cdot \tau_R = \frac{\tau_{OM}}{K_{OM} \cdot \tau_q}, \tag{2.120}$$

$$K_{Iom} = K_R = \frac{\tau_{OM}}{2 \cdot K_{OM} \cdot {\tau_q}^2}. \tag{2.121}$$

Mit der Reglerstruktur nach Gleichung (2.112) ergibt sich für die Zeitkonstante

$$\tau_{Com} = \frac{K_{Pom}}{K_{Iom}} = 2 \cdot \tau_q. \tag{2.122}$$

Abschließend werden die Führungsübertragungsfunktion G_{Wom} in Gleichung (2.123) und die Störübertragungsfunktion G_{Zom} in (2.124) des geschlossenen Regelkreises gebildet, was im Anhang IV und V näher beleuchtet wird. Dazu erfolgt die Nutzung der Übertragungsfunktion des offenen Regelkreises und der ermittelten Reglerparameter.

$$G_{Wom}(s) = \frac{\omega_{ROT}(s)}{\omega_{REF}(s)}$$

$$= \frac{2 \cdot \tau_q \cdot s + 1}{{\tau_q}^3 \cdot s^3 + \left(2 \cdot {\tau_q}^2 + \frac{{\tau_q}^3}{\tau_{OM}}\right) \cdot s^2 + 2 \cdot \left(\frac{{\tau_q}^2}{\tau_{OM}} + \tau_q\right) \cdot s + 1} \tag{2.123}$$

$$G_{Zom}(s) = \frac{\omega_{ROT}(s)}{M_L(s)}$$

$$= \frac{-\left(K_{OM} \cdot \frac{{\tau_q}^3}{\tau_{OM}} \cdot s^2 + K_{OM} \cdot 2 \cdot \frac{{\tau_q}^2}{\tau_{OM}} \cdot s\right)}{{\tau_q}^3 \cdot s^3 + \left(2 \cdot {\tau_q}^2 + \frac{{\tau_q}^3}{\tau_{OM}}\right) \cdot s^2 + \left(2 \cdot \tau_q + 2 \cdot \frac{{\tau_q}^2}{\tau_{OM}}\right) \cdot s + 1} \tag{2.124}$$

2.5.4 Ergänzung eines Vorfilters

In der nun vorliegenden Form kann die Kaskadenregelung ihre Steuerungsaufgabe bereits erfüllen. In der Literatur wird jedoch ein zusätzlicher Vorfilter zur Glättung des Sollwertes erwähnt. Dies ist darin begründet, dass nach dem symmetrischen Optimum ausgelegte Regelkreise schwach gedämpft sind. Die Ursache des Überschwingens ist die Nullstelle im Zähler der Führungsübertragungsfunktion (2.123). Durch ein als PT1-Glied ausgelegtes Vorfilter kann diese kompensiert werden. [38]

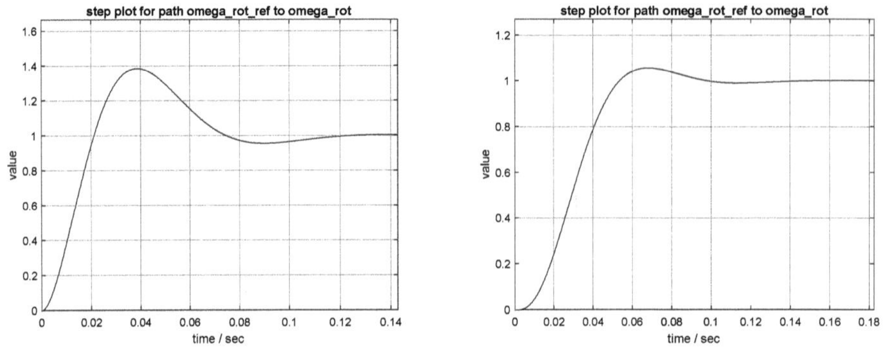

Abb. 2.23: Führungssprungantwort ohne (links) und mit Vorfilter (rechts)

Die Darstellungen der Einheitssprungantworten in Abb. 2.23 zeigen den Unterschied im Einschwingverhalten im Führungsübertragungspfad von $\omega_{ROT,REF}$ nach ω_{ROT}.

Anhand der Führungsübertragungsfunktion lässt sich die kompensierende Zeitkonstante des Filters ablesen und dessen Übertragungsfunktion aufstellen:

$$\tau_f = 2 \cdot \tau_q, \tag{2.125}$$

$$G_f(s) = \frac{1}{\tau_f \cdot s + 1}. \tag{2.126}$$

Die Führungsübertragungsfunktion des Drehzahlregelkreises mit Vorfilter lautet dann:

$$G_{Wom}(s) = \frac{1}{\tau_q^{\,3} \cdot s^3 + \left(2 \cdot \tau_q^{\,2} + \frac{\tau_q^{\,3}}{\tau_{OM}}\right) \cdot s^2 + 2 \cdot \left(\frac{\tau_q^{\,2}}{\tau_{OM}} + \tau_q\right) \cdot s + 1} \tag{2.127}$$

2.6 Implementierung des geregelten Systems

Nach Abschluss des Regelungsentwurfs werden die Regler und die diversen zusätzlichen Komponenten zu dem Modell des Motors in MATLAB/Simulink hinzugefügt. Die Abb. 2.24 zeigt das gesamte System mit Regelung und Motormodell sowie den Schnittstellen für die Anregung des Systems. Das Motormodell wird nun durch die Stellgröße des Reglers angeregt und notwendige Messgrößen an den Regler zurückgeführt. Die Erzeugung der Führungsgrößen als auch des Lastmoments erfolgt durch das Anregungsmodell.

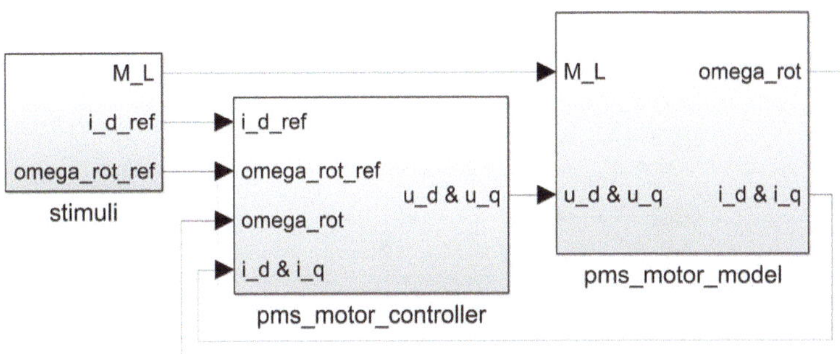

Abb. 2.24: Gesamtsystem mit Modell und Regelung

Die entworfene Regelung ist in Abb. 2.25 dargestellt. Sie enthält die Entkopplungsaufschaltung, das Vorfilter und die PI-Regler.

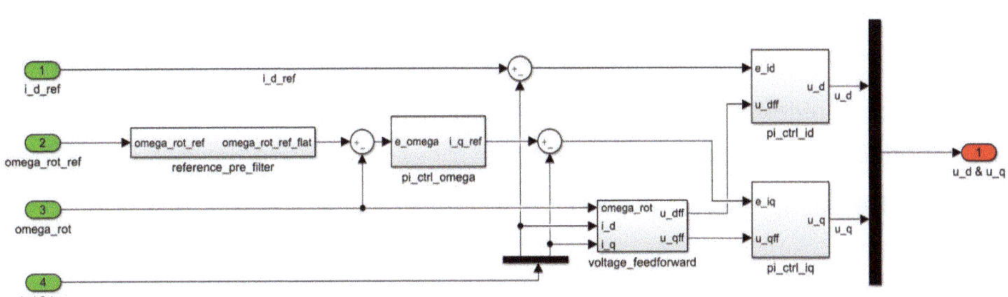

Abb. 2.25:Struktur der Regelung im Subsystem

Der Vollständigkeit halber zeigen einige der nachstehenden Abbildungen die Implementierungen der Submodelle. Aufgrund der Äquivalenz ist nun der Stromregler des drehmomentbildenden Stroms i_q dargestellt.

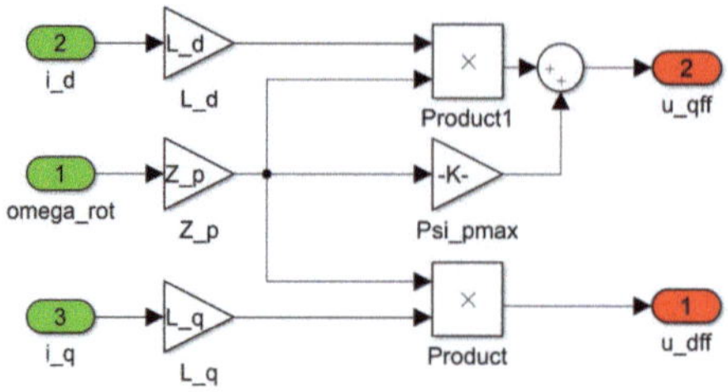

Abb. 2.26: Struktur der Spannungsaufschaltung zur Entkoppelung

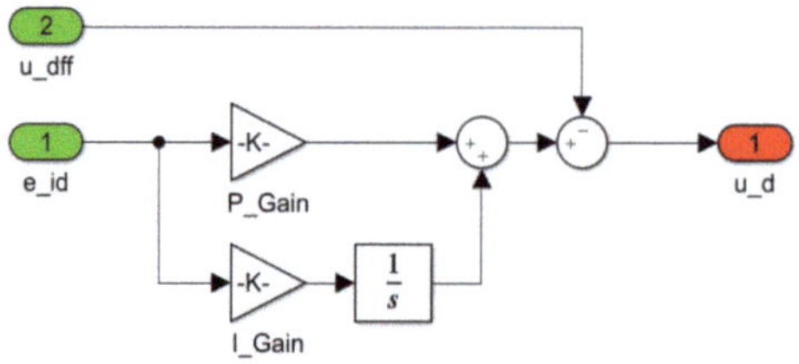

Abb. 2.27: Struktur des i_q-Stromreglers

2.7 Analyse des geregelten Systems

Auf den Regelungsentwurf folgt eine Untersuchung des geregelten Systems. Wie zuvor werden zunächst die Übertragungspfade im Frequenzbereich untersucht. Darauf folgt die Simulation des geregelten Systems im Zeitbereich. Hierbei werden die Simulationen des geregelten Systems mit denen des ungeregelten Motormodells verglichen, um die Verbesserungen des dynamischen Verhaltens durch die Regelung hervorzuheben.

2.7.1 Analyse der Übertragungspfade des geregelten Systems

Vor der Analyse sind die Übertragungspfade für die Systemanalyse zu definieren. Diese Pfade finden sich im Blockschaltbild in Abb. 2.28. Hierbei ist erneut zu erwähnen, dass in der Betrachtung der Übertragungspfade die magnetische Kopplung in Form der Störgrößenaufschaltung zu vernachlässigen ist.

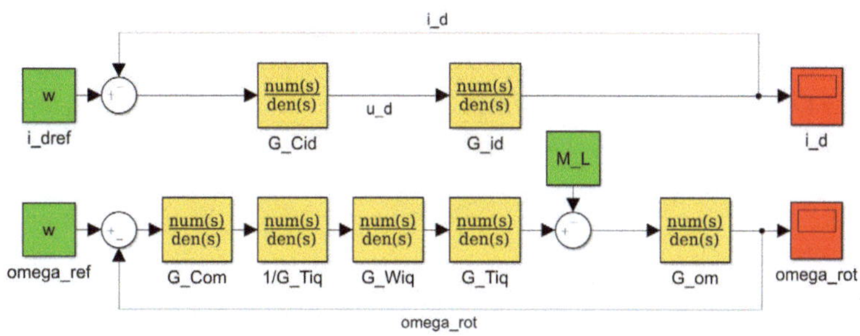

Abb. 2.28: Blockschaltbild mit den Übertragungspfaden für die Systemanalyse

Der i_q-Stromregelkreises entspricht dem Führungsübertragungspfad von $i_{q,REFf}$ nach i_q. Die Analyse dieses Übertragungspfads, repräsentiert durch die Führungsübertragungsfunktion (2.107), erfolgt nur anhand einiger weniger Feststellungen, da das Übertragungsverhalten demjenigen des ungeregelten Modells stark ähnelt. Nach Gleichung (2.107) handelt es sich wiederum um ein PT1-Übertragungsverhalten. Die Zeitkonstante des Regelkreises wird über den Regler auf das Doppelte der Zeitkonstante des Modells eingestellt. Damit stellt sich der Endwert halb so schnell wie beim Modell ein. Wie für ein gutes Führungsübertragungsverhalten charakteristisch, ist die Übertragung stationär genau. Der für die Einstellung der Drehzahl wesentliche Führungsübertragungspfad ist der Übertragungspfad von $\omega_{ROT,REF}$ nach ω_{ROT} , dessen Verhalten die Führungsübertragungsfunktion (2.127) abbildet. In Tab. 2.6 sind die Kennwerte dieses Übertragungspfads aufgelistet. Das dynamische Verhalten wird von drei Polstellen bestimmt. Letzteres lässt sich auch aus der Übertragungsfunktion ablesen.

type	real. part	imag. part	τ	ω	d	steady-state gain
pole	-40.641	64.542	0.0131	76.272	0.533	1
pole	-40.641	-64.542	0.0131	76.272	0.533	
pole	-74.468	/	0.0134	74.468	1.000	
pole	-74.468	/	0.0134	74.468	1.000	
pole	-70.987	/	0.0141	70.987	1.000	
pole	-37.234	/	0.0269	37.234	1.000	
zero	-74.468	/	0.0134	74.468	1.000	
zero	-74.468	/	0.0134	74.468	1.000	
zero	-37.234	/	0.0269	37.234	1.000	

Tab. 2.6: Kennwerte des Übertragungspfads $\omega_{ROT,REF} \rightarrow \omega_{ROT}$

Die Pol-Nullstellen-Konfiguration des Pfads zeigt die kompensierten Stellen auf. Beispielsweise wird die Polstelle mit der langsamen Zeitkonstante aus der Rotormechanik kompensiert. Weiterhin finden sich auf der reellen Achse drei kompensierte Pole, von denen zwei konjugiert komplex sind. Die nicht kompensierten Polstellen weisen näherungsweise die gleiche Eigenfrequenz auf und bestimmen das Einschwingverhalten. Dabei ist die reelle Polstelle dominant. Die konjugiert komplexen Polstellen weisen auf ein schwingfähiges Übertragungsverhalten hin. Der Einschwingvorgang in der Einheitssprungantwort in Abb. 2.29 bestätigt diese Aussage. Der Endwert Eins weist auf die stationäre Genauigkeit im Führungspfad hin.

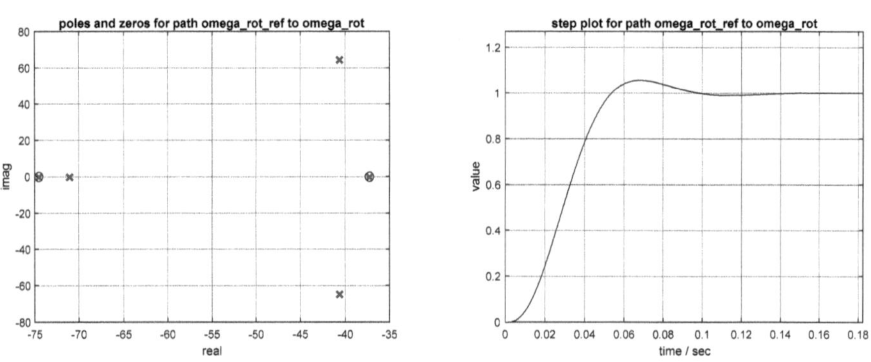

Abb. 2.29: Pol-Nullstellen-Konfiguration und Sprungantwort ($\omega_{ROT,REF} \rightarrow \omega_{ROT}$)

Das Bodediagramm in Abb. 2.30 zeigt einen flachen Verlauf des Amplitudengangs bis zur Knickfrequenz. In naher Umgebung des Knicks liegen die Eigenfrequenzen der drei Polstellen. Diese erzeugen einen Abfall von -60 Dezibel pro Dekade hinter dem Knick. Gegenüber dem Führungsübertragungspfad von u_q nach ω_{ROT} des Modells verläuft der Einschwingvorgang oszillierend. Das Zeitverhalten wird durch die Kompensation der langsamen Rotordynamik dynamischer.

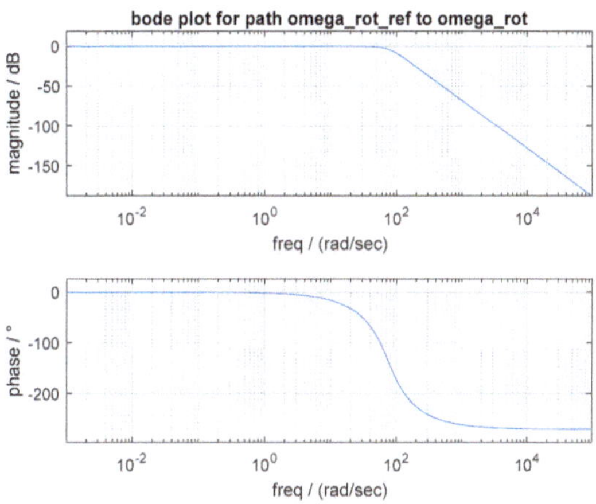

Abb. 2.30: Frequenzgang des Pfads $\omega_{ROT,REF} \rightarrow \omega_{ROT}$

Der Störübertragungspfad von M_L nach ω_{ROT} weist dieselben nicht kompensierten Polstellen auf wie der Führungsübertragungspfad. Wie in Tab. 2.7 zu sehen, kommen zwei nicht kompensierend wirkende Nullstellen hinzu. Er wird durch die Störübertragungsfunktion (2.124) repräsentiert.

type	real. part	imag. part	τ	ω	d	steady-state gain
pole	-40.641	64.542	0.0131	76.272	0.533	0
pole	-40.641	-64.542	0.0131	76.272	0.533	
pole	-74.468	/	0.0134	74.468	1.000	
pole	-74.468	/	0.0134	74.468	1.000	

pole	-70.987	/	0.0141	70.987	1.000	
pole	-3.333	/	0.3	3.333	1.000	
zero	0.000	/	/	/	/	
zero	-148.936	/	0.0067	148.936	1.000	
zero	-74.468	2.36E-06	0.0134	74.468	1.000	
zero	-74.468	-2.36E-06	0.0134	74.468	1.000	
zero	-3.333	/	0.3	3.333	1.000	

Tab. 2.7: Kennwerte des Übertragungspfads $M_L \rightarrow \omega_{ROT}$

Neben der Darstellung der Kompensation zeigt die Pole-Nullstellen-Konfiguration auch das differenzierende Verhalten (D-Verhalten) des Übertragungspfads auf. Dies ist an der Nullstelle im Koordinatenursprung von Abb. 2.31 zu erkennen. Diese Eigenschaft wird durch die Störübertragungsfunktion bestätigt. Da die Polstellen denjenigen des Führungsübertragungspfads entsprechen, ist mit einer ähnlichen Dynamik des Einschwingverhaltens im Störübertragungspfad zu rechnen. Wie im Führungsübertragungspfad erfolgt der Einschwingvorgang bei Einheitssprunganregung periodisch. Die Übertragung klingt auf den Endwert null ab.

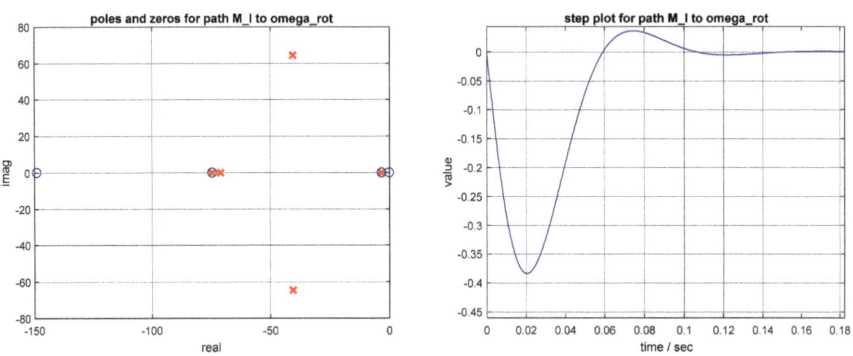

Abb. 2.31: Pol-Nullstellen-Konfiguration und Sprungantwort ($M_L \rightarrow \omega_{ROT}$)

Das Bodediagramm in Abb. 2.32 zeigt, dass der Amplitudengang des Störübertragungspfads im niedrigen Frequenzbereich eine gute Störunterdrückung aufweist. Diese steigt mit steigender Frequenz, erreicht ein Maximum und singt anschließend wieder.

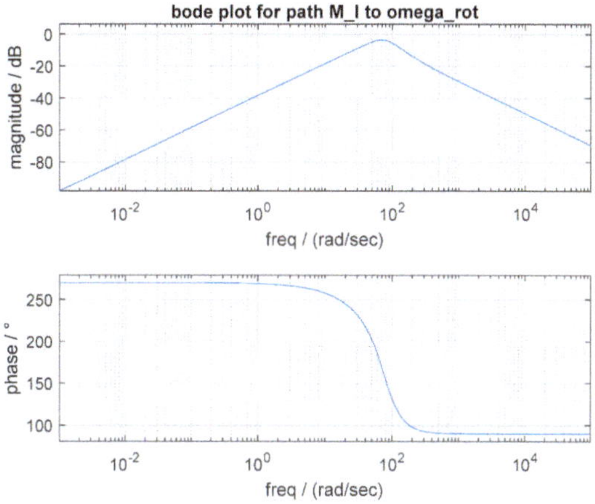

Abb. 2.32: Frequenzgang des Pfads $M_L \rightarrow \omega_{ROT}$

Der Phasengang beginnt bei einer Phase von 270° und fällt mit steigender Frequenz auf 90° ab. Amplituden- und Phasengang zeigen damit eine intensive Störunterdrückung des geregelten Systems über einen großen Frequenzbereich an. Wie das Führungsübertragungsverhalten ist auch das Störverhalten des Systems deutlich schneller als das des Modells. Die Begründung hierfür ist dieselbe wie für das schnellere Führungsübertragungsverhalten.

2.7.2 Simulation des geregelten Systems

Auf die Untersuchung der Übertragungspfade folgt die Analyse der Simulation des Systems im Vergleich zum Modell. Die verwendete Testanregung ist so gewählt, dass die Simulationsergebnisse gut vergleichbar sind. Die Parameter für Test und Simulation sind der Tab. 2.8 zu entnehmen. Dazu wird dem geregelten System als Sollwinkelgeschwindigkeit die maximale Winkelgeschwindigkeit des Modells vor der Störanregung vorgegeben.

Größe	Einheit	Wert	Größe
Zeit des Sprungs von ω_{REF}	s	0.5	/
Betrag von ω_{REF}	rad/s	120	/
Zeit des Sprungs von M_L	sec	2.5	/
Betrag von M_L	Nm	9.5	/
Grenzwert der Stromkomponenten	A	40	/
Grenzwert der Spannungskomponenten	V	80	Schätzung
Simulationsdauer	sec	4.5	/

Tab. 2.8: Test- und Simulationsparameter

Mit diesen Parametern ergeben sich die folgenden Verläufe für die Größen im System. Diese werden den Verläufen der Modellsimulation gegenübergestellt. Die physikalischen Zusammenhänge innerhalb der Maschine sind an dieser Stelle nicht beschrieben, da sie bereits in den Abschnitten zuvor erklärt worden sind. Zu Beginn ist als wichtigste Regelgröße die Winkelgeschwindigkeit zu betrachten, deren Verlauf die Abb. 2.33 zeigt.

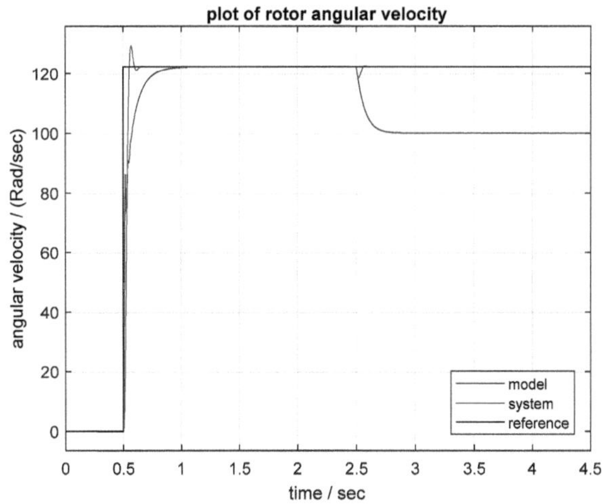

Abb. 2.33: Verläufe der Winkelgeschwindigkeiten von Modell und System

Bereits bei der Betrachtung der Übertragungspfade ist festzustellen, dass das geregelte System ein erheblich besseres Stör- und Führungsübertragungsverhalten als das Modell aufweist. Der Vergleich der Simulationsergebnisse für die Winkelgeschwindigkeit zeigt dies mehr als deutlich. Das geregelte System erreicht die Sollwinkelgeschwindigkeit deutlich schneller. Ohne Begrenzung der Stellgrößen wäre das Führungsübertragungsverhalten sogar noch schneller. Auch die Unterdrückung von Störanregungen ist deutlich effektiver. Eine sprunghafte Drehmomentbelastung bewirkt nur einen geringen Abfall der Winkelgeschwindigkeit. Dieser Abfall wird schnell ausgeregelt.

Hinsichtlich der Stellgrößenbegrenzungen und des Schwingverhaltens der Übertragungen ist ein Vergleich der Stromkomponenten förderlich. Ihre Verläufe sind in Abb. 2.34 dargestellt.

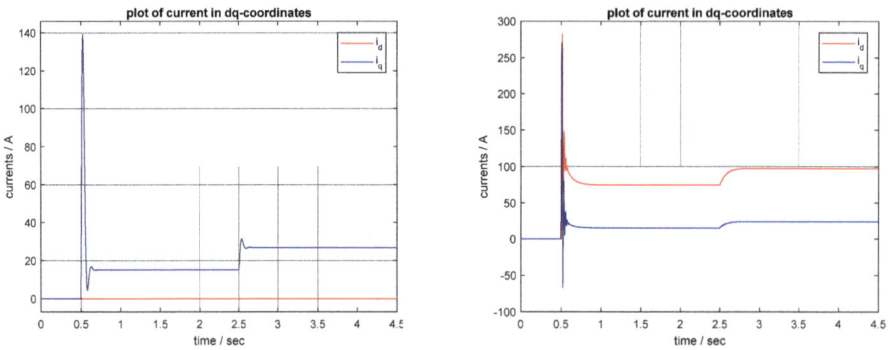

Abb. 2.34: Verläufe der Ströme des Systems (links) und Modells (rechts)

Die sprungförmige Vorgabe der Sollwinkelgeschwindigkeit bewirkt einen rapiden Anstieg der q-Stromkomponente, da ein möglichst hohes Drehmoment erzeugt werden soll, um den Rotor zu beschleunigen. Die Verläufe sind glatt und die Einschwingvorgänge sind gut gedämpft. Das ungeregelte Modell reagiert auf die Anregung dagegen mit hochfrequenten Schwingungen großer Amplitude. Nach Erreichen der Sollwinkelgeschwindigkeit fällt die q-Stromkomponente des geregelten Systems wieder ab, da keine Trägheit mehr überwunden werden muss. Bei dem ungeregelten Modell ist dies ebenfalls der Fall.

Bei Störanregung unterscheiden sich Modell- und Systemverhalten wiederum stark. Das System reagiert mit einem Anstieg der q-Stromkomponente, um die zusätzliche Drehmomentbelastung auszugleichen. Die d-Stromkomponente wird auf den Wert null geregelt. Die Reaktion kommt dadurch zu Stande, dass das Lastmoment die Winkelgeschwindigkeit und somit die induzierten Spannungen reduziert.

Die Unterschiede im Verlauf der Ströme lassen sich wegen des weitestgehend proportionalen Verhaltens gegenüber der q-Stromkomponente direkt im Motordrehmoment erkennen. So finden sich in Abb. 2.35 beispielsweise die starken Schwingungen des Modells bei sprungförmiger Führungsanregung wieder.

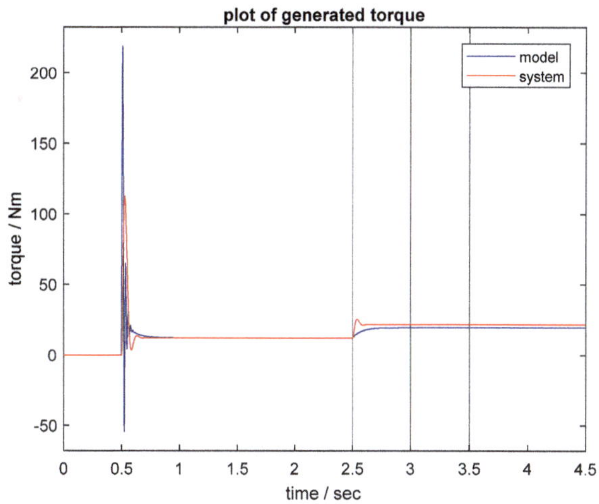

Abb. 2.35: Verläufe des Motordrehmoments von Modell und System

Anschließend werden die Spannungskomponenten des geregelten Systems in Abb. 2.36 betrachtet. Sie erreichen nicht die Begrenzung, was auch auf die Begrenzung des Stromes zurückzuführen ist. Des Weiteren ist auch zu erkennen, dass der Regler eine negative feldbildende Spannung induziert, die dem durch die Motordrehung induzierten feldbildenden Strom entgegenwirkt.

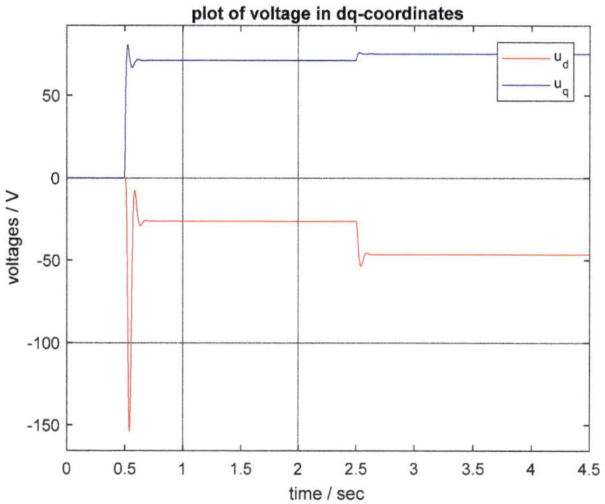

Abb. 2.36: Verläufe der Spannungskomponenten des Systems

Für den inhaltlichen Übergang zum Folgekapitel ist eine Überführung des zweiphasigen Motormodells in das dreiphasige Modell notwendig. Die Notwendigkeit liegt unteranderem darin, dass durch die Erweiterung des Simulationsmodells, z.B. durch ein Invertermodell, das Motormodell mit drei Phasenspannungen gespeist wird oder für die Stromsensormodelle als Eingangsgrößen die Phasenströme benötigt werden. Umzusetzen ist das ganze durch die Park- und Clarke-Transformation und die entsprechenden Inversen. Für die Umrechung notwendige elektrische Winkel sind dem Motormodell entnommen.

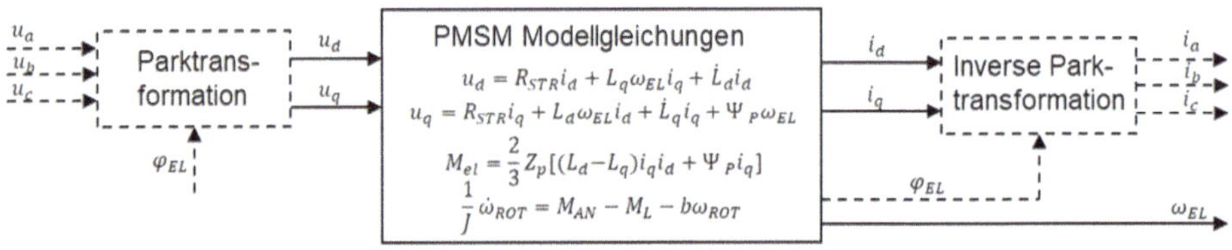

In Abb. 2.37 finden sich die Verläufe der idealen Phasenspannungen, die am Synchronmotor anliegen. Dabei ist gut zu erkennen, wie der Motormechanismus an Winkelgeschwindigkeit und die Phasengrößen an Frequenz zunehmen, sobald oben beschriebene Stellgrößen wirken. Zur besseren Vergleichbarkeit entspricht die Anregung der Simulationsergebnisse aus der 2.33.

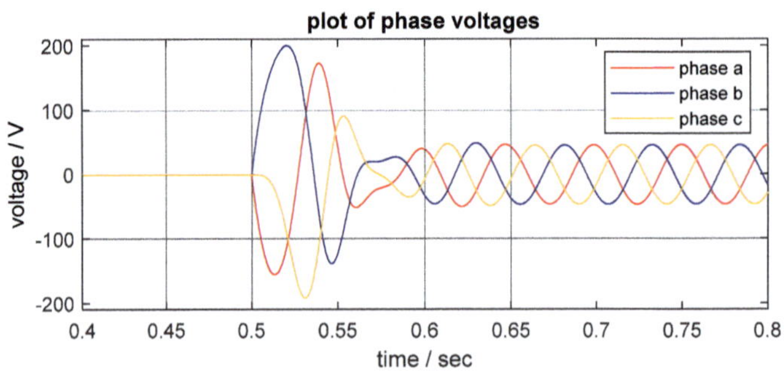

Abb. 2.37: Phasenspannungen a, b und c bei verschiedenen Skalierungen

3 Hardwarenahe Simulation der Motorregelung

Das in den vorherigen Abschnitten entwickelte Simulationsmodell der permanentmagneterregten Synchronmaschine (PMSM) kann in erster Instanz zur Entwicklung, Erprobung und dem Vergleich von diversen Regelungsalgorithmen und -strategien dienen. Sowohl das Simulationsmodell als auch der implementierte Regler liegen als kontinuierliche Systeme vor. Für eine spätere Implementierung des Reglers auf ein programmierbares Endgerät, wie einen Mikrocontroller, Mikroprozessor oder FPGAs, gilt es, entsprechend die Schnittstellen zu identifizieren. Die nähere Beschreibung dieses Sachzusammenhanges findet im Folgenden statt. So ist im vorherigen Modell bzw. in der Simulationsumgebung davon auszugehen, dass die Rotorposition und Drehzahl als Messgröße ideal vorliegen. Dieses ist jedoch meist aus unterschiedlichen Gründen nicht der Fall. So liegen im Einsatzfall einer PMSM als Traktionsantrieb in der Regel als Messgrößen die Signale der Hallsensoren sowie zwei Phasenströme der PMSM vor. Des Weiteren findet ein Modulationsverfahren Anwendung, dass aus den vom Regler erzeugten Stellspannungen die Ansteuerungssignale für einen Wechselrichter erzeugt. In der zeitkontinuierlichen Simulation erfolgt die Übergabe der drehmomentbildende und die feldbildende Spannung als Stellgrößen direkt an die Regelstrecke übergeben. Im realen System geschieht dies über die Leistungselektronik. Diese wird nicht direkt über die Signalverarbeitungseinheit, sondern in der Regel über einen Gate Treiber, der sich als integrierter Schaltkreis auf dem in dieser Arbeit verwendeten Evaluations Board befindet, umgesetzt. Dieser Gate Treiber ist elektronisch fest mit der Signalverarbeitungseinheit verbunden und erwartet als Eingangsgröße die Tastverhältnisse, welche er an den Halbbrücken der Leistungselektronik umsetzt. Somit gilt dieses als potentielle Schnittstelle zwischen der Software auf der Signalverarbeitungseinheit und dem Gate Treiber. Um eine schnittstellenkompatible Simulationsumgebung zu schaffen, ist das Motormodell um ein Modell der Leistungsstufen zu erweitern. Diese wandeln die

M. Ruschitzka et al., *Mechatronische Produktentwicklung im Kontext der Mikromobilität*, https://doi.org/10.1007/978-3-662-64623-6_3

Tastverhältnisse der Halbbrücken in ideale Phasenspannungen um, die die elektrische Maschine speisen. Des Weiteren gilt es entsprechende Sensormodelle zu entwickeln. Hierunter fallen die im Motor verbauten Hallsensoren und die Stromsensoren, die zwei Phasenströme des Motors messen. Das Hallsensormodell bietet beispielsweise die Grundlage Algorithmen zur Bestimmung der Rotorposition und –geschwindigkeit zu entwickeln und testen, die auf den Hallsensoren bzw. dessen Signalen basieren. Wie bereits ersichtlich, ist die Rotorposition für die Park- und Clark-Transformation sowie für die Rotorgeschwindigkeit zur Entkopplung des Reglers notwendig. Abschließend gilt es, den entworfenen Regler in eine diskrete Systemdarstellung zu überführen, was im Folgenden als Diskretisierung bezeichnet und so in die gesamte Simulationsumgebung eingebettet wird.

Den beschriebenen Zusammenhang soll Abb. 3.10 verdeutlichen. Als Ausgangsgrößen einer späteren Softwareimplementierung gelten die Tastverhältnisse sowie als Eingangsgrößen die Motorströme und Hallsignale. Als weitere Eingangsgrößen lassen sich die Stromsollwerte definieren, die von einer höher liegenden Instanz vorzugeben sind.

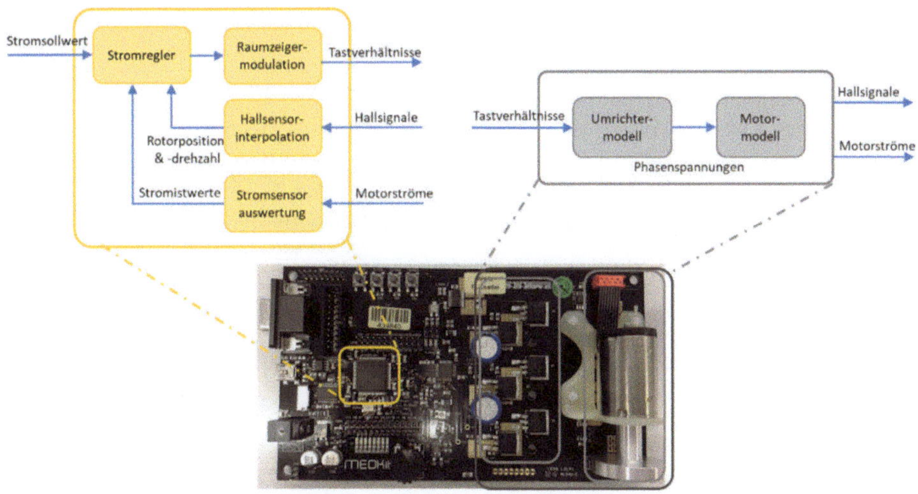

Abb. 3.1: Überblick weiterer implementierungsspezifischer Modelle

Zusammenfassend erfolgt in den nächsten Abschnitten die Herleitung und Vorstellung folgender Teilmodelle:

1. Modell des dreiphasigen Wechselrichters
2. Hallsensormodell
3. Space Vector Pulsweitenmodulation (SVPWM) bzw. Raumzeigermodulation
4. Hallsensorinterpolation
5. Diskretisierung der Regler

Abschließend findet ein Vergleich der erweiterten Simulationsumgebung mit der aus zuvor beschriebenen Kapitel statt.

3.1 Dreiphasiger Wechselrichter

Die Modellierung des dreiphasigen Wechselrichters - im Folgenden auch als Inverter bezeichnet - ist für die ganzheitliche Betrachtung der Simulationsumgebung notwendig. Da das Invertermodell lediglich lineare Anteile besitzt, beeinflusst es bis auf Verzögerungsanteile den entworfenen Regler und die Dynamik des Motors nicht. Durch die idealisierte Annahme des Inverters in dieser Arbeit, ist zunächst kein Verzögerungsverhalten berücksichtigt. Da die Tastverhältnisse als Schnittstelle bereits identifiziert sind, ist das Invertermodell so herzuleiten, dass dieses aus den Tastverhältnissen die daraus resultierenden drei Phasenspannungen erzeugt. Zur Herleitung und Darstellung der Gleichungen des Inverters wird ein Ersatzschaltbild des Inverters mit Phasenströmen und Spannungen angeführt., welches in Abb. 3.2 dargestellt ist.

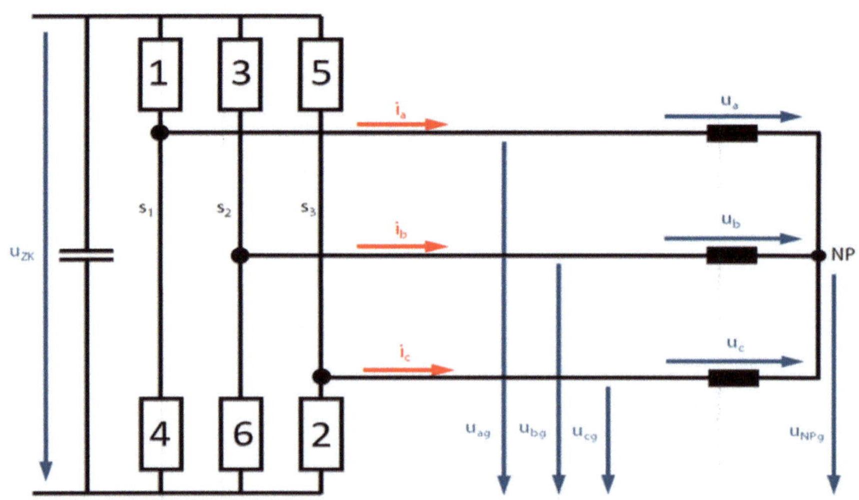

Abb. 3.2: Ersatzschaltbild des Inverters mit Strömen und Spannungen

Der Inverter besteht aus einer sogenannten B6-Brücke, die durch die sechs durchnummerierten Kästen dargestellt ist. Diese stellen Halbleiter dar, die je nach

Anwendungsfall aus verschiedenen Elementen bestehen können. Meistens werden hier sogenannte MOSFETs oder IGBTs verbaut. Mit einem Mikrocontroller oder einem entsprechenden Treiber sind sie zu schalten und ebenso folglich die anliegende Zwischenkreisspannung u_{ZK}, erzeugt durch die Batterie, auf den Motor. Jeweils zwei Halbleiter bilden dabei eine sogenannte Halbbrücke, die zum Schalten einer zugehörigen Phase dient. In diesem Fall ist die Halbbrücke mit 1 und 2 für Phase A, 3 und 4 für Phase B sowie 5 und 6 für Phase C zuständig. Es muss stets sichergestellt sein, dass nicht beide Halbleiter einer Brücke gleichzeitig geschaltet sind, da sonst ein Kurzschluss entstehen würde. Umgesetzt ist deshalb eine kurze Wartezeit zwischen jedem Umschalten der Brücken von einem Halbleiter zum nächsten Halbleiter. Diese Wartezeit ist die sogenannte Invertertotzeit. Die Totzeitlänge ist hardwareseitig im Gate Treiber in Form eines entsprechenden Widerstands realisiert bzw. eingestellt.

Der Motor ist mit den Induktivitäten im rechten Teil der Abbildung dargestellt. Je nach Schaltung der Halbleiter ist es möglich Einfluss auf die anliegenden Phasenspannungen zu nehmen. Da der sogenannte Neutrale Punkt des Motors nicht zugänglich ist, sind die Größen u_a, u_b und u_c nicht direkt messbar. Ersatzweise liefern jedoch die Spannungen zwischen den Phasen u_{ab}, u_{bc} und u_{ca} einen Zusammenhang der aktuellen Schaltzustände:

$$u_{ab} = u_a - u_b, \tag{3.1}$$

$$u_{bc} = u_b - u_c, \tag{3.2}$$

$$u_{ca} = u_c - u_a. \tag{3.3}$$

In Abb. 3.2 ist ebenfalls zu erkennen, dass die Summe der Ströme durch den Motor immer gleich null sein muss. Dieser Zusammenhang entsteht, durch Anwendung der Kirchhoff'sche Knotenregel am Neutralen Punkt des Motors.

$$i_a + i_b + i_c = 0 \tag{3.4}$$

Das Invertermodell hat die Aufgabe, aus den Tastverhältnissen der Halbbrücken die tatsächlich am Motor wirkenden Phasenspannungen zu berechnen. Das Tastverhältnis gibt an, wie lange die einzelnen Halbleiter einer Halbbrücke offen bzw. geschlossen sind. Das Invertermodell wird im nächsten Abschnitt näher erläutert. Die Herleitung bezieht sich hierbei auf [46]. Zu bestimmen sind die Phasenspannungen u_a, u_b und u_c. Dies geschieht mit Hilfe der Zwischenkreisspannung u_{ZK} sowie den Tastverhältnissen s_a, s_b und s_c für die Halbbrücken. Als Hilfsgrößen sind zunächst die Spannungen zwischen den jeweiligen Phasen und der Masse aufzustellen. Diese ergeben sich idealisiert durch das Tastverhältnis multipliziert mit der Zwischenkreisspannung:

$$u_{ag} = u_{ZK} \cdot s_a, \tag{3.5}$$

$$u_{bg} = u_{ZK} \cdot s_b, \tag{3.6}$$

$$u_{cg} = u_{ZK} \cdot s_c. \tag{3.7}$$

Außerdem ergeben sich unter Zunahme der Kirchhoff'schen Maschengleichungen zwischen Phasen und Masse folgende Zusammenhänge:

$$u_a = u_{ag} - u_{NPg}, \tag{3.8}$$

$$u_b = u_{bg} - u_{NPg}, \tag{3.9}$$

$$u_c = u_{cg} - u_{NPg}. \tag{3.10}$$

Die Spannung u_{NPg} ist die Spannung vom neutralen Punkt (Sternpunkt) des Motors zur Masse. Da laut der Kirchhoff'schen Knotenregel am neutralen Punkt die Summe der Ströme null ist und alle Strangwiderstände, über denen die gesuchten Strangspannungen u_a, u_b und u_c abfallen, gleich groß sind, muss auch die Summe der Strangspannungen gleich null sein. Dieser Sachzusammenhang ist dienlich, um aus den Gleichungen (3.8) bis (3.10) die Spannung

$$u_{NPg} = \frac{u_{ag} + u_{bg} + u_{cg}}{3} \tag{3.11}$$

zu bestimmen. Die Gleichungen (3.5) bis (3.7) und Gleichung (3.11) sind jetzt in die Gleichungen (3.8) bis (3.10) einzusetzen. Daraus ergeben sich die Ausdrücke

$$u_a = u_{ZK}\left(\frac{2}{3}s_a - \frac{1}{3}s_b - \frac{1}{3}s_c\right) \tag{3.12}$$

$$u_b = u_{ZK}\left(\frac{2}{3}s_b - \frac{1}{3}s_a - \frac{1}{3}s_c\right) \tag{3.13}$$

$$u_c = u_{ZK}\left(\frac{2}{3}s_c - \frac{1}{3}s_a - \frac{1}{3}s_b\right) \tag{3.14}$$

für die Phasenspannungen. Die letzten Gleichungen sind im Invertermodell hinterlegt. Das Invertermodell inklusive dem dreiphasigen Motormodell bildet die Antriebshardware. In Abb. 3.3 ist die Struktur der Antriebshardware sowie deren Implementierung in der Simulationsumgebung Simulink zu sehen.

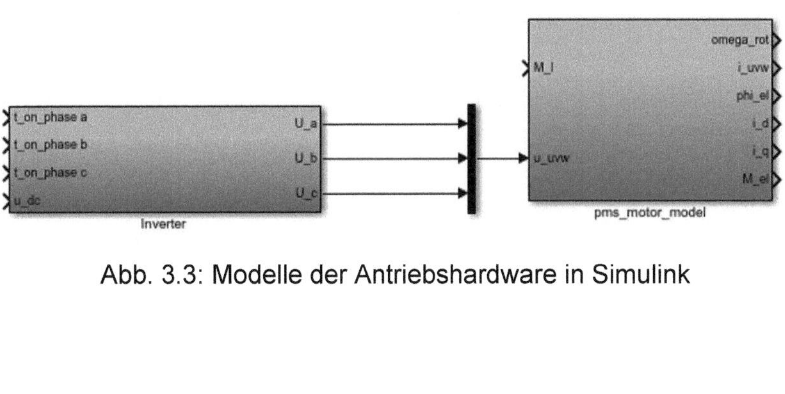

Abb. 3.3: Modelle der Antriebshardware in Simulink

Der Vollständigkeit halber zeigt Abb. 3.4 den Inhalt des Subsystems Inverter, welches die hergeleiteten Gleichungen beinhaltet. Eine Besonderheit ist hierbei die Umkehrung der Tastverhältnisse. Dies erfolgt durch die Reduktion des Tastverhältnisses um den Wert 1. Ein Tastverhältnis von 0,6 bedeutet, dass 60 Prozent der Periode der oberen Halbleiter der Halbbrücke eingeschaltet ist. In Abhängigkeit des Anschlusses des Gate Treibers an die Halbleiter kann z.B. das Taskverhältnis für den Strang a von 0,6 genau das Gegenteil bewirken und den unteren Halbleiter 60 Prozent der Periode einschalten. Um dies in der Simulation und somit später auch softwareseitig im Modulationsverfahren zu berücksichtigen, ist in dieser Anwendung die Möglichkeit der Umkehrung des Tastverhältnisses gegeben. Das Ziel ist der Abgleich zwischen realen und virtuellen System. Dieser Sachzusammenhang wird später bei der Beschreibung des Modulationsverfahren erneut aufgegriffen und näher erläutert.

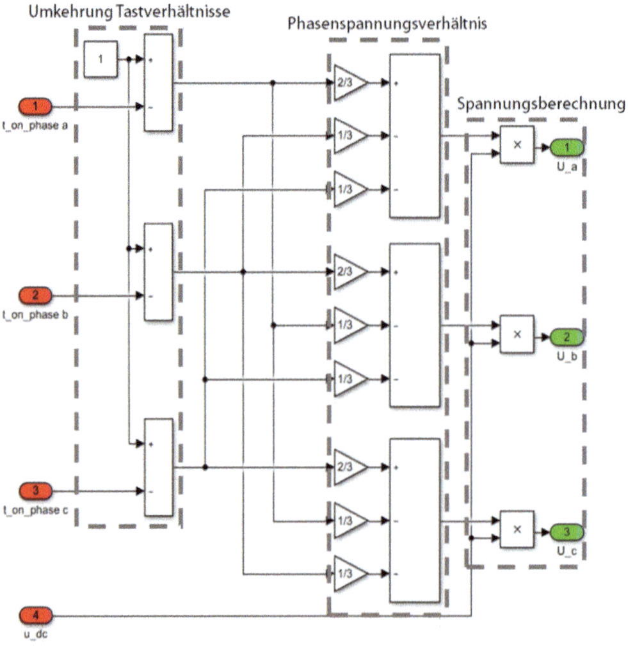

Abb. 3.4: Invertermodell

3.2 Hallsensormodell

Aufgrund der Tatsache, dass viele Antriebsmotoren im Bereich der Antriebstechnik für Leichtfahrzeuge aus diversen Gründen, unter anderem wegen der zusätzlichen Kosten, des höheren Anspruchs an Zuverlässigkeit, geringeren Platzbedarfs keine hochwertigen Sensoren wie Inkrementalgeber zur Bestimmung der Rotorposition aufweisen, erfolgt dies auf Grundlage der im Motor verbauten Hallsensoren.

Hallsensoren detektieren die Spannungsänderung, die durch Einwirken eines Magnetfeldes entsteht. Im Falle der permanenterregten Synchronmaschine werden die Hallsensoren durch die Permanentmagnete am Rotor und dessen Magnetfeld erregt, wodurch sich eine kontinuierliche Spannungsänderung detektieren lässt. Die Hallsensoren die im Anwendungsbeispiel verbaut sind, befinden sich in einem integrierten Schaltkreis. Nach Zuführung der Versorgungsspannung liefert dieser Sensor ein analoges Signal, dass die Magnetfeldänderung detektiert. Diese Änderung kann analog oder digital als Messsignal zurückgegeben werden. Letzteres wird im eingesetzten Beispielmotor eingesetzt. Erreicht die Spannungsänderung durch die äußeren Magnete im Hallsensor einen gewissen Schwellwert, so wird entsprechendes digitales Signal geschaltet und umgekehrt.

Auf dieser Grundlage entsteht im Folgenden ein vereinfachtes Modell, das dieses Verhalten nachbildet. Ferner wird das entsprechende Hallsensormodell entwickelt und näher vorgestellt. Der Anschaulichkeit halber ist in Abb. 3.5 ein Motor mit einer Polpaarzahl von 1 dargestellt. Dabei entspricht eine elektrische einer mechanischen Umdrehung.

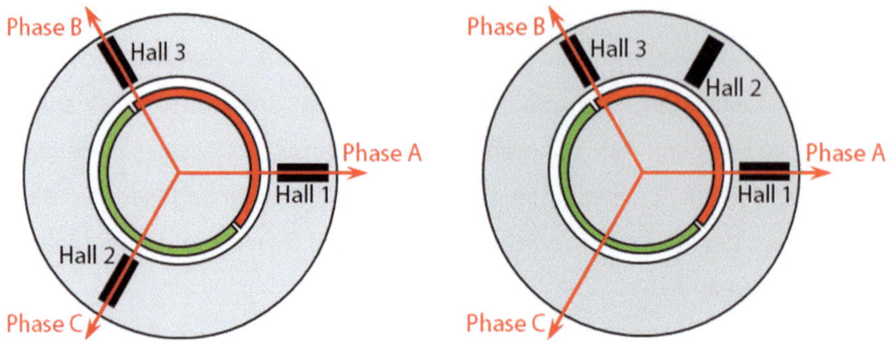

Abb. 3.5: Motor-Hallsensoren bei 120° (links) und 60° Versatz (rechts)

Des Weiteren sind links in der Abbildung drei Hallsensoren dargestellt, die jeweils um 120° versetzt zueinander sind und sich idealisiert auf den einzelnen Phasen befinden. Die zugehörigen Signale der Hallsensoren innerhalb einer elektrischen Umdrehung φ_{el} sind in Abb. 3.6 dargestellt. Durch entsprechende Anordnung der Hallsensoren wird alle 60° ein Schwellwert über- bzw. unterschritten. Hierdurch ergeben sich sechs Hallsektoren.

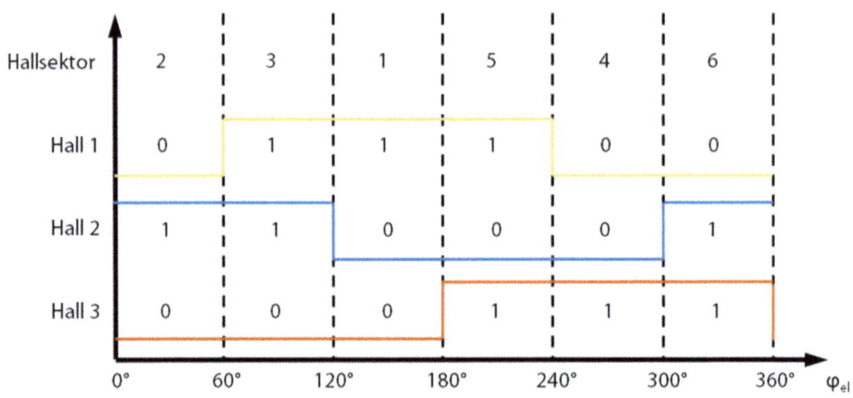

Abb. 3.6: Hallsektoren/-signale bei 120° Hallsensorversatz

Drei Hallsensoren alleine geben somit lediglich die Möglichkeit einer exakten Zuordnung von 60°. Für den Einsatz einer feldorientierten Regelung reicht dieses nicht aus, weshalb Algorithmen notwendig sind, die auf Grundlage der Hallsensoren eine exakte Positionsbestimmung vornehmen. Durch Sensormodelle kann die Entwicklung, Erprobung und der Vergleich diverser Algorithmen simulationsgestützt erfolgen. Ein Beispiel zur Schätzung der Rotorposition und Rotorgeschwindigkeit liefert das Kapitel 3.5.
Durch geeignete Kodierung lassen sich zu den Hallsektoren entsprechende Hallsektorwerte zuordnen. Die Hallsektorwerte lassen sich nach der folgenden Formel als Binärkombination bestimmen.

$$Hallsektor = Hall1 \cdot 1 + Hall2 \cdot 2 + Hall3 \cdot 4 \tag{3.15}$$

Neben dem Versatz der Hallsensoren von 120° zueinander, gibt es zusätzlich die Möglichkeit, die Sensoren mit einem Versatz von 60° zueinander zu befestigen. Dies ist in der Abb. 3.5 rechts dargestellt und ermöglich eine kompaktere Anordnung innerhalb des Motors. Für diesen Fall ergibt sich lediglich eine andere Signalfolge, indem einige Sektorwerte in Gleichung (3.15) durch andere ersetzt werden. Der Vollständigkeit halber zeigt die Abb. 3.7 die entsprechende Signalfolge. In diesem Fall sind die Zustände Sieben und Null hinzugekommen, während Zwei und Fünf hingegen wegfallen. Die Formel behält dabei ihre Gültigkeit.

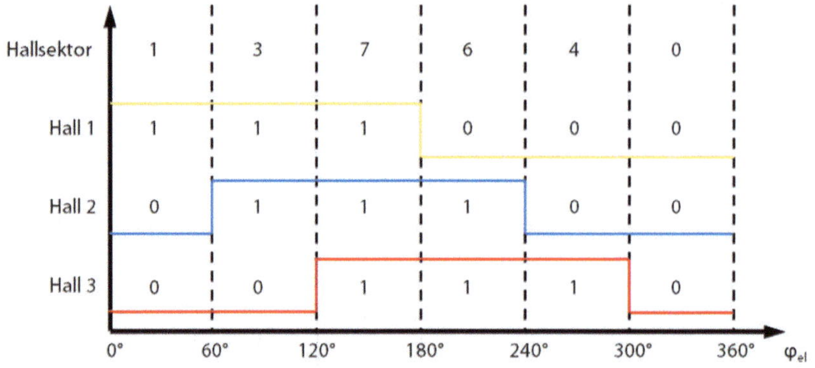

Abb. 3.7: Hallsektoren/-signale bei 60° Hallsensorversatz

Die nachstehende Abb. 3.8 zeigt das umgesetzte Modell des Hallsensors. Dieses lässt sich im Groben in drei Bereiche unterteilen. Zunächst wird der elektrische Winkel im Wertebereich zwischen 0-360° eingegrenzt. Dies hat mehrere Gründe: Zum einen macht es die Signalauswertung und -darstellung überschaubarer und zum anderen wird bei der späteren Implementierung des Algorithmus zur Rotorpositionsbestimmung durch die Eingrenzung des Wertebereichs ein Überlauf verhindert. Die Umsetzung des Wertebereichs erfolgt unter Zunahme des Modulo-Operators.

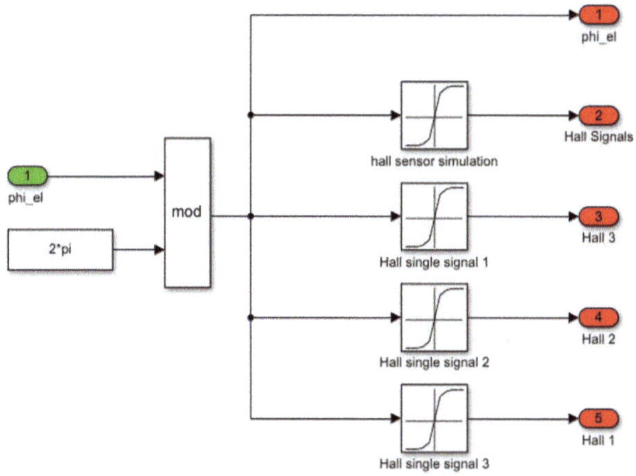

Abb. 3.8: Implementierung des Hallsensormodells

Anschließend findet die Zuweisung eines Hallsektors zu einem Intervall des elektrischen Winkels statt. Umgesetzt wird dies über Lookup-Tabellen, in denen eine Hallsektorreihenfolge hinterlegt ist, die abhängig des elektrischen Winkels geschaltet wird. Über Schaltlogiken anhand realer Motoren kann die Parametrierung der Lookup-Tabellen erfolgen.

An dieser Stelle sei noch zu ergänzen, dass die Hallsensoren sich nicht immer exakt über den Motorphasen, sondern aus konstruktiven Gründen versetzt neben diesen, befinden. Hier kann durch Hinzufügen eines Winkeloffsets dieser Versatz im Modell berücksichtigt werden. Die Berücksichtigung dieses Versatzes führt zum einen zu einem höheren Abgleich zwischen Motormodell und realem Motor. Zum anderen kann, nach Integration des Hallsensorversatzes in das Hallsensormodell, dieser in der softwareseitigen Winkelbestimmung berücksichtigt werden. Grundlage hierfür ist die Messung bzw. die Kenntnis über den Versatz des Hallsensors zu den elektrischen Phasen. Dies wird im Folgenden nicht weiter behandelt.

Die nachstehende Abb. 3.9 zeigt das erzeugte Signalmuster durch die Hallsensoren. Es ist zu ergänzen, dass es sich bei den Signalen um die Logikwerte und nicht um die Spannungswerte der Hallsensoren handelt. Aus der Abbildung kann über die Verkleinerung der Breite der Rechtecksignale und somit der Verweildauer innerhalb eines Sektors eine Drehzahl erkannt werden. Auch lässt sich aus der Abbildung die im oberen Abschnitt beschriebene Formel durch die einzelnen Hallsignale erkennen. Auf Grundlage des Modells und anhand dieses Signalmusters ist es möglich simulativ entsprechende Algorithmen zur exakten Bestimmung der Rotorposition zu entwickeln und zu erproben. Auf die angesprochene Thematik wird im Abschnitt zur Rotorpositionsbestimmung eingegangen.

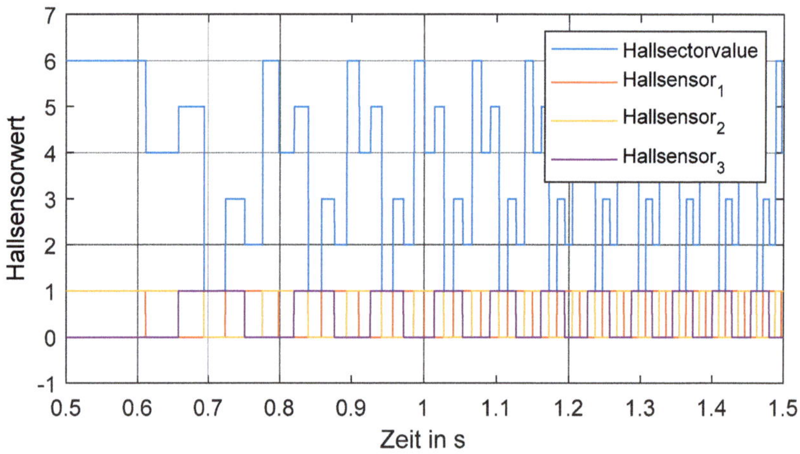

Abb. 3.9: Hallsektorsignal in der Simulation

3.3 Stromsensormodell

Die Aufgabe des Stromsensormodells liegt darin, die Stromsignale in eine Form zu überführen, sodass sie den gemessenen Strömen entsprechen. Des Weiteren überführt das Stromsensormodell die Stromwertsignale aus dem Motormodell in den Datentyp, wie es auf einer späteren Implementierung auf dem Prozessor zu finden ist. Auf Seiten des Prozessors findet die Ansteuerung der Peripherie statt, in diesem Fall des Analog-Digital-Konverters (ADC). Auf Seiten der

Funktionsebene findet jegliche Art von Umrechnung statt. Hierzu gehört auch die Umrechnung des ADC-Wertes in eine entsprechende physikalische Stromgröße. Aus Kostengründen werden in der Regel nur zwei Phasenströme gemessen. Die Erfassung des dritten Phasenstroms erfolgt über das erste Kirchhoff'sche Gesetz. Aus diesem Grund erfolgt nur die Übergabe der Phasenströme A und B des Motomodells.

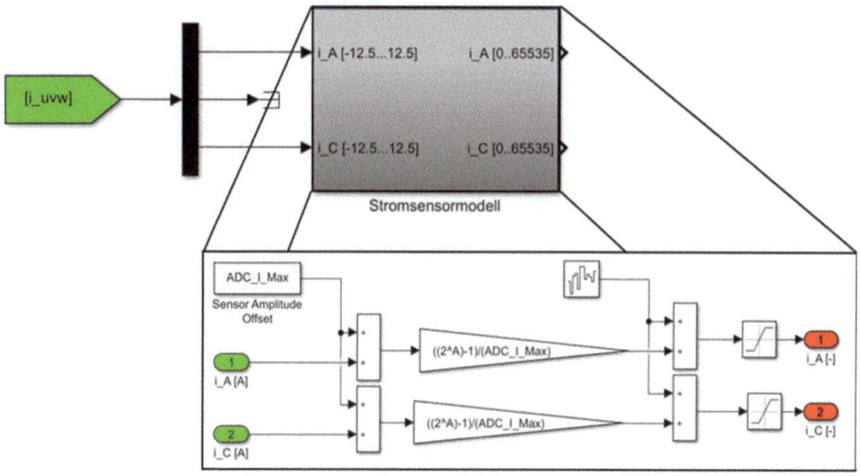

Abb. 3.10: Stromsensormodell

Bei der Berechnung selbst sind zunächst beide Phasenströme mit dem maximal messbaren Stromwert zu addieren. Dies ist bauteilspezifisch und ist dem Datenblatt zu entnehmen. Anschließend erfolgt die Multiplikation beider Signale mit der Auflösung des AD-Wandlers. Hierbei steht A für die entsprechende Wortlänge des Wandlers. Anschließend wird letzterer Wert durch den maximal messbaren Stromwert dividiert. Abschließend erfolgt durch Aufschaltung von sogenannten weißen Rauschen und Begrenzung des Signals der Abschluss der Signalkonvertierung. Dabei stellt das weiße Rauschen sämtliche weitere nicht berücksichtigte Realisierungseffekte dar. In Abb. 3.11 sind die Simulationsergebnisse abgebildet, die mit der Anregung aus dem vorherigen Abschnitt erzielt worden sind, dargestellt.

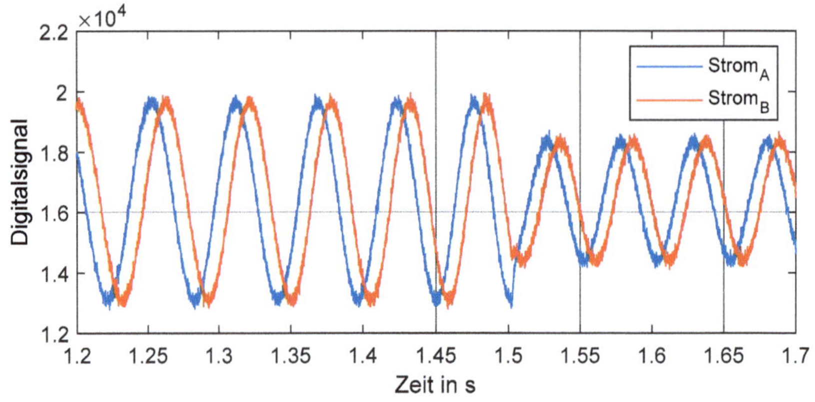

Abb. 3.11: Hallsektorsignal während der Simulation

Das Gegenstück des Sensormodells bildet die Funktion, die aus den beiden gemessenen Phasenströmen die entsprechenden physikalischen Größen berechnet. Des Weiteren ist aus den drei Phasenströmen und entsprechendem berechneten Rotorwinkel der drehmomentbildende und feldbildende Strom über die Park-Clarke-Transformation zu bestimmen. Diese Größen werden dann wiederum dem Regler zur Verfügung gestellt. Da diese Funktion lediglich die Umkehrung der vorgestellten Berechnung darstellt, wird auf diese nicht näher eingegangen.

3.4 Modulationsverfahren

Wie bereits beschrieben, bildet das Tastverhältnis die Schnittstelle zwischen Hard- und Software. Hardwareseitig befindet sich das Invertermodell, das die Tastverhältnisse in entsprechende Phasenspannungen umwandelt. Softwareseitig erzeugt das Modulationsverfahren aus den Stellspannungen des

Reglers die gewünschten Tastverhältnisse. Aus der Vielzahl an Modulationsverfahren und -methoden wird bedingt durch den Aufbau der vorhandenen PMSM, nachstehend die Raumzeigermodulation (SVPWM) vorgestellt und implementiert werden.

3.4.1 Raumzeigermodulationsverfahrens

Für die maximale mögliche Ausnutzung der Zwischenkreisspannung erfolgt die Beschreibung des Raumzeigermodulationsverfahrens, das im Englischen unter der Bezeichnung „Space Vector Pulse Width Modulation" (kurz: SVPWM) zu finden ist. Der Inverter setzt die auf einem vorgeschalteten Controller vorgegebenen Stellgrößen in Spannungen auf den Motorphasen um. Dies geschieht durch Ansteuerung jeder Halbbrücke mit einem pulsweitenmodulierten Signal (kurz: PWM). In diesem Kapitel geht es nun darum, aus den vorgegebenen Spannungen die Tastverhältnisse zur Ansteuerung der Halbbrücken mittels PWM zu bestimmen. Dies geschieht mit Hilfe der Raumzeigermodulation. Vorteile dieser Methode sind geringere Schaltverluste und geringere Drehmomentwelligkeit, was durch eine verhältnismäßig geringe Schaltfrequenz möglich ist. [38]

Die Raumzeigermodulation lässt sich in verschiedene Teilschritte aufteilen. Zunächst sind die Eingangsspannungen u_q *und* u_d in das rotierende α-β-Koordinatensystem zu transferieren. Hierfür ist die inverse Park-Transformation mit entsprechenden aktuellen elektrischen Rotorwinkel anzuwenden. Für den Einsatz des Modulationsverfahrens für unterschiedliche Spannungsniveaus erfolgt die Normierung der aufgezeigten Sollspannungen. Diese hat zusätzlich die Vorteile, dass, abhängig von der Batteriespannung bzw. der Zwischenkreisspannung, maximale Spannungswerte innerhalb des Intervalls null bis eins vorkommen. Dies begünstigt die Implementierung der Modulationsfunktion in eine Festkommaarithmetik. Die Normierung geschieht innerhalb nachfolgender

Gleichung durch Division des Spannungssollwerts durch die halbe Zwischenkreisspannung u_{ZK}.

$$u_{norm} = u_{soll} \cdot \frac{u_{ZK}}{2} \tag{3.16}$$

Durch gegebene mathematische Zusammenhänge gilt die Gleichung (3.16) auch für die Spannungen u_α *und* u_β. Für die normierten Spannungen in α-β-Koordinaten ergeben sich dann die beiden Gleichungen (3.17) und (3.18).

$$u_\alpha = u_{soll} \cdot \frac{u_\alpha}{2} \tag{3.17}$$

$$u_\beta = u_{soll} \cdot \frac{u_\beta}{2} \tag{3.18}$$

Zur Beschreibung der Herleitung der Tastverhältnisse aus den normieren Spannungen in α-β-Koordinaten erfolgt unter Heranführung der Abb. 3.12. Zu erwähnen ist hierbei, dass es sich bei der Darstellung um eine elektrische Umdrehung handelt. Dargestellt ist ein Hexagon, welches sich durch sechs Elementarvektoren v_i aufspannt und den Aussteuerbereich des Inverters darstellt. Die Elementarvektoren bilden hierbei die sechs möglichen Schaltzustände der Wechselrichterschaltung. Die Schaltzustände null und sieben (Brücke komplett geöffnet und geschlossen) erzeugen keinen Spannungsvektor und sind der Vollständigkeit halber dem Mittelpunkt des Hexagons zugeordnet.

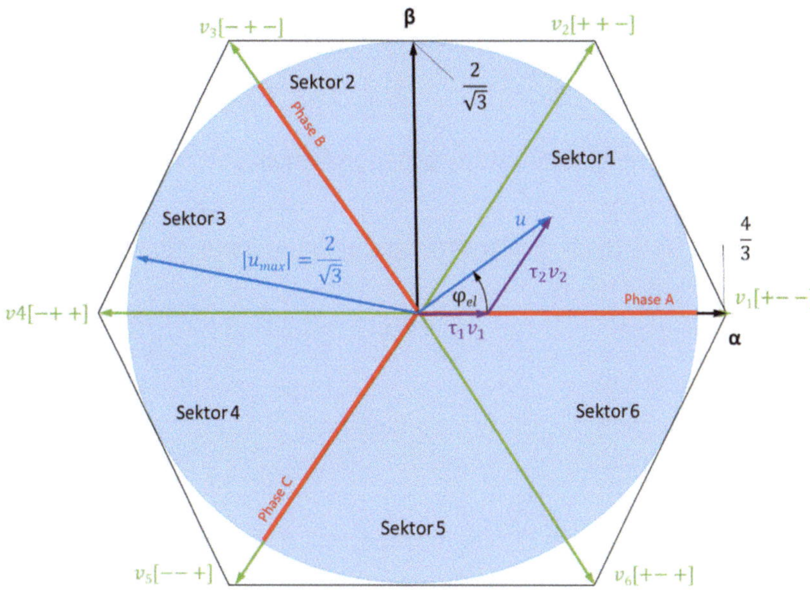

Abb. 3.12: Elektrische Sektoren und Elementarvektoren

Die Elementarvektoren v_1, v_3 und v_5 sind den Phasensträngen zuzuordnen. Erkennen lässt, sich dies an der Tab. 3.1, in der nur jeweils eine Schalterstellung aktiv ist. Ein Sollspannungsvektor, der sich exakt auf diesen Phasensträngen befindet, lässt sich somit durch das Schalten eines Elementarvektors realisieren. Die Tab. 3.1 zeigt ebenfalls die Schaltzustände der Halbbrücken und die daraus resultierenden Elementarvektoren sowie den Winkel dieser Vektoren.

Elementarvektoren v_i	Schaltung der Halbbrücken [s_a, s_b, s_c]	Winkel
v_0	[- - -]	-
v_1	[+ - -]	0°
v_2	[+ + -]	60°
v_3	[- + -]	120°
v_4	[- + +]	180°

v_5	[- - +]	240°
v_6	[+ - +]	300°
v_7	[+ + +]	-

Tab. 3.1: Elementarvektoren v_i und zugehörige Schaltzustände

Prinzipiell lässt sich jeder Sollspannungszeiger in dem Hexagon durch die Gleichung

$$\begin{aligned} u_{norm} &= \frac{1}{T_a} \int_{kT_a}^{(k+1)T_a} u(t)dt \\ &= \frac{1}{T_a}(t_0 v_0 + t_1 v_1 + t_2 v_2 + t_3 v_3 + t_4 v_4 + t_5 v_5 + t_6 v_6 + t_6 v_6 + t_7 v_7) \\ &= (\tau_0 v_0 + \tau_1 v_1 + \tau_2 v_2 + \tau_3 v_3 + \tau v_4 + \tau_5 v_5 + \tau_6 v_6 + \tau_6 v_6 + \tau_7 v_7) \end{aligned} \tag{3.19}$$

mit den normierten Zeiten

$$\tau_i = \frac{t_i}{T_a} \tag{3.20}$$

und den gültigen Nebenbedingungen

$$\sum_{i=1}^{7} \tau_i \quad \text{und} \quad \tau_i \geq 0 \tag{3.21}$$

bestimmen. Die Nebenbedingung bedeutet, dass die Summe aller Zeiten das zur Verfügung stehende Zeitintervall genau füllen muss. Je nach Lage des Sollspannungsvektors reichen zur Modulation jeweils drei der acht Elementarvektoren aus. Am Beispiel des Sollspannungsvektors aus der Abb. 3.12

reichen die beiden Vektoren v_1 und v_2 zusammen mit dem Nullspannungsvektor v_0 *aus*, um den Sollspannungsvektor zu erzeugen. Somit gilt vereinfacht folgende Gleichung. [5]

$$u_{norm} = \frac{1}{T_a}(t_0 v_0 + t_1 v_1 + t_2 v_2) = (\tau_0 v_0 + \tau_1 v_1 + \tau_2 v_2) \tag{3.22}$$

Der Winkel von u ergibt sich durch die Schaltung der angrenzenden Elementarvektoren. Der Betrag von u ergibt sich durch die Dauer der Schaltzeiten, bei denen alle Halbbrücken geöffnet beziehungsweise geschlossen sind und somit durch die Mittelwertbildung. Bei rotierendem Läufer rotiert die Spannung u in synchroner Drehzahl ebenfalls mit.

Um einen gleichmäßigen Spannungsbetrag zu erreichen, ist der Raumzeiger auf einen normierten Spannungssollwert vom Betrag $|u_{max}|$ zu begrenzen. Damit verläuft der Raumzeiger maximal auf einer Kreisbahn, deren Radius von den Kanten des Hexagons begrenzt ist. Ist das System mit zuvor genanntem Verfahren normiert, stellen sich hier folgender Spannungsbereich $|u_{max}|$ und Betrag der Elementarvektoren $|v_i|$ ein:

$$|u_{max}| = \frac{2}{\sqrt{3}}, \tag{3.23}$$

$$|v_i| = \frac{4}{3}. \tag{3.24}$$

Um die Kombination der Elementarvektoren, aus denen u konstruiert wird, zu finden, ist zunächst der elektrische Sektor zu bestimmen. Aus dem eingehenden Winkel des Rotors φ_{el} ergibt sich die Zuordnung in Tab. 3.2.

Sektor	Untere Grenze	Obere Grenze
1	0°	60°
2	60°	120°
3	120°	180°
4	180°	240°
5	240°	300°
6	300°	360°

Tab. 3.2: Sektorzuweisung zu Winkelgrenzen

Die Herleitung der Schaltzeiten τ_1, mit denen die Elementarvektoren zu multiplizieren sind, ist im Folgenden exemplarisch für den ersten Sektor aufgeführt. Die Schaltzeiten geben das Verhältnis an, in dem der entsprechende Elementarvektor aktiv ist. Dies ist für den Raumzeiger *u* in Sektor eins in Abb. 3.13 gezeigt.

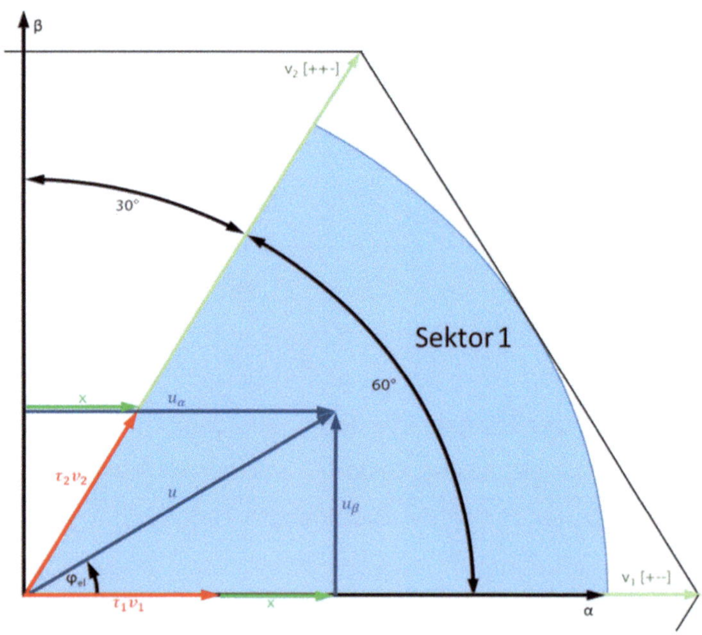

Abb. 3.13: Berechnung der Schaltzeiten τ_1 und τ_2 für den Sektor 1

Damit ergeben sich die Schaltzeiten durch den geometrischen Zusammenhang.

$$\tau_1\, v_1 = u_\alpha - x. \tag{3.25}$$

Dabei lässt sich *x* durch

$$x = u_\beta \cdot \tan 30° \tag{3.26}$$

ausdrücken. Die zweite Schaltzeit ergibt sich zu

$$\tau_2\, v_2 \cdot \cos 30° = u_\beta \tag{3.27}$$

$$\Rightarrow \tau_2 = \frac{u_\beta}{\cos(30) \cdot v_2}.$$

Nun werden für die Elementarvektoren v_i die Maximalwerte aus (3.23) eingesetzt. Durch Umformung ergeben sich die Ausdrücke für τ_1 und τ_2 in Abhängigkeit der normierten Phasenspannungen u_α und u_β.

$$\tau_1 = \frac{3}{4} u_\alpha - \frac{\sqrt{3}}{4} u_\beta \tag{3.28}$$

$$\tau_2 = \frac{\sqrt{3}}{2} u_\beta \tag{3.29}$$

Die Schaltzeiten τ_i für die anderen Sektoren lassen sich über die gleichen Zusammenhänge herleiten und sind zusammen mit dem resultierenden Nullspannungsvektor in Tab. 3.3 dargestellt. Nach der Nebenbedingung aus Gleichung (3.21) entspricht der Nullspannungsvektor der Zeit, in der entweder beide Schaltzeiten eingeschaltet oder ausgeschaltet sind.

Sektor	Schaltzeiten $\boldsymbol{\tau_i}$		Nullspannungsvektor
1	$\tau_1 = \frac{3}{4}u_\alpha - \frac{\sqrt{3}}{4}u_\beta$	$\tau_2 = \frac{\sqrt{3}}{2}u_\beta$	$\tau_0 + \tau_7 = 1 - \tau_1 - \tau_2$
2	$\tau_2 = \frac{3}{4}u_\alpha + \frac{\sqrt{3}}{4}u_\beta$	$\tau_3 = -\frac{3}{4}u_\alpha + \frac{\sqrt{3}}{4}u_\beta$	$\tau_0 + \tau_7 = 1 - \tau_2 - \tau_3$
3	$\tau_3 = \frac{\sqrt{3}}{2}u_\beta$	$\tau_4 = -\frac{3}{4}u_\alpha - \frac{\sqrt{3}}{4}u_\beta$	$\tau_0 + \tau_7 = 1 - \tau_3 - \tau_4$
4	$\tau_4 = -\frac{3}{4}u_\alpha + \frac{\sqrt{3}}{4}u_\beta$	$\tau_5 = -\frac{\sqrt{3}}{2}u_\beta$	$\tau_0 + \tau_7 = 1 - \tau_4 - \tau_5$
5	$\tau_5 = -\frac{3}{4}u_\alpha - \frac{\sqrt{3}}{4}u_\beta$	$\tau_6 = \frac{3}{4}u_\alpha - \frac{\sqrt{3}}{4}u_\beta$	$\tau_0 + \tau_7 = 1 - \tau_5 - \tau_6$
6	$\tau_6 = \frac{3}{4}u_\alpha + \frac{\sqrt{3}}{4}u_\beta$	$\tau_1 = -\frac{\sqrt{3}}{2}u_\beta$	$\tau_0 + \tau_7 = 1 - \tau_6 - \tau_1$

Tab. 3.3: Berechnung der Schaltzeiten τ_i [5]

Aus den Schaltzeiten für die Elementarvektoren lassen sich jetzt Tastverhältnisse s_i für die drei Halbbrücken des Inverters berechnen. Die Zusammensetzung der Schaltzeiten zu den Tastverhältnissen bezüglich der entsprechenden Phasen ist der Tab. 3.4 zu entnehmen. Dabei gibt die Spalte „Oberer Schalter s“ das Tastverhältnis aus der Perspektive des oberen Halbleiters und die Spalte „Unterer Schalter s“ komplementär des unteren Halbleiters an. Aus diesem Grund reicht die Betrachtung der rechten Spalte. Für den ersten Sektor lässt sich die Zusammensetzung folgendermaßen erläutern: Wie bereits beschrieben, sind für den ersten Sektor die ersten beiden Elementarvektoren zu schalten. Aus der mittleren Spalte der Tab. 3.1 ist der Schaltzustand der B6-Brücke für die Umsetzung der ersten beiden Elementarvektoren zu entnehmen.

$$v_1 \triangleq [+\ -\ -] \quad \text{und } v_2 \triangleq [+\ +\ -] \tag{3.30}$$

Dabei ist Gleichung (3.30) folgendermaßen zu lesen: Um den ersten Elementarvektor zu schalten, wird lediglich die erste Halbbrücke geschaltet (entspricht der Halbbrücke aus dem Halbleiterpärchen 1 und 4 in Abb. 3.2), da diese auf der Phase a liegt. Dies erfolgt mithilfe der Notation des Pluszeichens. Die Bildung des zweiten Elementarvektors ist durch das Halbleiterpärchen 1,4 und 3,6 umgesetzt, das durch zwei entsprechende Pluszeichen gekennzeichnet ist. Die dritte Halbbrücke dient nicht für die Umsetzung von Spannungszeigern im ersten Sektor, weshalb diese abhängig des Betrags mit der Schaltzeit des halben Nullspannungsvektors gefüllt wird. Die erste Halbbrücke hingegen dient der Nutzung für die beiden Elementarvektoren, weshalb sich das Tastverhältnis aus beiden Schaltzeiten τ_1 und τ_2 und dem des halben Nullspannungsvektors zusammensetzen lässt. Äquivalent hierzu setzt sich das Tastverhältnis der mittleren Halbbrücke aus der Schaltzeit τ_2 und dem des halben Nullspannungsvektors zusammen. Diese Herangehensweise lässt sich für die weiteren Sektoren fortführen, womit sich Tab. 3.4 ergibt. An der Tabelle ist zu erkennen, dass die letzten drei Schaltmuster der unteren Schalter den ersten drei Schaltmustern der oberen Schalter entsprechen. Dies ist auf die Symmetrie zurückzuführen und bietet die Möglichkeit durch Vertauschen der Schaltzeiten um drei Reihen bzgl. der Sektoren einer Umsetzung einer Invertierung der Motordrehrichtung. Bildlich entspricht dies dem Verschieben des Sollspannungsvektors u um 180° oder dem Umstecken von zwei beliebigen Motorphasensteckern.

Sektor	Oberer Schalter s	Unterer Schalter $\tilde{s}$
1	$S_1 = \tau_1 + \tau_2 + \tau_0/2$	$S_4 = \tau_0/2$
	$S_3 = \tau_2 + \tau_0/2$	$S_6 = \tau_1 + \tau_0/2$
	$S_5 = \tau_0/2$	$S_2 = \tau_1 + \tau_2 + \tau_0/2$
2	$S_1 = \tau_1 + \tau_0/2$	$S_4 = \tau_2 + \tau_0/2$
	$S_3 = \tau_1 + \tau_2 + \tau_0/2$	$S_6 = \tau_0/2$
	$S_5 = \tau_0/2$	$S_2 = \tau_1 + \tau_2 + \tau_0/2$
3	$S_1 = \tau_0/2$	$S_4 = \tau_1 + \tau_2 + \tau_0/2$

	$S_3 = \tau_1 + \tau_2 + \tau_0/2$	$S_6 = \tau_0/2$
	$S_5 = \tau_2 + \tau_0/2$	$S_2 = \tau_1 + \tau_0/2$
4	$S_1 = \tau_0/2$	$S_4 = \tau_1 + \tau_2 + \tau_0/2$
	$S_3 = \tau_1 + \tau_0/2$	$S_6 = \tau_2 + \tau_0/2$
	$S_5 = \tau_1 + \tau_2 + \tau_0/2$	$S_2 = \tau_0/2$
5	$S_1 = \tau_2 + \tau_0/2$	$S_4 = \tau_1 + \tau_0/2$
	$S_3 = \tau_0/2$	$S_6 = \tau_1 + \tau_2 + \tau_0/2$
	$S_5 = \tau_1 + \tau_2 + \tau_0/2$	$S_2 = \tau_0/2$
6	$S_1 = \tau_1 + \tau_2 + \tau_0/2$	$S_4 = \tau_0/2$
	$S_3 = \tau_0/2$	$S_6 = \tau_1 + \tau_2 + \tau_0/2$
	$S_5 = \tau_1 + \tau_0/2$	$S_2 = \tau_2 + \tau_0/2$

Tab. 3.4: Zusammensetzung der Tastverhältnisse s_i aus den Schaltzeiten [29]

Ergänzend zur Tab. 3.4 zeigt Abb. 3.14 das Schaltmuster des ersten Sektors für zwei Perioden bzw. Intervalle. Wie bereits beschrieben, werden beide Nullspannungsvektoren dazu genutzt, um die nicht aktiven Zeiten bis zum vollständigen Intervall zu ergänzen. Anders als in der Simulation gibt es gewisse Freiheitsgrade im Einsatz der beiden Nullspannungsvektoren in der Realisierung. Um Schaltungsverluste, die bedingt durch die Schaltung der Halbbrücken auftreten, auf das Mindeste zu minimieren, spielt die Reihenfolge der beiden Nullspannungsvektoren eine entscheidende Rolle. Zunächst werden die Nullspannungsvektoren jeweils zu Hälfte auf Anfang und Ende des Intervalls aufgeteilt. Des Weiteren beginnt das darauffolgende Intervall mit dem Nullspannnungsvektor, mit dem das vorherige beendet worden ist und endet jeweils mit dem anderen. Bei der Betrachtung des Schaltmusters der Halbbrücken, lässt sich erkennen, dass hierdurch beim Schalten des nächsten aktiven Vektors stets nur jeweils ein Schaltvorgang notwendig ist. Im Kontext dieses Werkes erfolgt der Einsatz eines mit einem Gate Driver bestücktes

Evaluation Board, wodurch die Umsetzung derartiger Realisierungsfreiheitsgrade jedoch fest durch den Gate Driver vorgegeben bzw. bereits berücksichtigt sind.

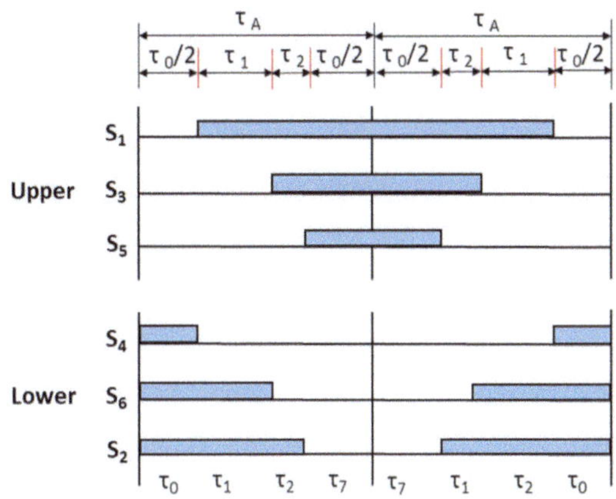

Abb. 3.14: Schaltmusterbeispiel für den ersten Sektor [29]

3.4.2 Implementierung der SVPWM Modulation

In diesem Abschnitt erfolgt die komplette Implementierung der Raumzeigermodulation in ein Simulink-Subsystem. Das zugehörige System mit entsprechenden einzelnen Subsystemen ist in der Abb. 3.15 dargestellt. Umgesetzt sind die aus vorherigen Kapitel beschriebenen Berechnungen, wobei hier insbesondere der Fokus auf Implementierungsaspekten liegt. Die Eingangsgrößen des Subsystems sind die beiden Stellspannungen für den drehmoment- und den feldbildenden Anteil, sowie die Motorrichtung in Form eines Steuersignals und der elektrische Winkel des Motors. Des Weiteren entspricht u_{dc} der Spannung der Traktionsbatterie. Anders als in der Simulationsumgebung für die erste Erprobung der Regelung, ist hier der berechnete bzw. geschätzte elektrische Winkel hinzugeführt. Näheres hierzu folgt im nächsten Unterkapitel. Ausgangsgrößen des Subsystems sind die drei Tastverhältnisse der drei Halbbrückenschaltungen.

Abb. 3.15: Subsysteme des Modells der SVPWM

Die inneren Subsysteme selbst lassen sich in fünf Bereiche aufteilen: inverse Park-Transformation, Normierung, Sektorbestimmung, Tastverhältnisberechnung sowie die Tastverhältnisumkehrung.

Die Umsetzung der inversen Park-Transformation ist links in Abb. 3.16 dargestellt. Aufgrund der Tatsache, dass die SVPWM-Funktion für die potentielle Durchführung von Codegenerierungsschritten einzusetzen ist, besteht die Notwendigkeit der Darstellung der Sinus- und Cosinusfunktionen als diskrete Zahlenfolgen in Form von implementierten Lookup-Tabellen. Abhängig der Auflösung wird eine entsprechende Größe an Speicher für die Lookup-Tabellen benötigt.

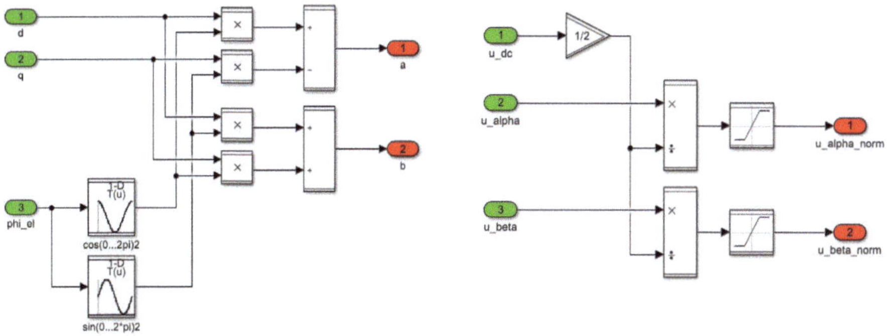

Abb. 3.16: Inverse Park-Transformation und Normierung von u_α und u_β

Hier gilt es einen Kompromiss zwischen benötigter Auflösung und vorhandenem Speicherplatz zu finden. Die Genauigkeit bzw. die Wertdiskretisierung der Ergebnisse kann dabei in den Blöcken eingestellt und variiert werden, falls die Wertdiskretisierung zu großen Abweichungen führt. Die Eingänge der Park-Transformation sind die von der Regelung vorgegebenen rotorfesten Sollspannungen u_d und u_q sowie die elektrische Rotorposition. Ausgänge sind entsprechend die statorfesten Spannungen u_α und u_β.

Die Normierung der Spannungen befindet sich rechts in Abb. 3.16. Hier erfolgt die Normierung der beiden Spannungen u_α und u_β aus der inversen Park-Transformation auf die maximal mögliche Spannung u_{dc} der Traktionsbatterie. Das hat den Vorteil, dass die übrigen vorhandenen Subsysteme und deren Signale auch bei unterschiedlichen Batteriespannungen einen unveränderten Wertebereich aufweisen. Speziell für die Implementierung in eine Festkomma-Umgebung weisen die Funktionsblöcke eine hohe Allgemeingültigkeit auf, wodurch sie ohne großen Aufwand für andere Spannungsgrößen der Traktionsbatterie überführt werden können. Die normierten Spannungen bilden nach der Tab. 3.3 die Grundlage für die Bestimmung der Tastverhältnisse. Hierfür reicht die Kenntnis der aktuellen Sektorposition des Sollspannungszeigers, da sich die Zusammensetzung der Tastverhältnisse innerhalb eines Sektors nicht verändern. An dieser Stelle ist zu erwähnen, dass der berechnete Phasenwinkel aus der später beschriebenen Funktion, die mittels implementierter Interpolationsalgorithmen bestimmt wurde, nicht mit dem Phasenwinkel des Spannungszeigers übereinstimmt. Auf diesen Sachzusammenhang ist im folgenden Abschnitt einzugehen.

Die Bestimmung des elektrischen Sektors, in dem sich der Raumzeiger befindet, geschieht über mehrere Vergleichsoperatoren und ist in Abb. 3.17 beschrieben. Der Signalflussplan lässt sich unter Zunahme der Abb. 3.12 herleiten. Durch den Einsatz der inversen Park-Transformation liegt der Sollspannungszeiger in seinen α-β-Koordinaten vor, weshalb diese als Eingangsgrößen zur Identifikation der Sektorposition des Sollspannungszeigers zu verwenden sind. Bedingt durch die Tatsache, dass das α-β-Koordinatensystem rotiert ändern sich die α-β Komponenten des Sollspannungszeigers.

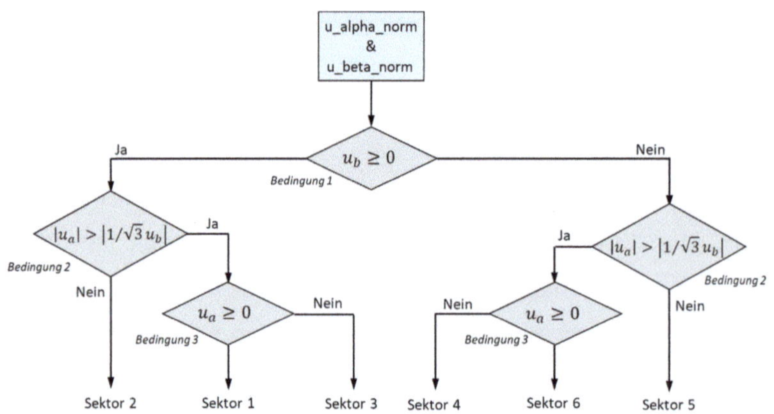

Abb. 3.17: Signalflussplan zur Sektorbestimmung des Raumzeigers

Ist die β-Komponente größer gleich null, so kann sich der Sollspannungszeiger nur in den ersten drei Sektoren befinden, womit die erste Abzweigung stattfindet. Als zweites Unterscheidungsmerkmal zwischen den ersten drei Sektoren wird das folgende Verhältnis zwischen den beiden α-β-Komponenten bestimmt: Ist der Betrag der α-Komponente größer als der Betrag von $1/\sqrt{3}$ der β-Komponente, so scheidet der zweite Sektor aus. Unter Zunahme dieser Bedingung ist zu überprüfen, ob der Winkel des Sollspannungszeigers kleiner als 60° ist. Für die Unterscheidung zwischen den Sektoren 1 und 3, die spiegelsymmetrisch zur β-Achse liegen, ist lediglich zu überprüfen, ob die α-Komponente größer gleich null ist. Ist dies der Fall, so liegt der Sollspannungszeiger im ersten Sektor. Die letzten beiden Bedingungen gelten erneut aus symmetrischen Gründen äquivalent für die Sektoren 4, 5 und 6. Die Abb. 3.18 zeigt die Implementierung der im vorherigen Abschnitt beschriebenen Logik. Diese lässt sich grob in zwei Bereiche aufteilen. Zunächst werden die drei Bedingungen unter Zunahme der α-β-Komponenten gebildet. Anschließend erfolgt, analog zu Abb. 3.17, die Integration der von unten nach oben entsprechenden Switch-Blöcke für das Durchschalten des entsprechenden Sektorwertes. Somit wird der Sektorwert durchgeschaltet, der alle drei Bedingungen erfüllt.

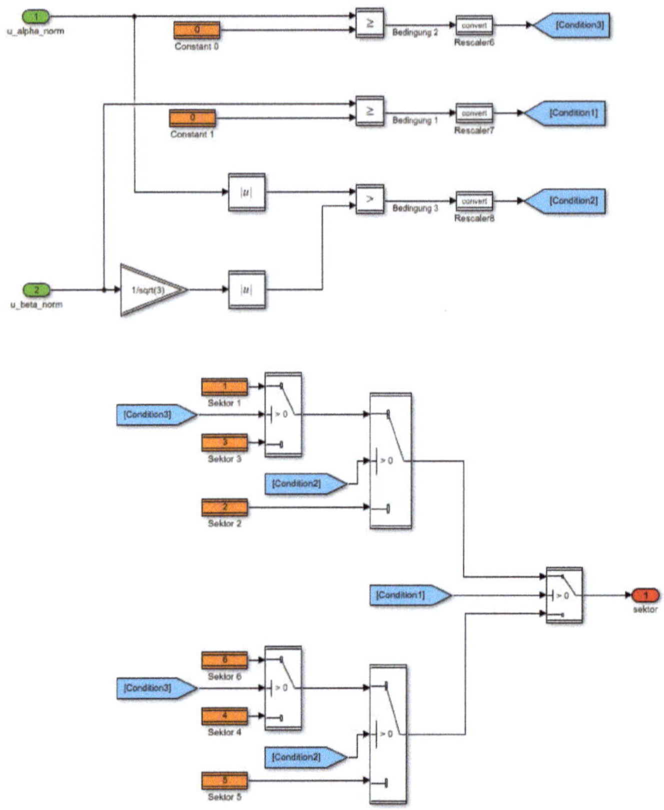

Abb. 3.18: Implementierung der Sektorbestimmung nach Abb. 3.17

Abschließend erfolgt durch Simulationsunterstützung das Aufzeigen des Unterschieds zwischen dem Rotorwinkel und dem Winkel des Sollspannungsvektors. Die Verläufe in Abb. 3.19 zeigen beide Winkel sowie den Differenzwinkel während einer Simulation auf. Es ist zu erkennen, dass bei der Vorgabe eines Solldrehmoments in Form der Festlegung eines drehmomentbildenden Stroms der Regler einen Sollspannungsvektor erzeugt, dessen Winkeldifferenz zum definierten Rotorwinkel zu Beginn eine Differenz von 90° aufweist. Nach dem Einschwingvorgang und bei konstanter Drehzahl weist der

Differenzwinkel einen Betrag größer 90° auf. Bei ca. anderthalb Sekunden wird das Solldrehmoment sprungförmig erneut erhöht, woraufhin sich der Winkel kurzzeitig minimal verkleinert bevor dieser einen stationären Endwert erreicht, der bedingt durch die höhere Drehzahl minimal höher ist als der vorherige stationäre Endwert.

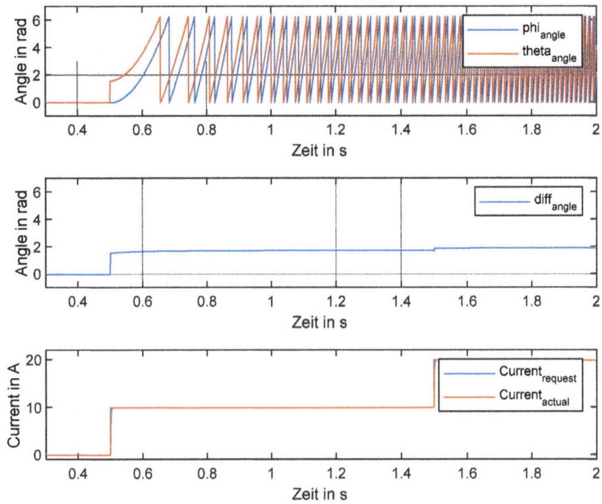

Abb. 3.19: Vergleich zwischen Rotorwinkel und dem Winkel des Spannungszeigers

Das Startverhalten des Winkels des Sollspannungsvektors lässt sich dabei folgendermaßen begründen. Nach der Abb. 3.13 und der Herleitung der Park-Clarke-Transformationen beginnt der Rotorwinkel φ auf der α-Koordinatenachse. Zu Beginn liegt die α-Koordinatenachse auf der d-Koordinatenachse und somit auf der feldschwächenden Komponente. Um aus der idealen Ruhelage heraus ein maximales Drehmoment aufzubauen ist auf Grundlage des magnetischen Wirkprinzips zum Start ein magnetisches Feld aufzubauen, dessen Pole 90° zu denen der im Motor vorliegenden Magneten liegen. Dies wird durch einen Sollspannungsvektor erreicht, der senkrecht auf dem Feldvektor liegt. Im letzten Abschnitt des SVPWM Subsystems findet die Berechnung der Tastverhältnisse statt. Der Inhalt des entsprechenden Subsystems befindet sich in der Abb. 3.20.

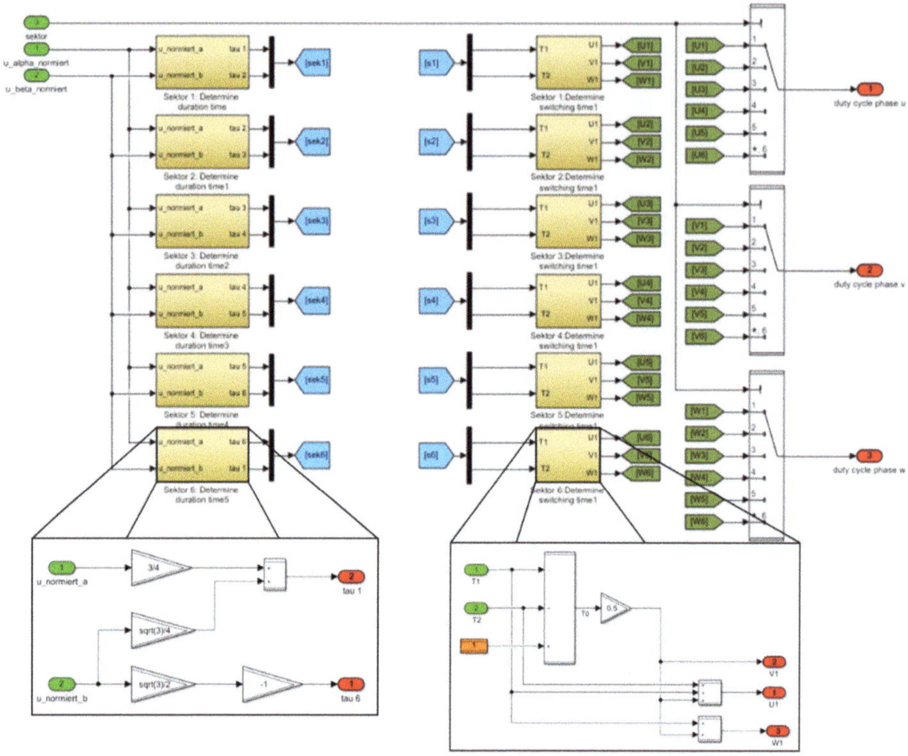

Abb. 3.20: Berechnung der Tastverhältnisse

Aus den normierten Spannungsstellgrößen erfolgt zunächst die Bestimmung der Schaltzeiten τ_i der Elementarvektoren. Dies geschieht nach den Formeln aus Tab. 3.3. Aus den errechneten Schaltzeiten können dann entsprechend der Tab. 3.4 die Tastverhältnisse für jeden Sektor bestimmt werden. Um die Möglichkeit beizubehalten, softwareseitig die Motordrehrichtung zu bestimmen, werden die Schaltzeiten der einzelnen Sektoren über einen Switch-Block an die Tastverhältnisberechnung weitergegeben. Die Steuerung des Switch-Blocks erfolgt über das Flag-Signal *Reverse_Com* in Abb. 3.21.

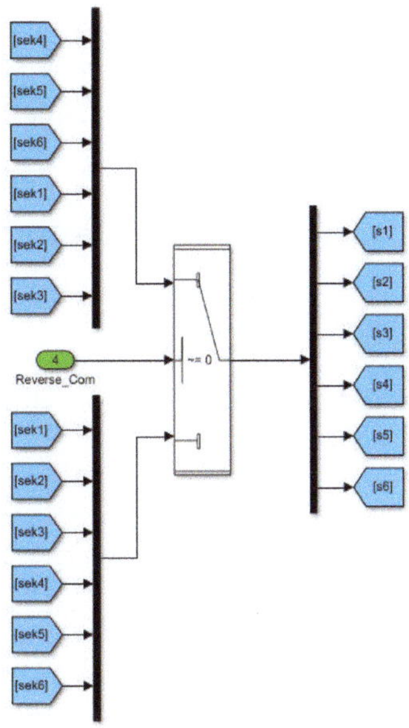

Abb. 3.21: Zuordnung der Tastverhältnisse zur Drehrichtungsumkehrung

Je nach Wert der Variable *Reverse_Com* werden die berechneten Schaltzeiten entweder direkt an den Motor übergeben oder um 180° versetzt. Dargestellt ist dies in der Abb. Abb. 3.21. Hier werden die Schaltzeiten des Sektors 1, 2 und 3 mit den Schaltzeiten des Sektors 4, 5 und 6 vertauscht. Als letzten Schritt des Subsystems aus der Abb. 3.19 erfolgt Übergabe der berechneten Schaltzeiten der einzelnen drei Phasen für jeden Sektor an die Multiport-Switch Blöcke. Der aus vorherigem Abschnitt bestimmte Sektor des Sollspannungszeigers schaltet am Multiport-Switch die entsprechenden Tastverhältnisse. Als letzter Abschnitt des SVPWM Subsystems besteht die Möglichkeit, die Tastverhältnisse, wie bereits bei dem Invertermodell, zu invertieren. Diese Invertierung sollte für ein funktionales Simulationsmodell beim Inverter und dem Modulationsverfahren entweder aktiviert oder nicht aktiviert sein. Der Grund für die Invertierung der Tastverhältnisse wurde bereits im Kapitel der Invertermodellierung beschrieben. Abschließend sind die Simulationsergebnisse des Invertermodells und der Raumzeigermodulation in Abb. 3.22 dargestellt. Der Graph zeigt das für die Raumzeigermodulation typische Signal der Tastverhältnisse. Dabei ist das Ansprechverhalten auf eine Führungsgrößenvorgabe in Form eines Solldrehmoments zu sehen. Es entstehen in der Simulation ideale sinusförmige Phasenspannungen zur Speisung des Motors bzw. das Motormodells.

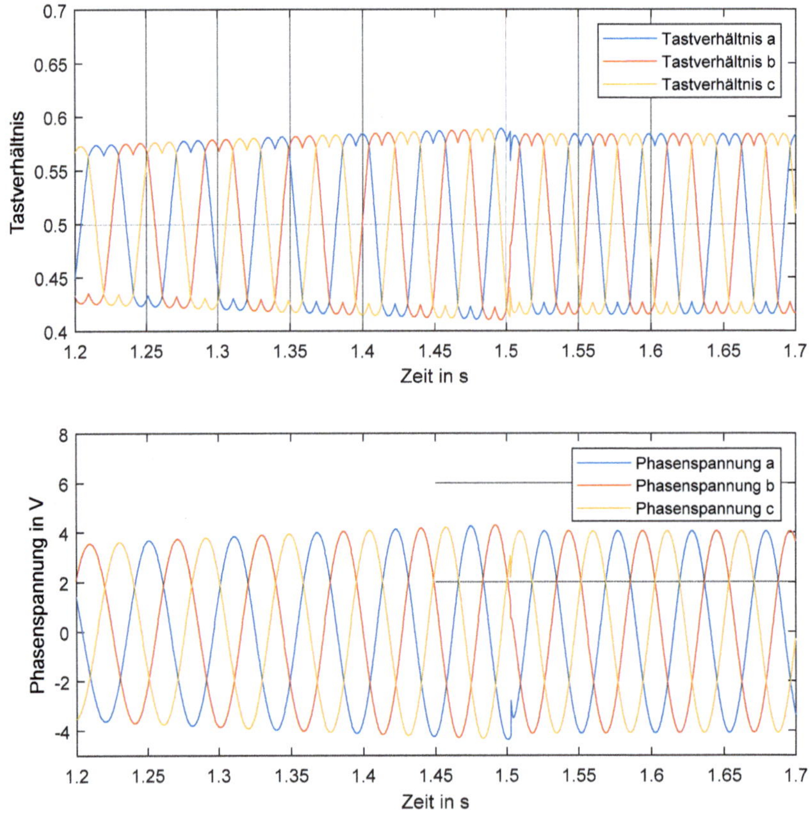

Abb. 3.22: Tastverhältnisse und Phasenspannungen des Invertermodells

3.5 Rotorpositionsbestimmung durch Positionsextrapolation

Wie bereits erwähnt, besitzen Traktionsmotoren im Bereich der Antriebstechnik für kleine Leichtfahrzeuge aus Kostengründen meist keine teuren Encoder zur Bestimmung der Rotorposition. Die Bestimmung der Rotorposition erfolgt stattdessen auf Grundlage der im Motor verbauten Hallsensoren. Sie sind in der Regel in jedem Motor vorhanden, um zum einen beim Anfahrvorgang den exakten Sektor zu kennen und zum anderen die Basis der zugehörigen Rotorposition zu ermitteln. Die im Motor verbauten Permanentmagneten schalten dabei diese Hallsensoren. Es gibt mehrere Möglichkeiten, aus den Hallsensor-Signalen die Rotorposition und die Motordrehzahl zu bestimmen. Zunächst erfolgt die Beschreibung der einfachsten Variante und deren Implementierung mithilfe entsprechender Subsysteme. In Abhängigkeit des Einsatzzweckes und der Wahl der elektrischen Maschine offerieren sich weitere Methoden, die im Hinblick auf den Einsatzzweck bzw. hinsichtlich vorgegebener Kriterien weiteres Optimierungspotential bieten.

Die Beschreibung der Methodik zur Schätzung des elektrischen Winkels aus den Hallsensorwerten basiert auf Abb. 3.23. In Rot sind die drei Motorphasen dargestellt, in Grün die Elementarvektoren. Zur Vereinfachung sind die elektrischen Sektoren exakt über den Elementarvektoren angenommen. Die Grenzen dieser Sektoren stellen die sogenannten *Base_Angle* dar. Der Hallsensorwert ist zusätzlich als Binärwert nach der Gleichung (3.15) angegeben. Der Einfachheit halber wird angenommen, dass die Hallsensoren ideal über den Motorphasen liegen und der Hallsektor erst ab einer Abweichung von 30° zum nächsten Sektorwert umschaltet. Eine weitere Annahme ist, dass der Winkel φ_{el} bei Phase A, beziehungsweise *Base_Angles* = 0 beginnt und gegen den Uhrzeigersinn positiv zählt. Dies entspricht einen *Reverse_Com* Wert von 1. Bei *Reverse_Com* von 0 soll der Rotor im Uhrzeigersinn drehen. Äquivalent hierzu startet der Winkel beim *Base_Angles* = 0.

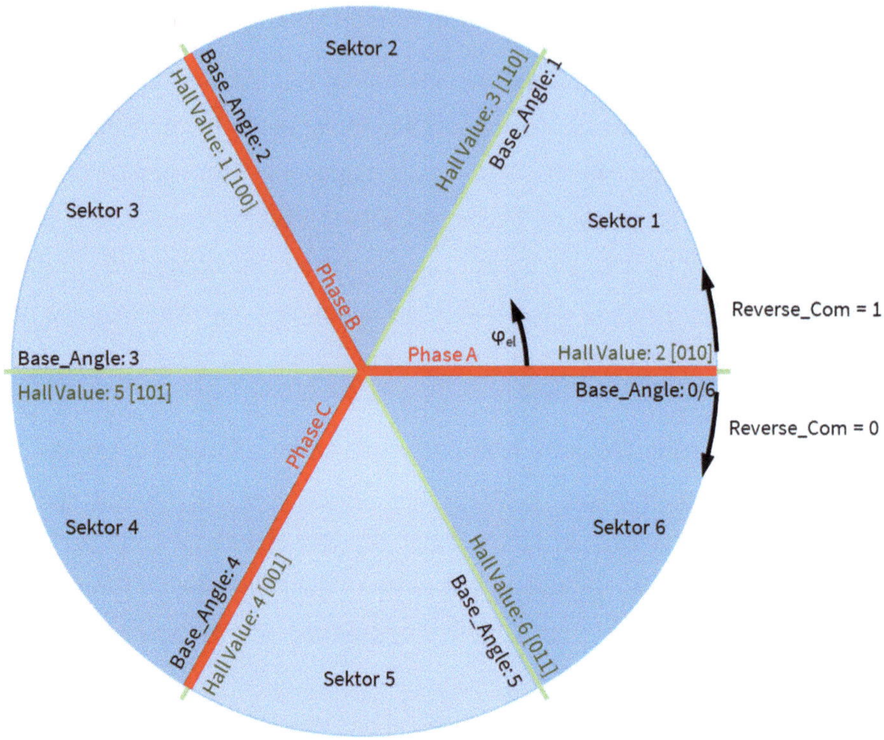

Abb. 3.23: Zuordnung der Hallsensorwerte zum elektrischen Winkel

Nach diesen Zuordnungen kann die Position des Rotors durch die erhaltenen Hallsektorwerte zunächst nur auf 60° genau bestimmt werden, was z.B. für den Einsatz einer Block- bzw. Trapezkommutierung ausreichend ist. Da dies für die Anwendung der SVPWM nicht ausreicht, ist bei rotierendem Läufer die Zeit die der Motor zum Durchschreiten eines Sektors benötigt, zu messen. Unter Zunahme der Gleichung (3.31) berechnet sich hieraus eine Drehgeschwindigkeit. Unter der Annahme einer konstanten Drehgeschwindigkeit wird die Rotorposition für den nächsten Sektor extrapoliert. Die Differenz Δt entspricht dabei der Zeit für das einmalige Durchschreiten eines Sektors und t_s der der Abtastrate bzw. der periodischen Ausführungszeit des Funktionsblockes. $\varphi_{el_{meas}}$ stellt den letzten mit Hallsensoren gemessenen Wert der Rotorposition dar.

$$\Omega_{el} = \frac{60°}{\Delta t} \tag{3.31}$$

$$\varphi_{el_{extrap}} = \varphi_{el_{meas}} + \Omega_{el} \cdot t_s \tag{3.32}$$

Diese einfachste Art der Rotorpositionsbestimmung hat dabei folgende Nachteile. Bei dynamischen Vorgängen mit einer hohen Änderungsrate weist diese Methode große Unstetigkeiten in der Schätzung der Rotorgeschwindigkeit und somit auch der Rotorposition auf. Diese Unstetigkeiten führen durch entsprechende Rückkopplung des Signals für die Modulationsfunktion auch größere Unstetigkeiten im Tastverhältnis, was wiederrum Einfluss auf die Positions- und Geschwindigkeitsschätzung und der Strommesswerte hat. Abhängig des Einsatzes kann diese Methode auch für nicht konstante Winkelgeschwindigkeiten hinreichend gültig sein.

Für die Berechnung des ersten Rotationsgeschwindigkeitswertes muss zudem die Funktion zunächst zwei Sektoren durchlaufen. In der ersten Sektorumschaltung startet die Messung und nach der zweiten Sektorumschaltung erfolgt die Berechnung des ersten Wertes. Dieses führt vor allem zu Beginn und aus dem Stand heraus zu stärkeren Abweichungen der geschätzten Rotorposition zur realen Rotorposition. Die Hallsignalflanken nutzen als Synchronisationspunkte um ein Abdriften der Interpolation zu vermeiden. Befindet sich auf Grund einer Beschleunigung die Extrapolation des Rotorwinkels hinter der tatsächlichen Rotorposition und ein neuer Sektor wird erreicht, so wird die aktuell geschätzte Position sofort auf entsprechenden Position gesetzt. Erreicht umgekehrt der geschätzte Rotorwinkel einen *Base_Angle* vor Erreichen eines neuen Hallsektors, so hält dieser den Rotorwinkel bis der neue Hallsektor eingetroffen ist. Dieser Sachzusammenhang ist in Abb. 3.24 dargestellt.

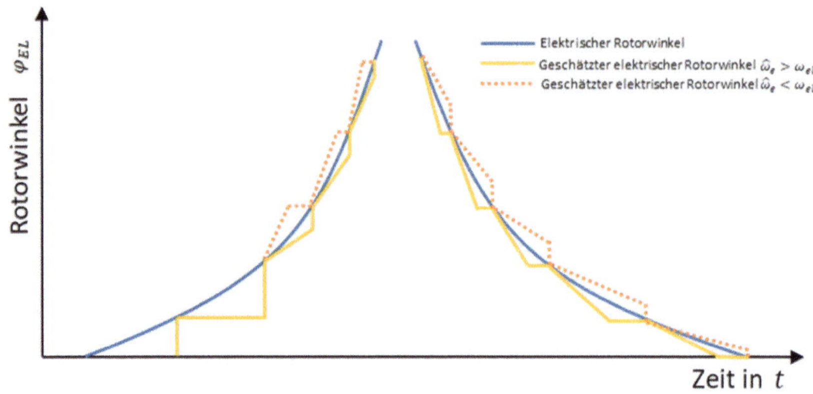

Abb. 3.24: Schematische Darstellung der Hallsensorinterpolation

Hier sind der elektrische Rotorwinkel und der geschätzte Rotorwinkel bei einer positiven und negativen Beschleunigungsphase zu sehen. Bei beiden ist zusätzlich der Fall dargestellt, dass sich die gemessene Rotorgeschwindigkeit im nächsten Sektor erhöht und verringert.

Durch erweiterte Verfahren, die neben der Geschwindigkeit die Beschleunigung des Rotors mit in die Extrapolation einbeziehen, ergibt sich eine genauere Positionsbestimmung bei sich ändernden Winkelgeschwindigkeit. Nachteilig ist der zusätzliche Berechnungsanteil. Eine bessere Bestimmung der Position ist wie bereits erwähnt ebenfalls durch einen Resolver oder Drehgeber zu erreichen. Weitere Möglichkeit bieten modellbasierte oder sliding-mode-basierte Beobachter, die die Motorspannung und den Motorstrom zur Rotorpositionsbestimmung nutzten.

Die Abb. 3.25 zeigt das Subsystem, welches eine entsprechende Funktionalität enthält und im Folgenden als Beispielimplementierung umgesetzt ist. Eingangssignal der Funktion ist das Hallsektorsignal aus dem Hallsensormodell und als Ausgabe wird die elektrische Rotorposition und Rotordrehzahl bestimmt.

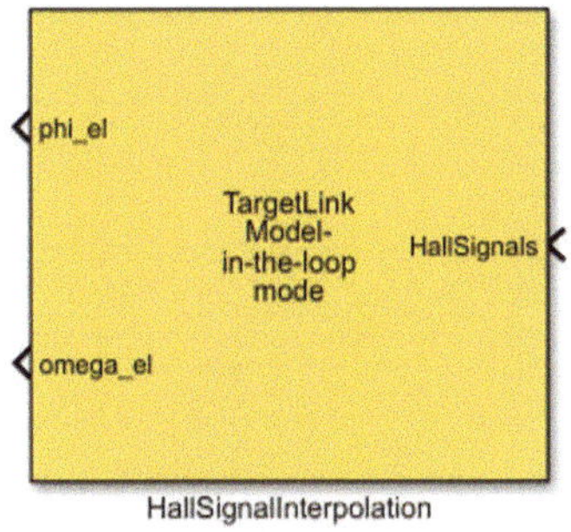

Abb. 3.25: Modell der Hallsignalinterpolation

Die Abb. 3.26 zeigt die Implementierung der Funktion zur Interpolation der Hallsignale (IHS). Diese besteht aus drei Submodellen. Das Submodell *estimate electric rotorposition* enthält einen Zustandsautomaten, welcher mit Hilfe der Stateflow-Toolbox von Simulink realisiert und in Abb. 3.27 dargestellt ist.

Die Aufgabe des Zustandsautomaten, ist es, die Verweildauer in einem Sektor zu erfassen. Zu Beginn befindet sich der Zustandsautomat im Initialisierungszustand, in dem mehrere Variablen definiert und initialisiert werden. Unter Anderem wird hier der Sektor bestimmt, in dem sich der Motor aktuell in der Ruhelage befindet. Erreicht der Motor nach einem Start den ersten neuen Sektor, so findet ein Zustandsübergang in eine der sechs äußeren Zustände statt. In diesem Zustand wird bei jeder Ausführung des Zustandsautomaten und bei unveränderten Hallsensorwert ein Inkrement hochgezählt. Der Zeitwert dieses Inkrements hängt hierbei von der Ausführungsrate des Subsystems und somit des Zustandsautomaten ab. Wird ein Wechsel des Hallsensorwert detektiert, findet ein Zustandsübergang in den entsprechenden Nachbarzustand statt.

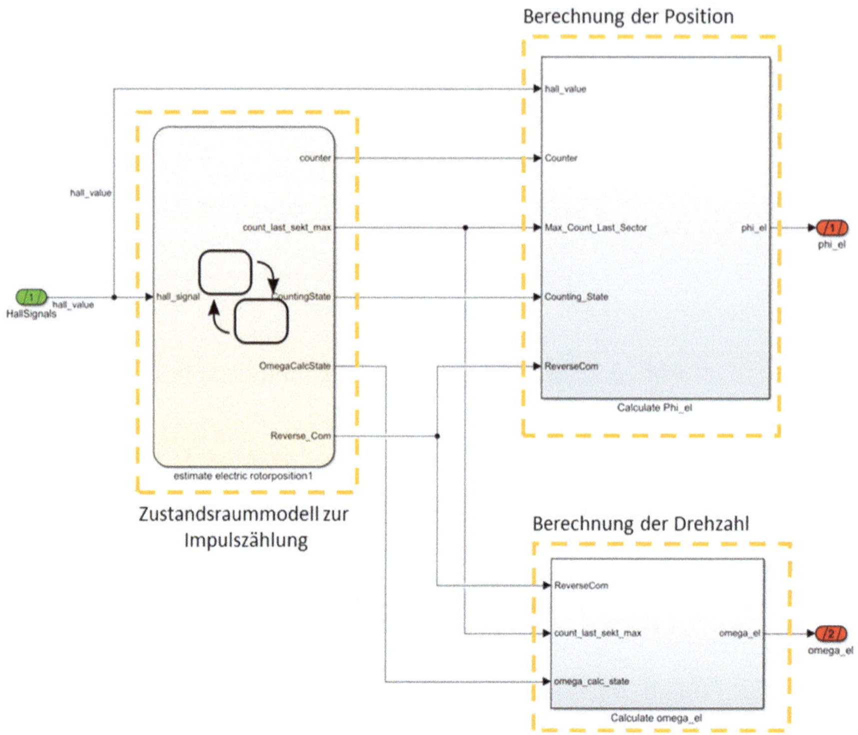

Abb. 3.26: Submodelle der IHS-Funktion

Bei dieser Zustandstransition werden einige Parameter an die Berechnungsmodelle für die Positions- und Geschwindigkeitsbestimmung übergeben. Zu diesen Parametern zählt z.B. der Wert des Inkrements. Zusätzlich wird bevor das Inkrement für den nächsten Zustand auf null gesetzt wird, der Wert des Inkrements auf eine weitere Variable mit der Bezeichnung *count_last_sekt_max* übergeben. Je nach dem welcher Nachbarzustand erreicht wird, wird zusätzlich die Motorrichtung detektiert, die für die Rotorpositionsbestimmung genutzt wird. Alternativ kann dieses Signal aus dem Modulationssubsystem übernommen werden. Der Übergang zurück in den mittig liegenden *Reset_State* erfolgt, indem nach vorgegebener Zeit keine Sektorüberschreitung eingetroffen ist.

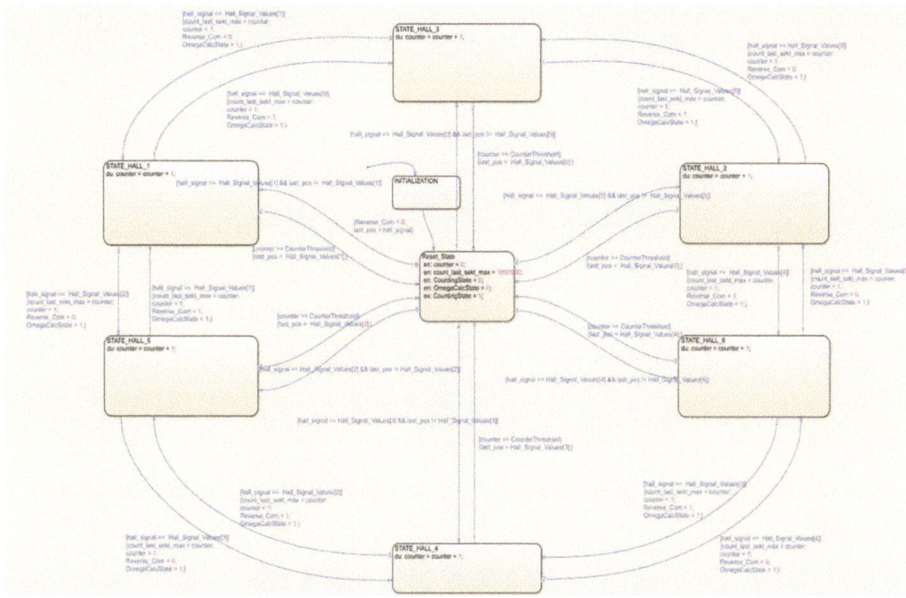

Abb. 3.27: Zustandsraummodell zur Impulszählung

Die entsprechend weitergeleitete Parameter bzw. Signale gehen an die beiden Submodelle, die hieraus jeweils die Rotorposition und die Rotorgeschwindigkeit berechnen. Das Submodell zur Berechnung der Rotorposition ist in der Abb. 3.28 dargestellt. Die Datenverarbeitung lässt sich hier in vier Bereiche unterteilen. Als erstes wird unter Zunahme des Inkrementwertes (*Counter*) des aktuellen Sektors und des Inkrementwertes des vorherigen Sektors (Count_last_sekt_max) durch Division ins Verhältnis gesetzt. Dieser Wert entspricht der Änderungsrate wird in Abhängigkeit der Drehrichtung dem Basiswinkel addiert bzw. in die jeweils andere Drehrichtung subtrahiert. Umgesetzt werden hierbei beide Drehrichtungen. Über die Richtungsfreigabe wird entsprechendes Signal weitergeleitet. Die Auswahl des Basiswinkels erfolgt über eine Lookup-Tabelle. Im letzten Bereich wird das übergebene Signal in den Wertebereich der Rotorposition umgerechnet. Befinden sich die Hallsensoren nicht exakt über den drei Phasen, sondern weisen einen

Offset auf, so kann dieses hier zusätzlich, wie bereits im Hallsensormodell berücksichtig werden. Hierdurch wird der exakte Abgleich zwischen realem und dem modellierten System bewahrt.

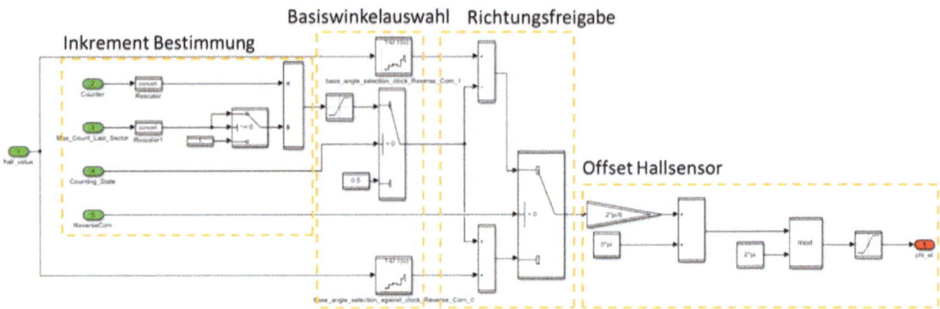

Abb. 3.28: Submodell *„Calculate phi_el"* zur Bestimmung der Rotorposition

Die nachstehende Abb. 3.29 zeigt das Simulationsergebnis der Rotorschätzung während der Anfahrphase. Es ist der Verlauf zu erkennen, den die Abb. 3.24 schematisch aufzeigt. Da beim Anfahren die exakte Lage des Rotorwinkels nicht bekannt ist, liegt der aktuelle geschätzte Rotorwinkel zunächst in der Mitte des jeweiligen Startsektors. Wird der erste Sektorübergang erreicht, wird der aktuelle Rotorwinkel auf den neuen Basiswinkel gesetzt. Von hier an nähert sich der geschätzte Rotorwinkel dem tatsächlichen Rotorwinkel und weist speziell bei konstanter Drehzahl einen geringen Fehler auf. Die Sprünge im Verlauf des Schätzfehlers sind auf die Darstellung des Wertebereis einer Umdrehung zurückzuführen. Erreicht der reale Rotorwinkel einen Rechenschritt vor dem geschätzten Winkel eine neue Umdrehung so weist der Schätzfehler kurzzeitig einen Wert von ca. einer Umdrehung auf.

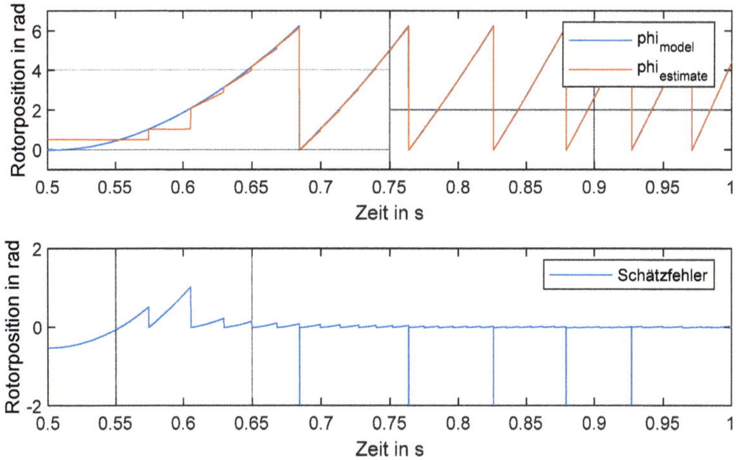

Abb. 3.29: Darstellung der idealen und geschätzten Rotorposition

Es ist zu ergänzen, dass die zufriedenstellenden Ergebnisse auf idealen Bedingungen wie z.B. geringe Drehmomentwelligkeit und geringer Rotordynamik zurückzuführen sind.

Im nächsten Abschnitt soll auf die Berechnung der Rotorgeschwindigkeit eingegangen werden. Die Abb. 3.30 zeigt das Submodell zur Berechnung der elektrischen Motordrehzahl. Als Eingangsgrößen dient hier der Zählerwert des vorherigen Sektors, sowie das Steuersignal zur Richtungsvorgabe und der Freigabe der Drehzahlbestimmung. Das Submodell lässt sich in drei Bereiche aufteilen. Im ersten Bereich wird die Drehzahl bestimmt.

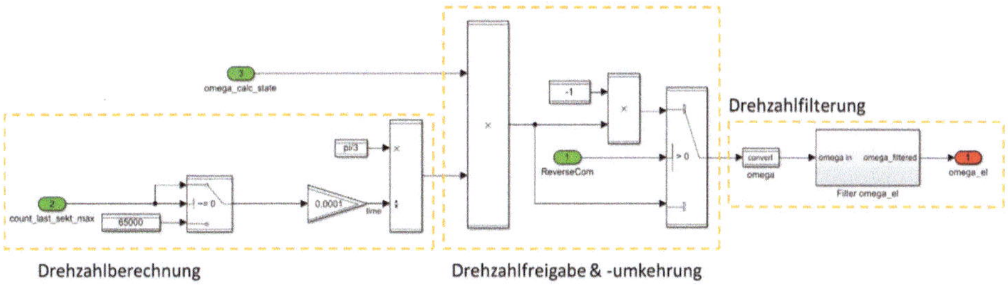

Abb. 3.30: Submodell „*Calculate omega_el*" zur Drehzahlbestimmung

Dieses erfolgt direkt in Rad pro Sekunde und wird bestimmt durch die Division von π/3 durch den Zählerwert des vorherigen Sektors. Letzterer wird durch die Multiplikation mit der Ausführungszeit in Sekunden bestimmt. Durch den mittleren Bereich wird durch eine Switch-Anweisung die Berechnung in abhängig der bestimmten Drehrichtung freigegeben. Dabei wird dem Drehzahlsignal ein negatives bzw. ein positives Vorzeichen verpasst. Abhängig vom Verlauf des Ausgangssignals kann dieses durch den Einsatz eines geeigneten Filters geglättet werden, falls durch Welligkeit im Drehmoment und weiteren späteren Realisierungseffekten ein verrauschtes Signal auftritt.

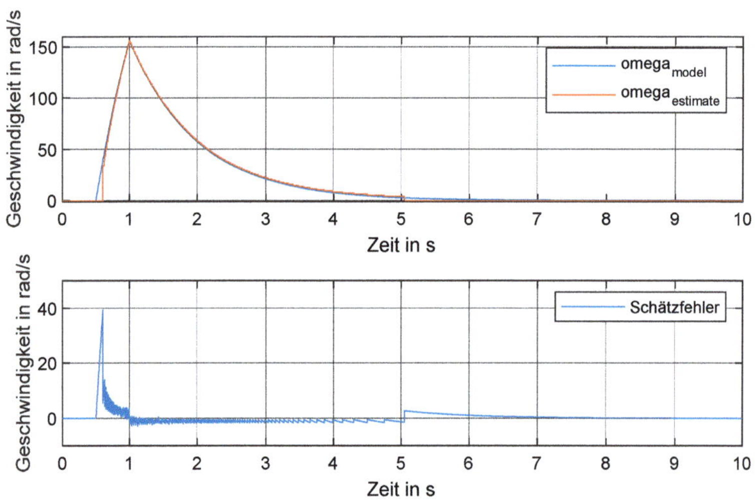

Abb. 3.31: Ideale und interpolierte elektrische Rotorgeschwindigkeit

Der Vollständigkeit halber zeigt die Abb. 3.31 den Verlauf der Drehgeschwindigkeitsschätzung im Vergleich zum simulierten Verlauf aus dem Motormodell. Durch die nachträgliche Berechnung der Drehzahl weist die geschätzte Drehzahl gegenüber der simulierten eine gewisse Verzögerung auf, was darauf zurückzuführen ist, dass die Drehzahl erst aus einem bereits durchlaufenden Sektor berechnet wird. Dieser Einfluss zeigt sich insbesondere in dem Nachführen der geschätzten Rotorgeschwindigkeit gegenüber dem des

Models. Äquivalent zur Rotorposition weist vor allem das Anfahrverhalten einen größeren Schätzfehler auf. Es ist zu erwähnen, dass es sich um die elektrische Rotorgeschwindigkeit handelt.

3.6 Realisierung der digitalen Regelung

Für eine spätere Implementierung der Regelung auf einem Mikrocontroller muss stets ein diskretes System vorliegen. Durch die Überführung von Zeitfunktionen zu Zahlenfolgen wird das kontinuierliche System zu einem diskreten System überführt. Die Überführung erfolgt im nächsten Abschnitt unter Zunahme eines geeigneten Diskretisierungsverfahrens. Auf Grund der Gegebenheiten der Festkommaarithmetik des auf dem eingesetzten Evaluationboards befindlichen Prozessors kann in weiteren Schritten der Einfluss der Wertdiskretisierung unter Einsatz geeigneter Simulationsmodi untersucht werden. Hierunter fällt die Überführung in die Software-in-the-Loop und der Prozessor-in-the-Loop Simulationsumgebung. Dies wird in dieser Arbeit nicht näher betrachtet.
In den anschließenden Kapitel werden die entworfenen Stromregler aus Abschnitt 2.5 diskretisiert und mit den zeitkontinuierlichen Reglern verglichen werden. Des Weiteren werden weitere Realisierungseffekte modelliert. Hierunter fällt die Integration des Anti-Windup-Mechanismus, auf den im Folgenden näher eingegangen wird.

3.6.1 Zeitdiskrete Umsetzung der entworfenen Stromregelung

Die für die Diskretisierung des Reglers notwendigen Schritte werden im Folgenden zusammengefasst und werden unter anderem in [27] genauer beschrieben. Es wird das Verfahren der bilinearen Transformation verwendet, welches sich durch die Annahme von rampenförmiger Anregungen des Reglers gut für die Diskretisierung eignet. Als Ausgangspunkt für die Diskretisierung wird die Gleichung (2.102) für die kontinuierlichen d- und q- Stromregler in paralleler Struktur aufgegriffen.

$$G_{cid}(s) = K_{Pi_d} + \frac{K_{Ii_d}}{s} \tag{3.33}$$

$$G_{ciq}(s) = K_{Pi_q} + \frac{K_{Ii_q}}{s} \tag{3.34}$$

Die Herleitung der Gleichung des diskreten Reglers erfolgt auf Grund derselben Struktur beider Regler beispielhaft für den d-Stromregler. Bei der bilinearen Transformation ergibt sich durch Substitution folgender Gleichung das diskrete System.

$$s = \frac{2 \cdot (z-1)}{T_{ab}(z+1)} \tag{3.35}$$

Durch geeignete Umformung lässt sich der diskrete Stromregler ebenfalls in paralleler Struktur überführen.

$$\begin{aligned} G_{cid}(z) &= K_{Pi_d} + \frac{K_{Ii_d}}{\frac{2 \cdot (z-1)}{T_{ab}(z+1)}} \\ &= K_{Pi_d} + \frac{K_{Ii_d} \cdot T_{ab} \cdot (z+1)}{2 \cdot (z-1)} \\ &= K_{Pi_d} + \frac{K_{Ii_d} \cdot T_{ab} \cdot (2+z-1)}{2 \cdot (z-1)} \\ &= K_{Pi_d} + \frac{1}{2} \cdot K_{Ii_d} \cdot T_{ab} + \frac{K_{Ii_d} \cdot T_{ab}}{(z-1)} \end{aligned} \tag{3.36}$$

Dabei bilden die ersten beiden Summanden den Proportionalanteil und der dritte Summand den integralen Anteil des diskreten Reglers. Es ist zu erkennen das sich der diskrete proportionale Anteil aus dem integralen und proportionalen Faktor des kontinuierlichen Reglers zusammensetzt, wobei der integrale Faktor mit der halben Abtastrate gewichtet wird. Der diskrete integrale Anteil hängt hierbei nur von der gewählten Abtastrate sowie dem Integratorfaktor des kontinuierlichen Reglers ab. Der Vorteil dieser Herangehensweise ist, dass in den Verstärkungsfaktoren die Reglerparameter des kontinuierlichen Reglers bzw. die Parameter des Motors enthalten sind, weshalb bei Änderungen der Motorparameter z.B. durch den Einsatz eines anderen Motors oder durch konstruktive Änderungen, eine einfache Aktualisierung der Reglerparameter durchgeführt werden kann. Analog zur Umformung in (3.36) ergibt sich für den q-Stromregler die Gleichung

$$G_{Ciq}(z) = K_{Pi_q} + \frac{1}{2} \cdot K_{Ii_q} T_{ab} + \frac{K_{Ii_q} T_{ab}}{(z-1)}. \tag{3.37}$$

Da die Kopplungsaufschaltung aus den beiden Gleichungen (2.92) und (2.96) lediglich proportionale Anteile besitzt, kann diese einfach übernommen werden. Die Größen verändern sich dabei also nicht und sie kann weiterhin als einfache Summe dargestellt werden.

Mit den zuvor berechneten Gleichungen kann der diskrete Regler in Simulink umgesetzt werden. Dargestellt in der Abb. 3.32. Die AD-Schnittstellen sind hier zunächst vereinfacht als Halteglieder nullter Ordnung umgesetzt.

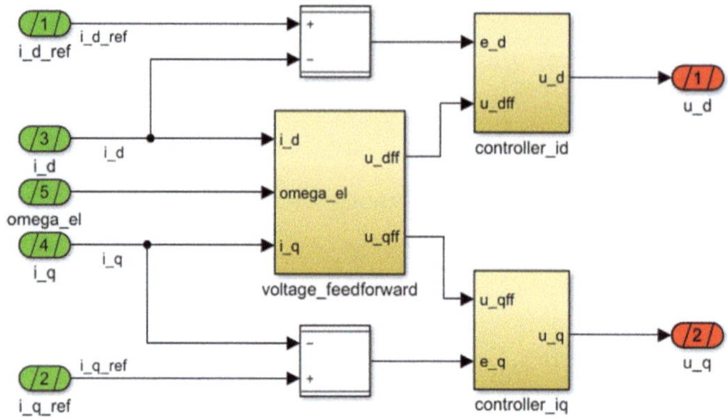

Abb. 3.32: Gesamte diskrete Reglerstruktur

Da der Regler diskret vorliegt können die DA-Wandler am Eingang des PMSM-Modells entfallen. In Abb. 3.33 sind die Inhalte der Subsysteme der diskreten Regler *i_d Regler* und *i_q Regler* aus Abb. 3.32 abgebildet.

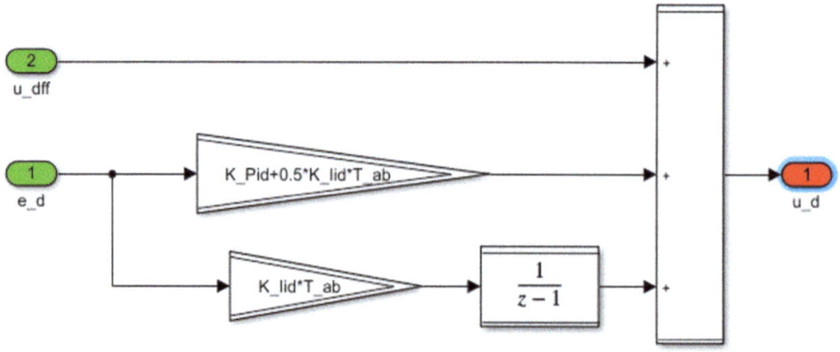

Abb. 3.33: Diskreter d-Stromregler in paralleler Struktur

Analog zum kontinuierlichen System sind beide Regler in paralleler Struktur umgesetzt. Der diskrete und der zeitkontinuierliche Regler unterscheiden sich lediglich in der Zusammensetzung der Reglerparameter und anstelle des kontinuierlichen Integrators befindet sich hier eine diskrete Übertragungsfunktion mit der Korrespondenz

$$\frac{1}{s} \circ\!\!-\!\!\bullet \frac{1}{z-1} \tag{3.38}$$

Die Antwort des Systems auf Führungssprünge und der Verlauf der entsprechenden Stellgrößen ist in Abb. 3.34 dargestellt. Zu erkennen ist hierbei, dass die Dynamik des diskreten Systems in Abhängigkeit der gewählten Abtastrate eine gute Übereinstimmung mit dem des kontinuierlichen Systems liefert.

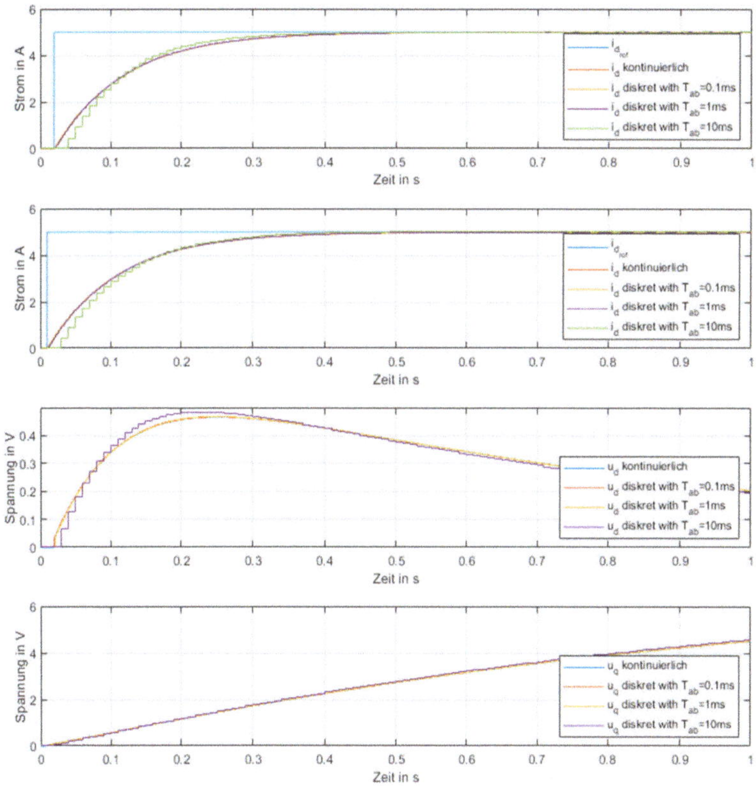

Abb. 3.34: Vergleich der Führungssprungantwort und des Stellgrößenverlaufs des kontinuierlichen und diskreten Systems bei unterschiedlichen Abtastrate T_{ab}

Abhängig von der gewählten Abtastrate T_{ab}, weisen die diskreten Signale einen mehr oder weniger starken treppenförmigen Verlauf auf. Das sehr dynamische Motormodell schwingt dann in jeder Abtastperiode mit seinem üblichen Verhalten ein. Insgesamt führt die Stellgrößenvorgabe an dieser Stelle dazu, dass das Motormodell nach jedem T_{ab} einen Sprung als Eingang bekommt. Dieses Verhalten sollte im besten Fall verhindert werden. Hierbei gilt es stets den Kompromiss zwischen Rechenleistung und Genauigkeit zu identifizieren. Aus diesem Anlass kann bereits in dieser Simulationsumgebung die Auswirkung der Diskretisierung auf das System untersucht werden.

3.6.2 Stellgrößenbegrenzung und Anti-Windup-Mechanismus

Um das System vor Beschädigung durch zu große Stellgrößen zu schützen, müssen diese begrenzt werden. Die Begrenzung der Stellgrößen erfolgt über sogenannte Begrenzungsblöcke. Durch den Einsatz von Stellgrößenbegrenzungen wird eine weitere Komponente innerhalb des geregelten Systems benötigt. Es handelt sich um einen Anti-Windup-Mechanismus. Der „Windup"-Effekt beschreibt die Steigerung des Ausgangswertes des Integrators bei Ansprechen von Stellgrößenbegrenzungen. Erreichen die Stellgrößen ihre Grenzwerte, so wirkt nicht mehr die durch den Regler ermittelte Stellgröße auf die Strecke, sondern der Stellgrößengrenzwert. Damit wird die Regelgröße weniger stark bzw. verzögert beeinflusst und der Regelfehler wird langsamer abgebaut als bei einer unbegrenzten Stellgröße. Der I-Anteil des Reglers integriert diese langanhaltende Regeldifferenz und der Ausgangswert des Regler-Integrators steigt an. [38]

Dieses Hochlaufen des Integrators und damit der Stellgröße nennt man im Englischen "Windup". Ändert der Regelfehler nun sein Vorzeichen, benötigt es entsprechend viel Zeit, um die hohe Stellgröße durch Rückintegration wieder abzubauen. Durch diese Rückintegration ergibt sich ein Überschwinger im Verlauf der Regelgröße. Die Ablösung der Stellgröße von der Begrenzung und somit der

Eingriff der Regelung in das Systemverhalten verzögern sich. Dies kann sich in Schwingungen mit relativ großen Amplituden niederschlagen und das System sogar instabil machen. [38]
Zur Vermeidung des „Windup"-Effekts können verschiedenartige Mechanismen eingesetzt werden. Im Falle dieser Arbeit wird der Effekt durch Abschaltung des Integrators bei Erreichen der Stellgrößenbegrenzung umgangen. [38]

Dazu werden aus der vorherigen Beschreibung des Effekts zwei Bedingungen abgeleitet, bei denen der Integrator aktiv sein soll:

1. Der Integrator soll aktiv sein, wenn der Betrag der Stellgröße am Reglerausgang kleiner als der Betrag des Grenzwertes ist.
   → Betrag Stellgröße < Betrag Grenzwert
2. Der Integrator soll aktiv sein, wenn die Vorzeichen von Regelfehler und der Größe am Reglerausgang verschieden sind und somit ein vorhandenes Ausgangssignal des Integrators durch Rückintegration abgebaut werden kann.
   → Regeldifferenz · Regler-Stellgröße < 0

Diese Bedingungen werden über das Blockschaltbild mit logischen Elementen implementiert. Die Implementierung des Mechanismus findet sich im nächsten Abschnitt. Die Abb. 3.35 zeigt das Subsystem des Stromreglers, dessen Ausgang mit einem Begrenzungsblock ausgestattet ist. Parametriert wird dieser Block mit der Eingabe einer Ober- und Untergrenze, in Form des Betrags der maximalen Stellgröße.

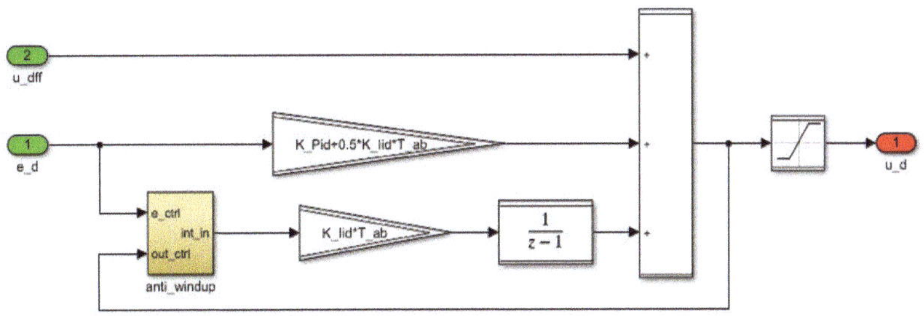

Abb. 3.35: Diskreter Regler mit Begrenzung und Anti-Windup-Mechanismus

Die Abb. 3.36 zeigt die Implementierung des Anti-Windup Mechanismus, der die erwähnten Bedingungen umsetzt. Sind beide Bedingungen aktiv, wird über den OR-Operator und anschließende Multiplikation mit dem Regelfehler dieser an den integralen Zweig des Reglers weitergegeben.

Es ist anzumerken, dass auch hier das Vorgehen bei d- und q-Regler identisch ist. Die Ergebnisse der Simulation aus Abb. 3.34 können nun weitergehend interpretiert werden. Das Drehmoment folgt dem kontinuierlichen System zunächst sehr gut.

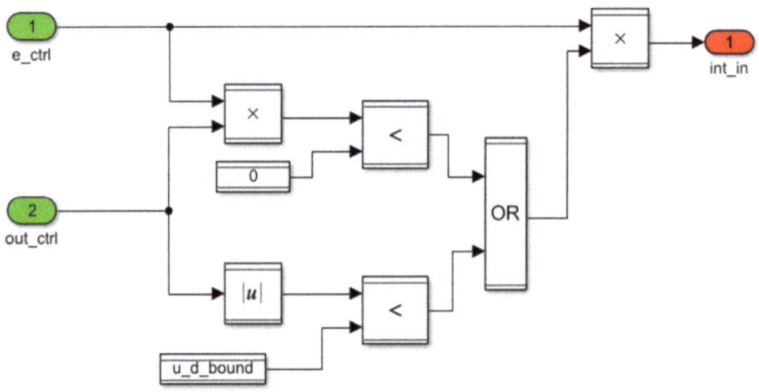

Abb. 3.36: Anti-Windup-Mechanismus

Nach ungefähr 0,55 Sekunden gelangt der Regler in seine Stellgrößenbegrenzung, was einen Einbruch im Verlauf des drehmomentbildenden Stroms i_q verursacht. Die beschriebenen Verläufe sind der Abb. 3.37 zu entnehmen.

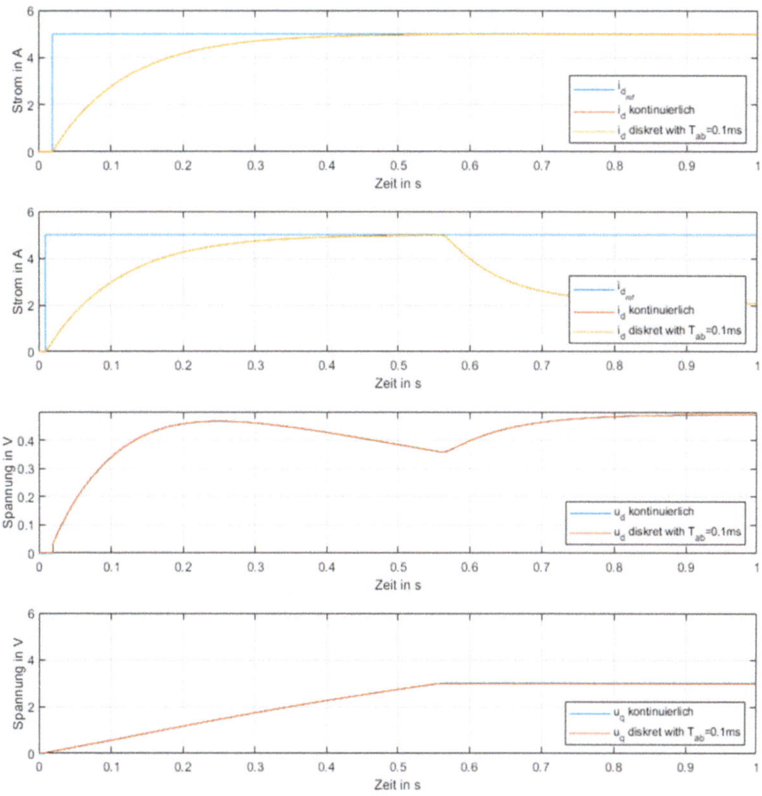

Abb. 3.37: Vergleich der Ströme und der Stellgrößen beim Erreichen der Stellgrößenbegrenzung

Beim diskreten Regler ohne Begrenzung steigt die Stellgröße u_q immer weiter an. Beim Regelkreis mit Begrenzung steigt sie bis zum Begrenzungswert an und hält dieses Wert. Die Stellgröße u_d erreicht ihre Begrenzung nicht, zeigt aber durch die Reaktionen in u_q ebenfalls einen veränderten Verlauf.

3.6.3 Integration von Multitasking über einen Scheduler

Auf einem Mikrocontroller, DSP oder einem FPGA werden die entwickelten Funktionen auf eine bestimmte Art zeitlich getaktet werden. Dabei werden in der Regel nicht alle Funktionen mit gleicher Frequenz ausgeführt. Dieses hat unterschiedliche Gründe wie die Priorisierung der einzelnen Funktionen. Des Weiteren führt die Ausführungsrate in Abhängigkeit der Funktion und dessen Implementierung zu unterschiedlichen Ergebnissen. Die Wahl dieser Ausführungsrate hängt dabei von äußeren Gegebenheiten ab, wie z.B. der vorhandenen Leistung des Mikroprozessors. Um diese Einflüsse zu untersuchen und bereits in der Simulation zu berücksichtigen, wird ein sogenannter Task-Scheduler implementiert, dessen Aufgabe darin liegt, die Triggersignale für die einzelnen Funktionen zu generieren. Auf diese Weise werden auch die Funktionen automatisch zeitdiskret ausgeführt. Der linke Teil der Abb. 3.38 zeigt das Subsystem des Schedulers und der rechte Teil der Abbildung zeigt dessen Inhalt.

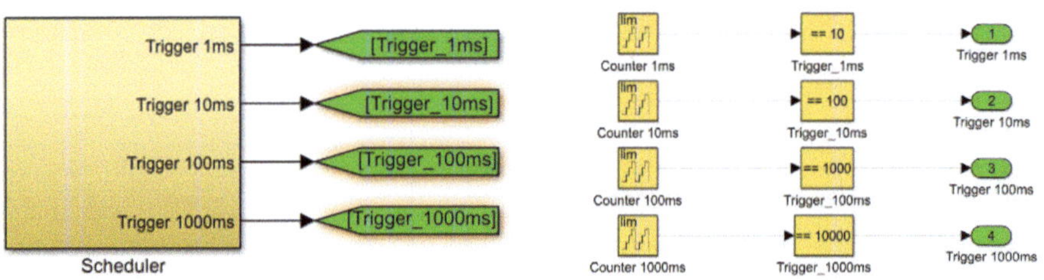

Abb. 3.38: Scheduler-Subsystem (links) und Subsysteminhalt (rechts)

Um die zeitdiskrete Berechnung des Controllers nun zu simulieren, wird in Simulink für folgendes Beispiel ein Solver mit fester Schrittweite von T_{ab} = 0,1 Millisekunden gewählt. Dies entspricht der kleinsten Timerperiode, die in diesem Beispiel auf dem Evaluation Board umgesetzt wird. Über den Scheduler können dann nach verschiedenen Zeitperioden Trigger gesetzt werden. Diese lösen die Berechnung eines bestimmten Teilsystems in bestimmten zeitlichen Abständen aus. Der Eingangstrigger an einem Subsystem ist in Abb. 3.39 exemplarisch für ein Subsystem dargestellt.

Die Counterfunktionen zählen bei jedem Simulationsberechnungsschritt, für dieses konkrete Beispiel immer nach einer Zeitperiode von T_{ab} = 0,1 Millisekunden hoch. Als Beispiel für den Trigger für eine Millisekunde werden also zehn Counterschritte benötigt. Der Vergleichsoperator gibt dann für diesen einen Schritt eine logische Eins aus, wodurch die Subsysteme, die mit diesem Trigger ausgestattet sind, ihre Berechnung durchführen. Im nächsten Schritt beginnt der Counter-Block wieder bei null an zu zählen und der Vergleichsoperator ist wieder bei einer logischen null. Der ausgegebene Trigger kann dann für die anderen Subsysteme mit gleicher Ausführungsperiode ebenfalls genutzt werden.

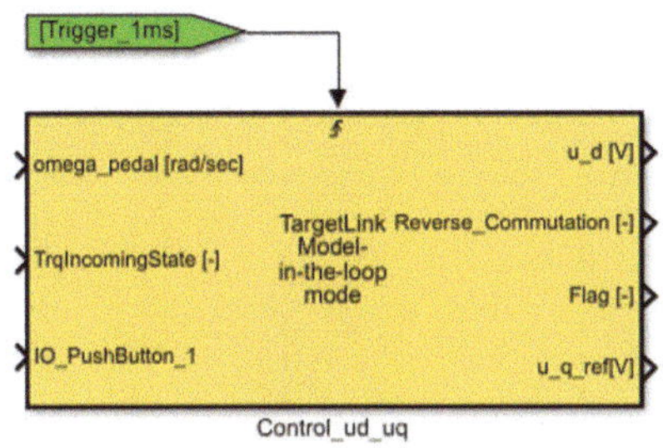

Abb. 3.39: Triggerauslösung an einem Subsystem

3.6.4 Stromsensorerfassung

In diesem kurzen Abschnitt soll kurz auf die Stromsensorerfassung eingegangen werden, die bei der Erfassung der Stromwerte auf dem eingebetteten System zu berücksichtigen sind. Der Abtastzeitpunkt der Ströme spielt hier eine entscheidende Rolle, da die Ansteuerung der Inverterhalbbrücken über eine PWM-Signal realisiert wird. Durch das An- und Ausschalten der Spannungen bewegen sich die Ströme um den gewünschten Mittelwert herum. Dieses Phänomen wird idealisiert in Abb. 3.40 gezeigt. Grundlage ist die Annahme, dass der Sollstrom während einer PWM Periode T_{PWM} nahezu konstant ist. Die Spannung u_{ist} schaltet je nach eingestelltem Tastverhältnis, sodass sich der gewünschte Stromverlauf i_{soll} einstellen soll. Der wirkliche Strom i_{ist} schwankt jedoch um den Sollstrom. Für die PWM wird unter anderem aus diesem Grund ein hoch und runter zählender Counter gewählt. Die Umschaltzeitpunkte des PWM Counters fallen dann mit den Schnittpunkten von i_{soll} und i_{ist} zusammen und werden als Abtastzeitpunkte t_{ab} definiert. [30]

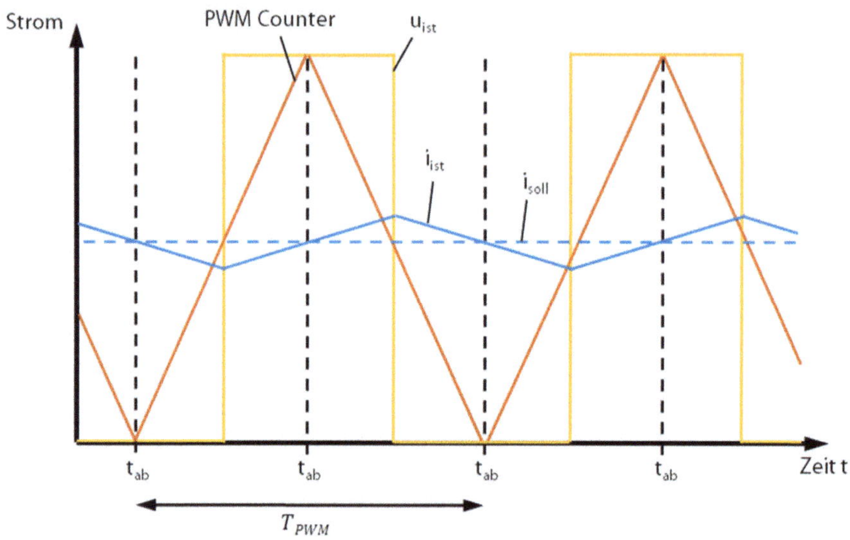

Abb. 3.40: Triggerauslösung an einem Subsystem

3.6.5 Vergleichssimulation

Bevor mit der nächsten Integrationsstufe begonnen wird, soll abschließend das geregelte System aus Abschnitt 2.6 mit dem in diesem Kapitel vorgestellten erweiterten Modelle verglichen werden. Dabei werden beide Systeme im dreiphasigen statorfesten Koordinatensystem verglichen. Durch den Vergleich werden erste Realisierungseffekte sichtbar, die sich in erster Linie durch den diskreten Regler, die diskrete Bestimmung der Tastverhältnisse oder durch die interpolatorische Schätzung der Rotorposition und –geschwindigkeit auftreten. Die nachstehende Abb. 3.41 zeigt zusammengefasst schematisch den Aufbau beider Modellumgebungen im Vergleich auf. Wie bereits erläutert, stellen graue

Systeme mathematische Beschreibungen von Hardwarekomponenten und gelbe Systeme Softwarefunktionen auf. Die Anregungsfunktion, die in erster Instanz zum Testen der Modellumgebungen implementiert ist, ist sowohl für die Simulation als auch für die Implementierung auf ein Steuergerät nutzbar. Durch entsprechende Darstellung werden neben den Softwarefunktionen auch die Schnittstellen zu den Hardwaremodellen auf Anhieb sichtbar. Des Weiteren zeigt die Abbildung schematisch die Möglichkeit weiterer hardwarenaher Testmöglichkeiten auf, die durch das Vorliegen der Modellumgebung aus Kapitel 3 vorhanden ist. Hierfür kann unter Zunahme von Codegeneratoren zum einen die Softwarefunktionen auf ein eingebettetes System überführt werden. Dabei sind die Funktionen generell zunächst plattformunabhängig.

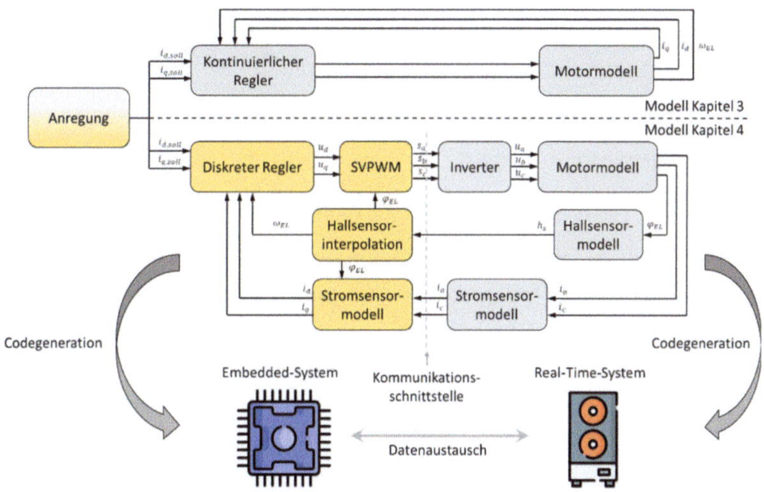

Abb. 3.41: Schematische Darstellung der beiden Modellumgebungen

Zum anderen können die Hardwarefunktionen bzw. –modelle auf geeignete Echtzeitrechner ebenfalls mittels Codegeneratoren überführt werden. Für anschließende HIL-Tests (HIL – Hardware-in-the-Loop) gilt es für beide Umgebungen entsprechenden Kommunikationsschnittstellen durch Treiberanbindung zu integrieren. In diesem konkreten Fall sendet das

eingebettete System die Tastverhältnisse, die über die Softwarefunktion SVPWM auf dem System berechnet wurden, an das auf dem Echtzeitsystem implementierte Motormodell inklusiver entsprechender Schnittstelle. Dieses wiederum überträgt sein Hallsensorsignal und zwei Phasenströme. In diesem Stadium müssen die auf dem eingebetteten System implementierten Funktionen aus der Codegenerierung durch unterschiedlich priorisierte ISR sogenannte Interrupt Service-Routinen ausgeführt werden. Wird das Motormodell, das sich auf dem Echtzeitsystem befindet, durch ein reales System getauscht, müssen weitere notwendige Peripherie des eingebetteten Systems konfiguriert und integriert werden, sodass die realen Sensorsignale eingelesen werden können.
Vor dem Implementierungsschritt der Softwarefunktionen und Hardwaremodellen besteht die Möglichkeit neben der MiL-Simulation (Model-in-the-Loop) weitere Testmethoden zu durchlaufen. So bietet die SiL-Simulation (Software in the Loop) bereits in der Simulation die Möglichkeit die Funktionen in Form von generierten C-Quellcode zu testen. Abhängig von den gewählten Software-Werkzeugen wird dieses unterschiedlich realisiert. In Form der in dieser Arbeit gewählten Umgebung MATLAB/Simulink wird der generierte Code in Form von S-Funktionen erstellt und automatisch mit entsprechend Signalschnittstellen der Funktionen und Systemen verknüpft. Speziell bei der Wahl der Festkommaarithmetik kann durch diesen Simulationsmodus der Einfluss der Wertdiskretisierung untersucht werden.
Die nachstehenden Verläufe in Abb. 3.42, Abb. 3.43 und Abb. 3.44 zeigen Simulationsergebnisse der beiden Simulationsumgebungen auf, die mit entsprechender Sollstromanregung stimuliert wurden. Das Modell3 entspricht hier der Simulationsumgebung aus dem Kapitel 2. Äquivalent entspricht Modell4 der Simulationsumgebung aus Kapitel 3. Dargestellt sind zum einen die beiden Stellspannungen als auch die beiden Ströme im rotorfesten Koordinatensystem. Die dritte Abbildung zeigt die Phasenspannung im dreiphasigen System.

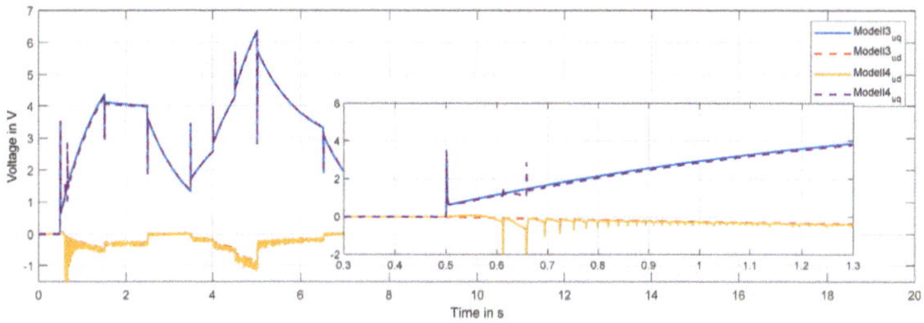

Abb. 3.42: Vergleich der Stellgröße

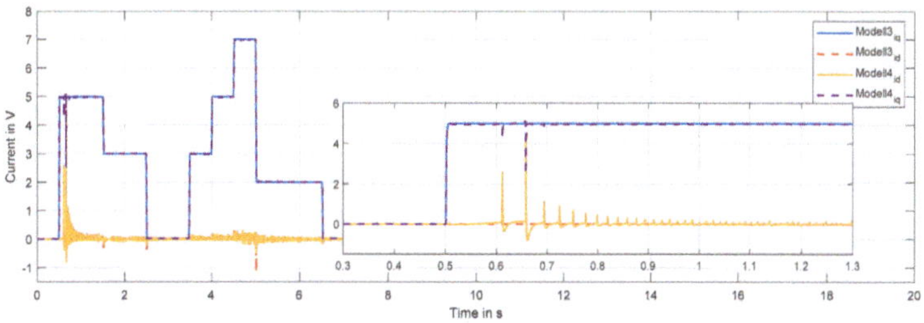

Abb. 3.43: Vergleich der feld- und drehmomentbildenden Ströme

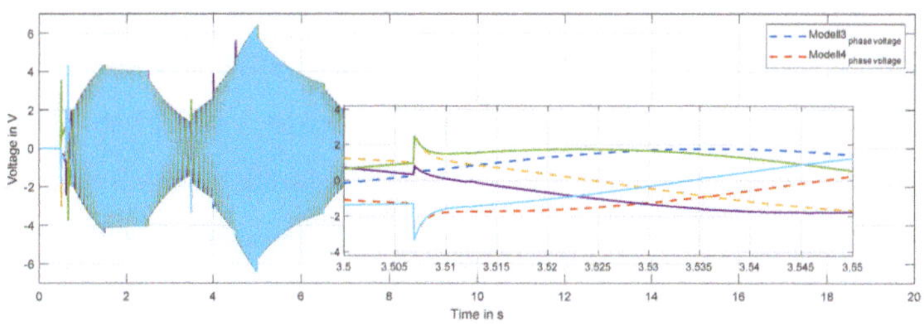

Abb. 3.44: Vergleich der am Motor wirkenden Phasenspannung

Die eingespeisten Phasenspannungen zeigen eine gute Übereinstimmung. Es treten lediglich vereinzelt leichte Abweichungen auf, die auf die Rotorpositionsbestimmung zurückzuführen sind, die während der Synchronisation durch die Hallsignale entstehen. Durch die schlechte Rotorpositionsbestimmung beim Anfahren aus der der Ruheposition dreht der Rotor der Modellumgebung 3 schneller als der aus der Umgebung 4, weshalb der Phasenversatz in der Darstellung zustande kommt. Bedingt durch die

Rückkopplung des Rotorwinkels für die Transformation in das zweiphasige System wirkt sich diese synchronisationsbedingte Unstetigkeit direkt auf die Pulsweitenmodulation als auch indirekt auf die gemessenen Ströme aus. Letztes bewirkt durch den integralen Anteil der Stromregler zwar eine gewisse Dämpfung, führt jedoch schlussendlich über den auftretenden Regelfehler zu entsprechenden Auswirkung auf die Stellgröße und somit zu einer stetigen feinen Anregung des Systems. Der Einfluss der Aufschaltung der Kopplungsgleichungen weist hingegen durch die Abhängigkeit der Rotorgeschwindigkeit ebenfalls einen signifikanten Einfluss auf das ganzheitliche Systemverhalten auf. Diese wird zudem direkt der berechneten Stellgröße des Reglers aufgeschaltet. Wird nun aus den vorherigen Abschnitten des Kapitels der Verlauf der geschätzten Rotorgeschwindigkeit betrachtet, so wird deutlich das die Berechnung der Rotordrehzahl durch die Änderungen der gezählten Impulse und dessen ungefilterter Verlauf über die Stellgröße einen deutlichen Einfluss auf das Stromsignal besitzen. Durch eine Implementierung auf einem Evaluation Board würde bedingt durch die Peripherie und der damit verbundenen weiteren Realisierungseffekte einige der genannten Effekte verstärken. Lediglich das unzulängliche Startverhalten würde auch hierbei deutlich erkennbar sein.

Abschließend soll erwähnt sein, dass in den dargestellten Signalen und dem Vergleich beider Modellumgebungen bewusst keine Signalfilter jeglicher Art eingesetzt worden sind, um derartige Effekte aufzuzeigen. Die Vergleichsergebnisse aus den drei Abbildungen zeigen die Übereinstimmung beider Modellumgebungen deutlich auf. Durch die gute Übereinstimmung beider Modellumgebungen kann durch das Hinzufügen weiterer Komponenten, speziell hinsichtlich der Simulationszeit betrachtet, enorm an Rechenzeit eingespart werden, indem für die Auslegung der höheren Komponenten die Modellvariante drei herangeführt werden kann. Für erneute finale ganzheitliche Betrachtungen kann dann die Modellumgebung vier hinzugefügt werden.

4 Fahrer- und Antriebstrangmodellierung

Mit den bisherigen durchgeführten Arbeiten und Entwicklungen ist es möglich diverse baugleiche Motoren zu steuern und zu regeln oder die entwickelten Funktionen auf weitere Motortypen zu adaptieren. Es wurden mathematische Modelle der Hardwarekomponenten entwickelt wie z.B. des Antriebsmotors, der Leistungselektronik als auch unterschiedliche Sensormodelle, um entsprechende Schnittstellen in die Simulation zu integrieren und hierdurch die Softwarefunktionen mit entsprechender Charakteristik der Signalverläufe zu erproben. Der Inhalt der Abb. 4.1 fasst die bisherigen Entwicklungen stark vereinfacht zusammen.

Im Vergleich zur Simulationsumgebung aus Kapitel 2, die aufgrund ihrer Einfachheit und Simulationsgeschwindigkeit in erster Instanz zur Erprobung und dem Vergleich von neuen Regelungsansätzen im zeitkontinuierlichen Bereich, dient, bietet die Simulationsumgebung aus Kapitel 3 die Möglichkeit neben unterschiedliche Modulationsverfahren und Schätzverfahren für die Rotorgeschwindigkeit und –position generell Funktionen und Algorithmen zu entwickeln, zu erproben und zu vergleichen. Fokus liegt hierbei auf kontinuierliche Optimierung als auch Modularität. Durch den modularen Aufbau können Anpassungen schnell vorgenommen werden. Bei Abhängigkeiten der Ziel- bzw. Testhardware oder beim Einsatz anderer Motoren können einzelne Funktionen ersetzt, hinzugefügt oder entnommen werden.

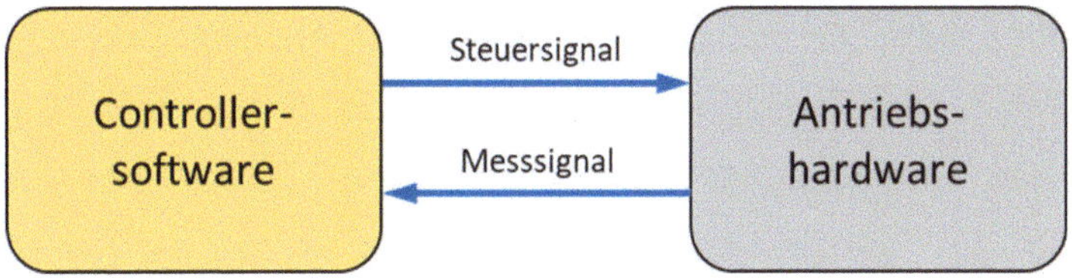

Abb. 4.1: Zusammenfassung der vorgestellten Entwicklungen

M. Ruschitzka et al., *Mechatronische Produktentwicklung im Kontext der Mikromobilität*, https://doi.org/10.1007/978-3-662-64623-6_4

Die Abb. 4.1 bildet im klassischen Sinne einen elektrischen Aktor samt Steuerungselektronik in Form der permanent erregten Synchronmaschine. Die Vorgabe von Führungsgrößen z.B. einem Solldrehmoment oder einer Solldrehzahl geschieht von der hierarchischen Betrachtung her von außen bzw. einer höher liegenden Instanz. Dieses soll am Bespiel eines modernen elektrischen Fahrrades kurz näher erläutert werden. Hier gibt der Fahrer über geeignete Sensoren und Auswertalgorithmen eine gewünschte Unterstützung vor, die an den Motorregler weitergegeben wird. Bei einfachen Systemen erfolgt dieses z.B. über ein Daumendrehgriff. Bei komplexeren Systemen erfolgt dieses über umfassendere Sensorik wie z.B. einem Tretlagersensor mit der Möglichkeit zur Erfassung der Trittfrequenz und des Trittdrehmoments.

In den nachstehenden Abschnitten soll am Beispiel eines elektrischen Fahrrades nun die bestehenden Simulationsumgebungen und Modellvarianten um ein Fahrermodell und ein weiteres Sensormodell erweitert werden. Bei dem elektrischen Fahrrad soll es sich um ein sogenanntes Pedelec bzw. S-Pedelec handeln. Bei dieser Gruppe der elektrifizierten Fahrräder darf eine elektrische Unterstützung nur erfolgen, wenn der Fahrer auch selber tritt. Derartige Systeme weisen hohe Anforderungen an ein natürliches Fahrgefühl auf, weshalb diese Systeme in der Regel nicht nur mit einem einfachen Kadenzsensor ausgestattet sind, sondern ebenfalls mit einem Drehmomentsensor. Dieser Sachzusammenhang führt selbst bei einem elektrischen Fahrrad zu einem relativ komplexen System, welches nur unter idealer Abstimmung zwischen den Komponenten erreicht werden kann. Neben der Anforderung eines natürlichen Fahrverhaltens steht diesem die Anforderung geringer Kosten eine entscheidende Rolle. Dieses führt dazu, dass immer mehr Softwarefunktionen und –Algorithmen eingesetzt werden, um hardwarebedingte Unzulänglichkeiten auszugleichen. Grundlage zur Entwicklung derartiger Systeme ist ebenfalls die Betrachtung des ganzheitlichen Systems. Die genannte Erweiterung zur ganzheitlichen Betrachtung soll durch die Abb. 4.2 verdeutlicht werden.

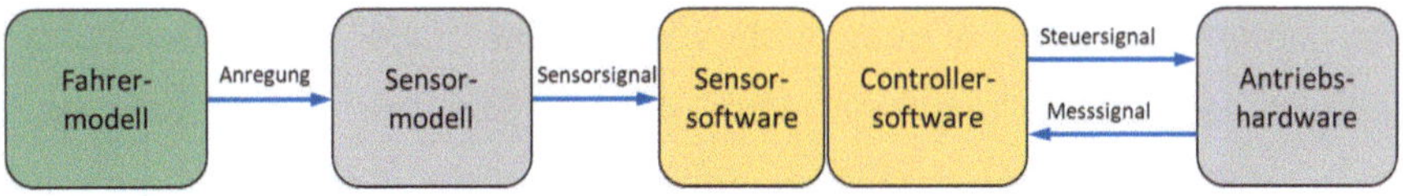

Abb. 4.2: Ganzheitliche Simulationsumgebung

Erweitert wird das System um ein Fahrermodell, ein Sensormodell und eine Funktion zur Auswertung der Sensorsignale. Ein Fahrermodell kann verschiedene Ausprägungen haben und hängt sehr stark von der Anwendung ab, weshalb in dieser Arbeit nur einige Ansätze und Möglichkeiten aufgezeigt werden sollen. Bei dem erwähnten Sensor handelt es sich in diesem Fall um ein Tretlagersensor, der die Möglichkeit bietet ein Drehmoment und eine Trittfrequenz zu messen. Mehr zum Aufbau und Prinzip des Tretlagersensors folgt im entsprechenden Abschnitt. Von der Herangehensweise werden, wie bei der Motorcontrollermodellierung bereits geschehen, zunächst die entsprechenden Hardwarekomponenten modelliert, um auf Grundlage dessen die Funktionsentwicklung zur Informationsverarbeitung modellbasiert durchzuführen. Dabei soll vorab erwähnt werden, dass die hier vorgestellte Signalverarbeitung lediglich als Beispiel dienen soll. Die bereits des Öfteren erwähnten Vorteile der entsprechenden Herangehensweise sind sowohl die Austauschbarkeit von Teilkomponenten in Form von unterschiedlichen Algorithmen als auch die verbesserte Vergleichbarkeit durch die Durchführung von deterministischen Simulationsstudien.

Das Einbinden eines Fahrermodells bietet zusätzlich den Vorteil, dass durch die Integration eines Fahrers in der Simulation Grenzbereiche angefahren werden können. Mit Grenzbereiche sind z.B. maximale Fahrgeschwindigkeit bzw. Beschleunigungen gemeint. Hierdurch können alle Signale der softwareseitigen Funktionen nach ihren Maximalwerten und Minimalwerte analysiert werden, falls eine Implementierung in Festkommavariablen vorgesehen ist und somit die Wahl der Wortlänge der einzelnen Signale einen entscheidenden Einfluss besitzt. Letztes kann entsprechend der gesetzten Anforderungen ausgelegt werden.

Weiter unten in Abb. 4.3 zeigt sich vorweg die finale Implementierung der schematischen Darstellung von Abb. 4.2 in Simulink. Dargestellt ist das Fahrermodell, das Drehmomentsensormodell und die Sensorsoftwarefunktion, die in drei Unterfunktionen aufgeteilt ist.

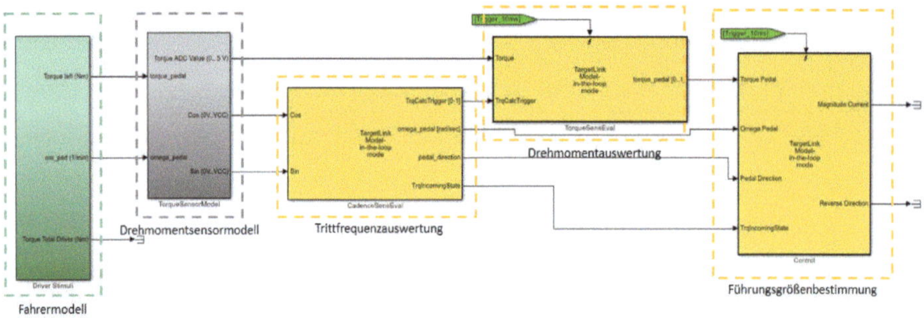

Abb. 4.3: Modell zur Entwicklung der Drehmomentsensorauswertung

Der Übersicht halber ist die bereits entwickelte Simulationsumgebung (Controllersoftware und Antriebshardware) nicht dargestellt. Das Fahrermodell liefert ein Drehmoment- und ein Trittfrequenzsignal, welche notwendig sind, um eine entsprechenden vorgegebenen Fahrzyklus zu durchfahren. Diese Signale werden dann vom Sensormodell, in ein Format überführt, welches ein Steuergerät durch den realen Sensor erhält. In diesem konkreten Fall liefert der Sensor, der im Tretlager montiert ist ein analoges Signal für das Drehmoment und zwei um jeweils 90° versetzte digitale Hallsensorsignale. Diese Signale werden schlussendlich über Algorithmen in notwendige Größen für die Controllersoftware überführt. In dem vorgestellten Anwendungsbeispiel ist dieser Algorithmus in drei Unterfunktionen aufgeteilt, wovon einer aus den digitalen Hallsensorsignalen eine Trittfrequenz bestimmt. Eine weitere Unterfunktion berechnet aus dem analogen Signal das an der Kurbel wirkende Drehmoment. Die letzte Unterfunktion hat die Aufgabe der Sensordatenfusion, was in diesem Fall bedeutet, dass aus der Trittfrequenz und dem Drehmoment über geeignete Wahl eine Führungsgröße für den Motorcontroller bestimmt wird. Dieses kann z.B. in der einfachen Form erfolgen, dass die beiden Signale Trittfrequenz und Trittmoment in ein gewichtetes Verhältnis gesetzt werden. Aber auch andere Formen unter Berücksichtigung weiterer Größen sind denkbar und hängen letzten Endes von den jeweiligen Anforderungen ab. Abschließend ist zu erwähnen, dass hier ebenfalls das Prinzip des Schedulers aus Kapitel 3 angewendet wird, weshalb unter anderem auch hier der Einfluss der Ausführungsrate auf die Signalverarbeitung durch den Einsatz von Simulationen untersucht werden kann.

4.1 Modellierung und Implementierung des Tretlagersensors

Als Anwendungsbeispiel kommt der Tretlagersensor Thun X-Cell RT 2.0 der Firma Alfred Thun GmbH & Co. KG zum Einsatz. Dieser ist in der Abb. 4.4 dargestellt und besitzt einen fünfpoligen Stecker. Zwei Anschlüsse jeweils für die Versorgungsspannung und den Masse-Anschluss. Die anderen drei Anschlüsse sind für die Messsignale vorgesehen, die sich aus einem analoge Signal des Drehmoments und den beiden digitalen Hallsignalen zusammensetzten. Die beiden letzteren Hallsignale werden im Folgenden mit Cosinus- und Sinussignal bezeichnet.

Abb. 4.4: Drehmomentsensor Thun X-Cell RT 2.0

Bei diesem Tretlagersensor befindet sich der Sensor integriert im Tretlager. Diese Art des Sensors wird vor allem im Einsatz mit Radnabenmotoren verwendet. Die Messung selbst geschieht innerhalb des Tretlagers. Die Signalkabel werden durch eine Bohrung aus dem Rahmen geführt. Der Vorteil des Tretlagersensors ist, dass (bis auf das Kabel) gegenüber einem herkömmlichen Fahrrad keine weiteren sichtbaren Teile am Fahrrad angebracht werden müssen.

Die Messung des Drehmomentes erfolgt dabei nach dem hier beschriebenen Prinzip, wobei zur Veranschaulichung die schematische Darstellung aus der Abb. 4.5 genutzt werden kann.

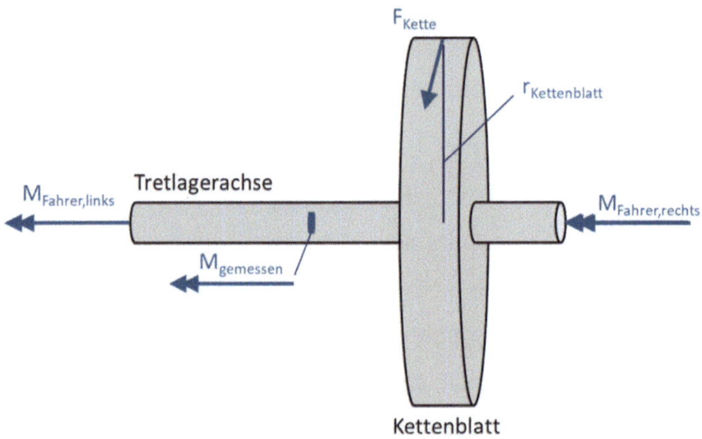

Abb. 4.5: Schematische Darstellung der eingeprägten Drehmomente

Der Fahrer leitet mit beiden Kurbelarmen die Drehmomente $M_{Fahrer,links}$ und $M_{Fahrer,rechts}$ in die Tretlagerachse ein. Über das Kettenblatt wird das resultierende Drehmoment über die Kettenkraft F_{Kette} an das Hinterrad übertragen. In der Mitte der Tretlagerachse befinden sich Dehnungsmesstreifen (DMS), mit denen über die Torsion der Achse das eingebrachte Drehmoment bestimmt werden kann. Da das Moment $M_{Fahrer,rechts}$ größtenteils direkt über das Kettenblatt ausgeleitet wird und nicht großartig zur Torsion der Achse an der Stelle des DMS beiträgt, kann nur das Moment an der linken Kurbel vollständig gemessen werden. Die Funktionsweise von Dehnungsmesstreifen kann unter anderem in [20] nachgelesen werden. Über eine Wheatstone'sche Brückenschaltung wird die abfallende Spannung über den DMS gemessen. Diese verändert sich bei Dehnung des DMS beziehungsweise in diesem Fall bei der Torsion der Welle, auf welcher der DMS aufgebracht ist. Die gemessene Spannung kann als Analogsignal von einem Mikrocontroller ausgewertet werden.

Zur Erkennung der Pedaldrehzahl und -Richtung sind zusätzlich zwei Hallsensoren und mehrere Permanentmagnete angebracht. Das Prinzip der Messung verdeutlicht Abb. 4.6, in der vereinfacht ein magnetisches Polpaar dargestellt ist. Die Hallsensoren sind im 90° Winkel zueinander angeordnet. Durch die unterschiedliche Polung der Magnetpaare auf der Achse erkennen sie entweder einen High- oder einen Lowpegel.

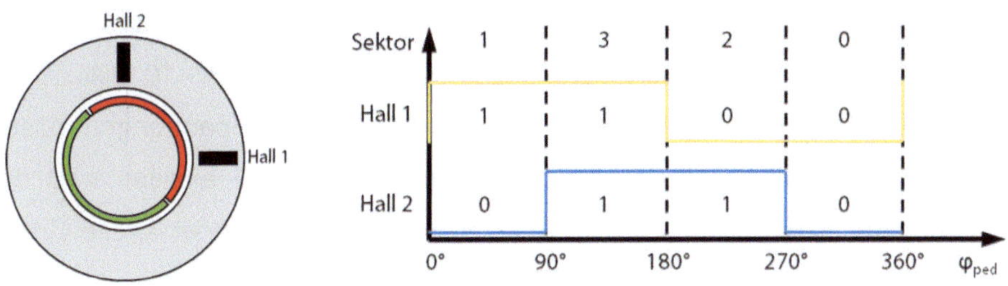

Abb. 4.6: Hallsensoren Tretlagersensor (links) und Sektorzuordnung (rechts)

Zusätzlich zeigt Abb. 4.6 die erzeugten Signale als idealisierte Verläufe. Werden die Hallwerte als Bitmuster interpretiert und in Dezimalzahlen umgerechnet, entstehen die angegebenen Sektorwerte. Die Sektoren berechnen sich erneut nach der folgenden Formel:

$$Sektor = Hall1 + Hall2 \cdot 2 \tag{4.1}$$

Anhand der Abfolge der Sensorreaktionen, lässt sich die Drehrichtung bestimmen und so zum Beispiel eine entsprechende Funktion implementieren, die nur bei einer Vorwärtsdrehrichtung eine Unterstützung erlaubt und bei umgekehrter

Drehrichtung aus sicherheitskritischen Aspekten die Unterstützung blockiert. Durch Messung der Zeit, die beim Pedalieren für einen Sektor benötigt wird, kann die Trittfrequenz bestimmt werden. Das Prinzip der Hallsensoren und der Drehzahlbestimmung entspricht dem des Motors aus Abschnitt 3.5.

Nach der Beschreibung des grundlegenden Aufbaus des eingesetzten Sensors soll nun eine Möglichkeit aufgezeigt werden, den Sensor zu modellieren. In Abb. 4.7 ist das Drehmomentsensormodell aus Abb. 4.3 dargestellt. Das Sensormodell besitzt zwei Eingänge und drei Ausgänge. Die Ausgangssignale entsprechen den Signalen, die aus dem realen Sensor generiert werden. Der obere Teil berechnet nach der im Datenblatt hinterlegten Kennlinie die Spannungswerte aus dem anliegenden Moment, dass aus dem Fahrermodell stammt. Der Sensor besitzt einen Offsetwert von 2,5 V bei 0 Newtonmeter und einen Messbereich von -200 Newtonmeter bis 200 Newtonmeter mit einer Genauigkeit von +/- 10 Millivolt pro Newtonmeter. Da der Controller nicht die anliegenden Spannungen misst, sondern diese über einen Analog Digital Converter (ADC) einliest, wird der Ausgang auf die Wortlänge des 16 bit AD-Wandlers umgerechnet. Diese Größe entspricht dann den eingelesenen Werten im aus dem AD-Wandlers.

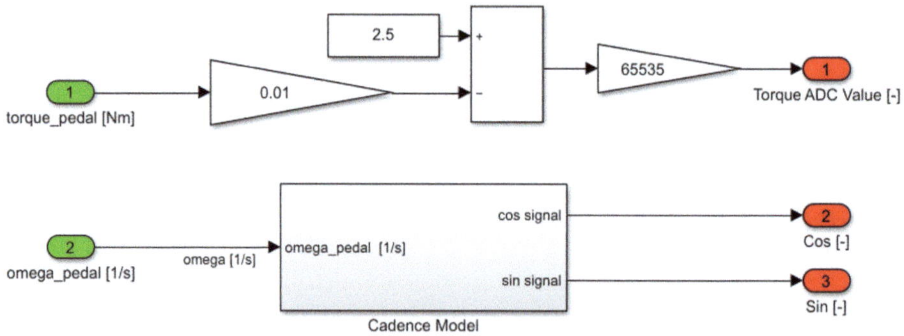

Abb. 4.7: Drehmomentsensormodell in Simulink

Die eingehende Trittfrequenz aus dem Fahrermodell muss in entsprechendes digitale Cosinus- und Sinussignal umgeformt werden. Dies geschieht im „Cadence Model“. Das Innenleben des Subsystem ist in der Abb. 4.8 dargestellt. Vor dem Subsystem wird die Kadenz von Umdrehungen pro Minute auf Umdrehungen pro Sekunde umgerechnet.

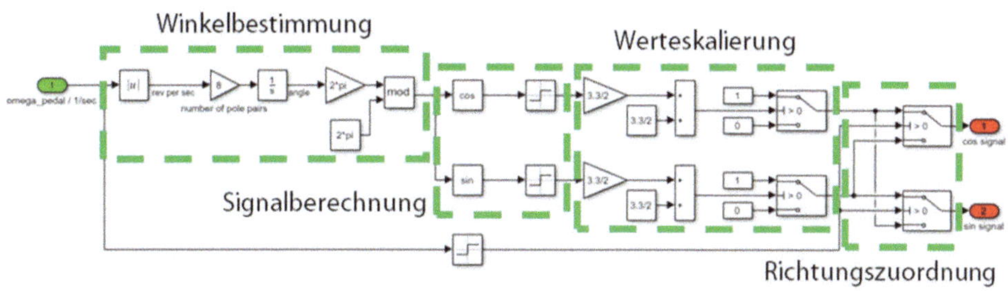

Abb. 4.8: Trittfrequenzsensormodell in Simulink Fahrermodell

In dem markierten Bereich „Winkelbestimmung“ wird der aktuelle Pedalwinkel bestimmt. Da sich im Sensor mehrere Polpaare befinden, müssen diese an dieser Stelle einbezogen werden. Durch den Modulo-Operator wird das Inkrementieren über eine Drehung hinaus vermieden. Im Bereich der Signalberechnung kann aus dem Winkel über die Sinus- und Cosinusfunktion das Signal bestimmt werden. Da es sich bei den Sensorsignalen nicht um tatsächliche Sinus- und Cosinusverläufe, sondern um Rechtecksignale handelt, werden diese mit dem sign-Operator erzeugt. Dieses entspricht jedoch auch der mathematischen Beschreibung einer Umwandlung von einem analogen zu einem digitalen Signal durch einen Schwellenwertschalter. Die Werte werden daraufhin so skaliert, dass sie sich zwischen logisch null und eins bewegen. Die Zuordnung zu den Ausgängen erfolgt im Bereich Richtungszuordnung aus dem Vorzeichen der Eingangsdrehzahl. So läuft je nach Drehrichtung das eine Signal dem anderen um 90° voraus, was nach Abb. 4.6 dem Verhalten des realen Sensor entspricht. Die Integration eines Offsets äquivalent zum Motor, um mechanische

Einbauabweichungen zur idealen 90° auszugleichen, wurden hier der Übersichtlichkeit halber zunächst nicht berücksichtigt.

In diesem Abschnitt soll auf das Fahrermodell nähereingegangen werden. Zunächst wird die einfachste Form vorgestellt, mit der ein erstes Fahrerverhalten in die Simulation integriert werden kann. Grundlage hierfür ist ein Fahrzyklus, aus dem ein Bedarfsmoment und die zugehörige Fahrgeschwindigkeit bestimmt werden. Aus dem Bedarfsmoment resultiert dann das wirkliche Moment, welches der Fahrer an den Pedalen in den Antrieb einleitet. Durch Speisung dieser Signale kann sowohl der Drehmomentsensor stimuliert und somit die Signale in der Simulation an die Auswertsoftware des Drehmomentsensors übergeben werden. Die Struktur des ersten Fahrermodells aus der Abb. 4.2 und Abb. 4.3 wird in Abb. 4.9 noch einmal verdeutlicht.

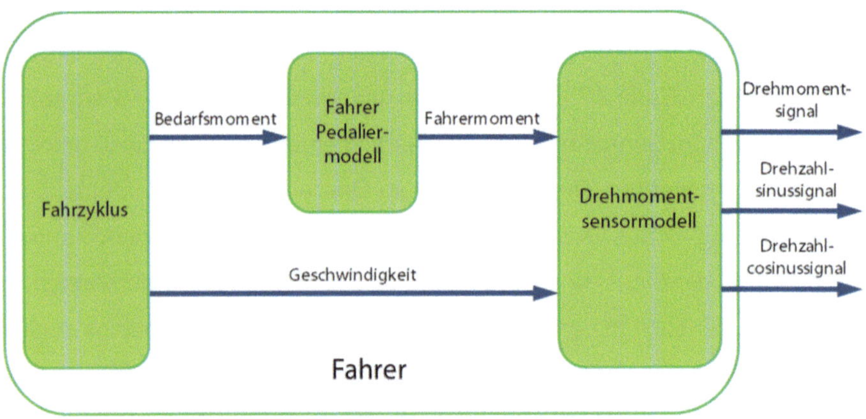

Abb. 4.9: Struktur des Fahrermodells

4.1.1 Fahrzyklus

Um unter anderem dimensionsgerechte Werte als Drehmomentsignale zu erhalten, ist ein Fahrzyklus notwendig, welches das Bedarfsmoment und die Geschwindigkeit bei einem gegebenen Sollverlauf berechnet. Umgesetzt ist der

Fahrzyklus über Lookup-Tabellen, in denen entsprechende Geschwindigkeitsverläufe hinterlegt sind. Der Einfachheit halber wurde zunächst keine aufwändige Schaltlogik einer Schaltung in Form von unterschiedlicher Übersetzungen berücksichtigt. Diese Geschwindigkeiten werden somit mit festgelegten Parametern für Reifenradius und Übersetzung in die Pedaldrehzahl umgerechnet. Zugleich wird durch Integration dieser Größe der Pedalwinkel bestimmt. Die Berechnung des Bedarfsmoments erfolgt über die Gleichungen für die Bestimmung der aktuellen Fahrwiderstände. Diese wirken wie in Abb. 4.10 dargestellt dem Fahrer entgegen.

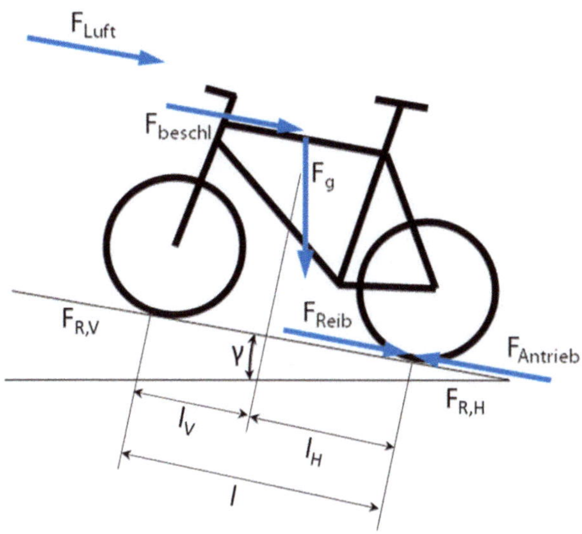

Abb. 4.10: Kräfte am Fahrrad im Fahrzyklus

Die benötigte Antriebskraft $F_{Antrieb}$ ist dabei die Summe der Fahrwiderstände.

$$F_{Antrieb} = F_{Beschl} + F_{Luft} + F_{Reib} + F_{Steig} \tag{4.2}$$

Der Beschleunigungswiderstand F_{Beschl} entspricht nach Newtons zweiten Axiom dem Produkt aus Masse m und Beschleunigung a des Systems.

$$F_{Beschl} = m \cdot a \tag{4.3}$$

Der Luftwiderstand F_{Luft} ergibt sich anhand folgender Formel aus der Luftdichte ρ_{Luft}, dem Widerstandsbeiwert c_W, der projizierten Querschnittsfläche A und dem Quadrat der Geschwindigkeit v.

$$F_{Luft} = \frac{1}{2} \cdot \rho_{Luft} \cdot c_W \cdot A \cdot v^2 \tag{4.4}$$

Die Reibkraft F_{Reib} entsteht aus der Reifenreibung und ist abhängig vom Reifenreibungsfaktor f_R und bezogen auf das Hinterrad auf die zugehörige Aufstandskraft des Rades.

$$F_{Reib} = f_R \cdot F_{R,H} \cdot \cos(\alpha) = f_R \cdot F_g \cdot \frac{l_H}{l} \cdot \cos(\alpha) = f_R \cdot m \cdot g \cdot \frac{l_H}{l} \cdot \cos(\alpha) \tag{4.5}$$

Die andere Komponente der Gewichtskraft bildet den Steigungswiderstand, der parallel zur Fahrbahn wirkt.

$$F_{Steig} = F_g \cdot \sin(\alpha) = m \cdot g \cdot \sin(\alpha) \tag{4.6}$$

Aus der oben beschriebenen benötigten Antriebskraft $F_{Antrieb}$ und dem Reifenradius r_{Reifen} lässt sich nun das benötigte Antriebsmoment $M_{Antrieb,ges}$ bestimmen.

$$M_{Antrieb,ges} = F_{Antrieb} \cdot r_{Reifen} = M_{Motor} + M_{Fahrer} \tag{4.7}$$

Als vereinfachende Annahme wird ein durch den Faktor k bestimmtes proportionales Verhalten von Motormoment zu Fahrermoment festgelegt.

$$M_{Motor} = k \cdot M_{Fahrer} \tag{4.8}$$

Das tatsächliche Moment, dass der Fahrer aufbringen muss, um den Fahrzyklus abzufahren ergibt sich demnach zu folgendem Zusammenhang:

$$M_{Fahrer} = (1 - k)\, M_{Antrieb} \tag{4.9}$$

4.1.2 Fahrerpedaliermodell

Die Herausforderung besteht nun darin, dass aus dem Fahrzyklus errechnete Fahrermoment in das tatsächlich an der Kurbel wirkende Moment umzurechnen. Zur Veranschaulichung des Problems zeigt Abb. 4.11 eine schematische Darstellung des Kurbelarms in der Seitenansicht mit den wirkenden Kräften und Momenten. Da der Drehmomentsensor ohnehin nur das Moment im linken Kurbelarm messen kann, wird diese Seite näher betrachtet.

Am Pedal wirkt die eingebrachte Kraft des Fahrers $F_{tritt,links}$, die in die effektive Richtung, senkrecht zum Kurbelarm und die radial wirkende Richtung, der Verlustkraft, aufgeteilt ist. Der effektive Anteil der Trittkraft bewirkt ein Moment um die Kurbelachse. Dieses wirkt dem Kettenmoment $M_{Kette,links}$ entgegen.

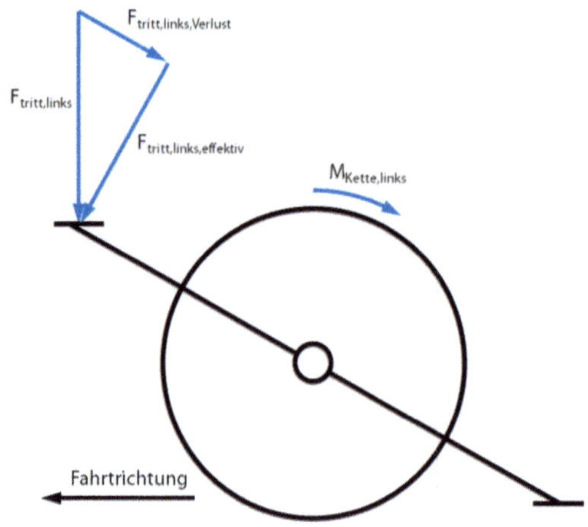

Abb. 4.11: Fahrerkraft an der Kurbel

Der Verlauf des Fahrermoments über der gesamten Kurbelumdrehung ist idealisiert in
Abb. 4.12 dargestellt. Die erste Hälfte der Kurbelumdrehung ergibt sich aus der Aufteilung der Kraft in Effektiv- und Verlustrichtung und hat einen sinusförmigen Verlauf. Auf der zweiten Hälfte der Kurbelumdrehung gibt der Fahrer keine aktive Kraft mehr auf das Pedal. Da er jedoch seinen Fuß auf dem Pedal liegen lässt, wirkt die Gewichtskraft des Fußes und Beines auf dem Pedal. Diese muss zusätzlich vom jeweils anderen Bein aufgebracht werden und bringt somit eine Verfälschung des effektiven Antriebsmomentes, was zunächst vernachlässigt wird. Der angenommene Drehmomentverlauf ist durch Studien belegt [45] und als idealisierter Verlauf durch folgende Formel bestimmt:

$$M_{Pedal}(\varphi_{Pedal}) = \begin{cases} \sin(\varphi_{Pedal}), & 0 \leq \varphi_{Pedal} \leq \pi \\ \mathrm{k} \cdot \sin(\varphi_{Pedal}), & \pi < \varphi_{Pedal} < 2\pi \end{cases} \tag{4.10}$$

Der Faktor *k* staucht hierbei den Sinus, um das Aufliegen des Fußes auf dem Pedal zu simulieren.

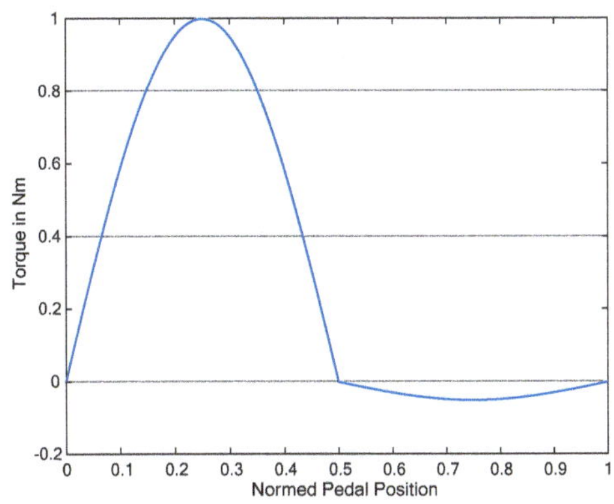

Abb. 4.12: Normiertes Fahrerdrehmoment über der Position

Bedingt durch die Tatsache, dass der Drehmomentsensor nur entgegengesetzt des Kettenblatts das Drehmoment ideal erfassen werden kann, soll im Folgenden eine Möglichkeit aufgezeigt werden, wie entsprechendes vom Sensor erzeugtes Signal ausgewertet werden kann. Hierfür wird das vom Fahrer aufgebrachte mittlere Drehmoment über eine ganze Drehung bestimmt. Eine direkte proportionale Aufschaltung des Drehmoments des Fahrers als geforderte Unterstützung würde entsprechend der einseitigen Erfassung zu eher unnatürlichen Fahrverhalten führen. Alternativ können komplexere Algorithmen entworfen werden, die auf Grundlage weiterer erfasster Größen das jeweils andere nicht erfasste Drehmoment schätzen, um ein natürliches Fahrverhalten zu generieren. Aufgrund der Tatsache, dass in dieser Arbeit die ganzheitliche Simulationsumgebung im Vordergrund steht, wird die erstere Variante hier näher vorgestellt.

Mit der Annahme, dass das aus dem Fahrzyklus errechnete Drehmomentsignal über eine gesamte Pedalumdrehung konstant ist, lässt sich aus den Integralen der Verläufe folgende Folgerung ziehen:

$$r \cdot \left[\int_0^{\pi} \sin(\varphi_{Pedal})\, d\varphi_{Pedal} + \int_{\pi}^{2\pi} k \cdot \sin(\varphi_{Pedal})\, d\varphi_{Pedal} \right] = \int_0^{2\pi} d\varphi_{Pedal} \tag{4.11}$$

Der linke Teil der Gleichung ist das Integral des oben abgebildeten Sinusverlaufes. Der rechte Teil das Integral über das angenommene konstante Drehmoment. Der Faktor *r* ist ein Skalierungsfaktor, der das Sinussignal je nach Wahl von *k* so skaliert, dass die Gleichung erfüllt ist und ist damit so zu wählen, dass das gesamte Moment, welches über eine Kurbelumdrehung aufgebracht wurde, dem konstanten Verlauf entspricht. Die Gleichung wird deshalb nach *r* aufgelöst, um den Zusammenhang zwischen *k* und *r* zu erhalten:

$$r = \frac{\pi}{1-k} \tag{4.12}$$

Die Abb. 4.13 zeigt die integrierten Drehmomentenverläufe für k = 0.05 und entsprechendem *r*. Das integrierte Drehmoment des Sinusverlaufes steigt zunächst schneller an und übersteigt den Endwert. Durch den negativen Anteil in der zweiten Hälfte der Kurbelumdrehung ist der Endwert am Ende jedoch gleich. Das normierte Sinussignal kann nun mit dem Bedarfsmoment des Fahrers M_{Fahrer} multipliziert werden. Da wiederum nur das Moment am linken Pedale betrachtet wird, kommt noch ein Faktor von 0,5 hinzu, womit sich folgender Ausdruck ergibt:

$$M_{Fahrer,real}(\varphi_{Pedal}, t) = \frac{1}{2} M_{Pedal}(\varphi_{Pedal}) \cdot M_{Bed}(t) \tag{4.13}$$

Ein beispielhafter Fahrzyklus und das von einer Person aufzubringende Drehmoment ist in Abb. 4.14 abgebildet. Ausgegangen wird hierbei von einer konstanten Übersetzung. Im unteren Graphen ist zu sehen, dass die Trittfrequenz sich bei steigender Geschwindigkeit erhöht. Die Drehmomentspitzen steigen in der Beschleunigungsphase ebenfalls leicht an, während sie bei konstanter Geschwindigkeit konstant auf einem geringeren Niveau liegen.

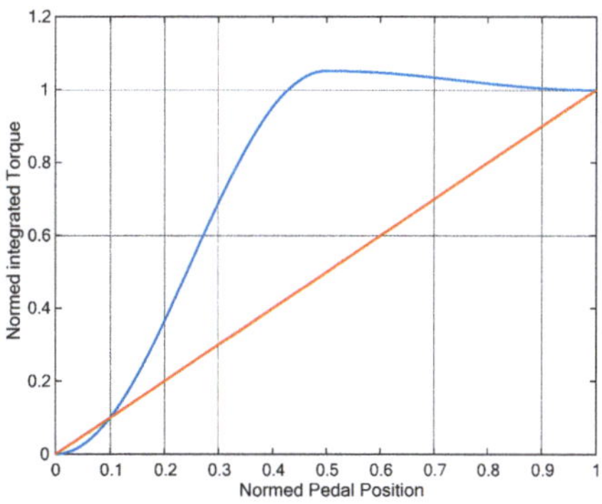

Abb. 4.13: Verläufe des integrierten Drehmoments über der Position

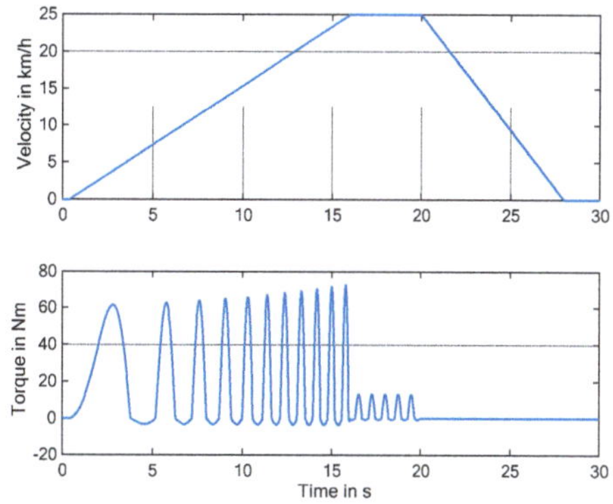

Abb. 4.14: Geschwindigkeitsverlauf des Fahrzyklus und Drehmoment

4.1.3 Implementierung des Fahrermodells

In Abb. 4.15 sind die Submodelle des Fahrermodells aus Abb. 4.9 zu sehen. Dieses besteht grundlegend aus einem Fahrzyklus, einer Pedaldrehzahl- und Winkelbestimmung, der Bedarfsmomentberechnung und der Generierung des eigentlichen Pedalmoments. Das Fahrermodell bildet einen wichtigen Teil des Gesamtsystems ab. Hier wird ein möglicher Fahrer, oder besser gesagt dessen Fahrverhalten, modelliert. Grundlage hierfür ist ein Fahrzyklus, aus dem ein Bedarfsmoment und die zugehörige Fahrgeschwindigkeit bestimmt wird. Aus dem Bedarfsmoment wird das Moment bestimmt, welches der Fahrer an den Pedalen in den Antrieb einleitet.

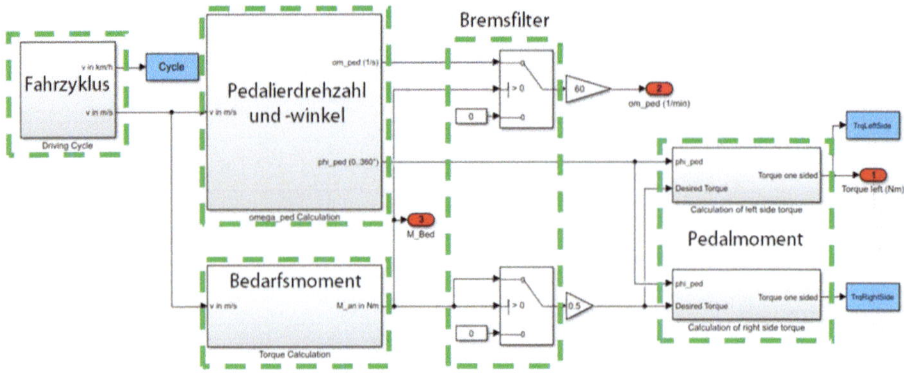

Abb. 4.15: Fahrermodell in Simulink

Die Simulink-Subsysteme für das Pedalmoment sind in Abb. 4.16 dargestellt. Aus dem aktuellen Pedalwinkel wird ein Sinus berechnet. Dabei werden die negativen Anteile herunterskaliert und das Signal skaliert. Über den Eingangsfaktor „Desired Torque“, welcher das Bedarfsmoment für eine Pedalseite aus dem Fahrzyklus ist, wird das wirkliche Pedalmoment berechnet. Äquivalent hierzu wird das entsprechende Drehmoment für die jeweils andere Pedalseite bestimmt. Dieses ist lediglich ideal um 180° verschoben und wird durch entsprechenden Faktor k skaliert.

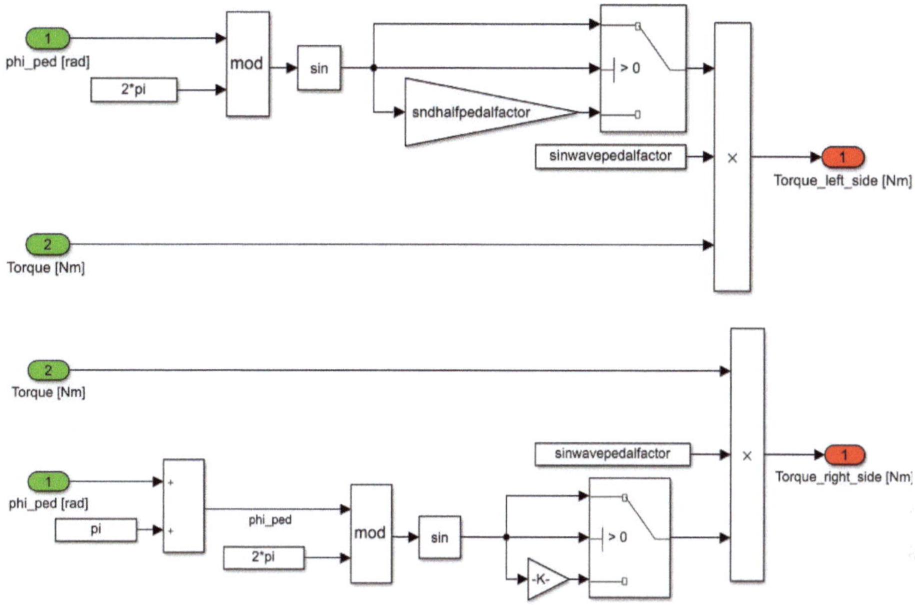

Abb. 4.16: Pedalmomentmodelle der linken (oben) und rechten Seite (unten)

Das Subsystem zur „Pedaldrehzahl- und -Winkelbestimmung" in der Abb. 4.17 berechnet unter der Annahme einer konstanten Übersetzung aus der Fahrgeschwindigkeit des Fahrrads die Pedaldrehzahl.

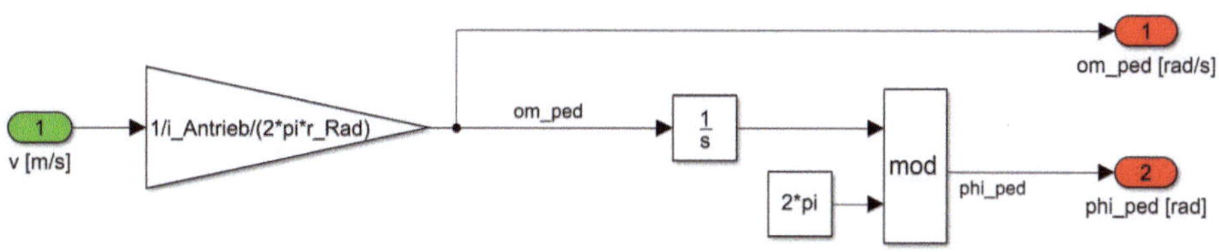

Abb. 4.17: Pedaldrehzahl- und -Winkelbestimmung

Im letzten, hier nicht gezeigten Subsystem ist die Berechnung des Bedarfsmoments $M_{Antrieb,ges}$ nach den Gleichungen (4.2) bis (4.7) implementiert. Aufgrund der fehlenden Implementierung eines Bremssystems wird über die

Schaltelemente des Bereichs „Bremsfilter“ ein Rückwärtstreten vermieden, in dem das Vorzeichen des Bedarfsmoments überwacht wird. Dieses würde in den Fällen auftreten, in denen die Geschwindigkeit reduziert wird.

4.2 Drehmomentsensorauswertung

Bei der Drehmomentsensorauswertung werden die Modelle für Fahrer und Sensor invertiert. Die Cosinus- und Sinussignale werden abgetastet und daraus, wie in Abschnitt 4.1 beschrieben, die Sektoren bestimmt. Anhand der Sektorreihenfolge kann dann die Drehzahl und die Drehrichtung berechnet werden.

Das Drehmoment soll im Idealfall bei konstanter Fahrt auch einem konstanten Wert entsprechen. Nach dem im vorherigen Abschnitt erläuterten Prinzip kann das Drehmoment an dieser Stelle wieder für jede Kurbelumdrehung integriert werden. Gleichzeitig kann über die Messung der Zeit für die letzte Pedalumdrehung der Mittelwert bestimmt werden. Über ein Halteglied, welches nach jeder Pedalumdrehung aktualisiert wird, entstehen periodenweise konstante Drehmomentaufnahmen. Nach einer Normierung bilden sie dann die Stromsollgrößen für die Regler des Motors. Zu beachten ist hier ebenfalls, dass der Sensor das Drehmoment nur auf einer Seite misst, weshalb das tatsächliche Fahrermoment doppelt so groß ist.

An dieser Stelle kann dem Pedelec das gewünschte Fahrverhalten aufgeprägt werden. Zum Beispiel über mehrdimensionale Kennfelder können die nun vollständig verarbeiteten Fahrereingaben in die Sollgrößen des Motors umgewandelt werden. Die Eingabewerte der Kennfelder bestehen in diesem Beispiel aus dem Drehmoment des Fahrers M_{Fahrer}, der Pedaldrehzahl des Fahrers Ω_{Pedal}, der Geschwindigkeit des Fahrrads v und einer möglichen Wahl der gewählten Unterstützungsstufe.

Eine zusätzliche Komplexität bringt dabei eine am Fahrrad verbaute Schaltung. Ist nur ein Gang vorhanden, besteht immer ein fester Zusammenhang zwischen M_{Fahrer}, Ω_{Pedal} und v. Dementsprechend kann in diesem Fall auch eine feste Zuordnung zwischen den Eingaben und den Sollströmen getroffen werden. Bei einer Implementierung von verschiedenen Unterstützungsstufen kann dieser Zusammenhang proportional verändert werden. Ist am Fahrrad eine Schaltung verbaut, wovon in diesem Fall ausgegangen wird, ist diese Zuordnung nicht mehr möglich. Es liegt ein nichtlineares Übersetzungsverhältnis vor.
In diesem Fall kann eine Leistungssteuerung Abhilfe schaffen. Aus dem Fahrerdrehmoment und der Pedaldrehzahl wird dann die eingebrachte Leistung P_{Fahrer} berechnet.

$$P_{Fahrer} = M_{Fahrer} \cdot \Omega_{Pedal} \tag{4.14}$$

Nun kann das Sollmoment des Motors aus dem folgenden Zusammenhang für die Soll-Leistung des Motors $P_{Motor,soll}$ bestimmt werden.

$$P_{Motor,soll} = k \cdot P_{Fahrer} \tag{4.15}$$

Da die Drehzahl des Motors Ω_{Rot} ebenfalls durch den aktuellen Fahrzustand festgelegt und bekannt ist und da proportional zu Ω_{Pedal} (siehe Schaltung) kann die Formel in folgende Form überführt werden.

$$M_{Motor,soll} \cdot \Omega_{rot} = k \cdot P_{Fahrer} \tag{4.16}$$

Einsetzen der Gleichungen ineinander und Auflösen nach $M_{Motor,soll}$ ergibt:

$$M_{Motor,soll} = k \cdot \frac{M_{Fahrer} \cdot \Omega_{Pedal}}{\Omega_{rot}} \tag{4.17}$$

Da der Strom des Motors bei symmetrischem magnetischen Aufbau des Motors nach Gleichung (2.99) aus Abschnitt 2.4 proportional zum Drehmoment ist, ergibt sich der drehmomentbildende Sollstrom $i_{q,soll}$ zu

$$i_{q,soll} = \frac{2}{3} \cdot \frac{M_{Motor,soll}}{Z_p \cdot \Psi_{pmax}} . \tag{4.18}$$

Wird $M_{Motor,soll}$ wiederum in diese Gleichung eingesetzt, erweitert sich der Ausdruck für den Strom.

$$i_{q,soll} = k \cdot \frac{2}{3 \cdot Z_p \cdot \Psi_{pmax}} \cdot \frac{\Omega_{Pedal}}{\Omega_{rot}} \cdot M_{Fahrer} \tag{4.19}$$

Der zweite Bruch stellt dabei die Übersetzung der Schaltung dar. Der Faktor k kann über ein Kennfeld den Unterstützungsgrad des Motors bestimmen. Das Kennfeld kann für verschiedene Fahrsituationen oder Fahrertypen angepasst sein. Durch die Abhängigkeit von M_{Fahrer} und Ω_{Pedal} sollte die Stromvorgabe sowohl für hohe, als auch für niedrige Trittfrequenzen, sowie für hohe und niedrige Momente funktionieren. Für den maximalen Wirkungsgrad des Motors wird der Strom $i_{d,soll}$ idealerweise auf null geregelt.

Mögliche Verläufe für einen normierten Unterstützungsfaktor k_{norm} in Abhängigkeit der Leistung des Fahrers sind in Abb. 4.18 abgebildet. Ein maximales k_{norm} entspricht dem maximal verfügbaren Motormoment. Die lineare Kennlinie bildet einen ganz allgemeinen Fall ab. Die progressive Kennlinie entspricht einer sportlicheren Auslegung. Die degressive Kennlinie bringt erst bei großer aufgebrachter Leistung des Fahrers die größeren Motorleistungen. Bei der starken Unterstützung ist das Motormoment schon bei sehr geringen Fahrereingaben sehr hoch.

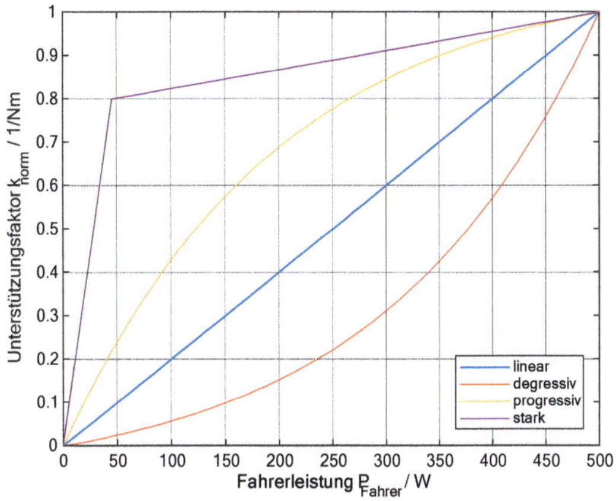

Abb. 4.18: Kennlinien für Unterstützungsfaktor k

Zusammenfassend kann über die Kennlinie das Ansprechverhalten des Motors gesteuert werden. Um sanfte Übergänge zwischen den Strom- beziehungsweise Drehmomentsollwerten herzustellen und ein zu starkes Rucken des Motors zu vermeiden, können Filter nachgeschaltet werden, die die Sollverläufe glätten.

4.2.1 Implementierung der Trittfrequenzauswertung

Das Subsystem der Trittfrequenzauswertung ist in Abb. 4.19 dargestellt. Da dieser Block auch auf dem Controller ausgeführt wird, ist dies ein dSpace TargetLink Subsystem mit den zugehörigen Blöcken.

Die Cosinus- und Sinussignale werden später auf dem Controller als digitale Eingänge deklariert und können deshalb nur die Zustände einer logischen Eins oder null annehmen. Diese Zustände wurden im Trittfrequenzmodell deshalb auch auf diese Weise modelliert. Aus diesen beiden Größen wird im ersten Schritt der Sektorwert bestimmt, wie es bereits in Abschnitt 3.3 beschrieben wurde.

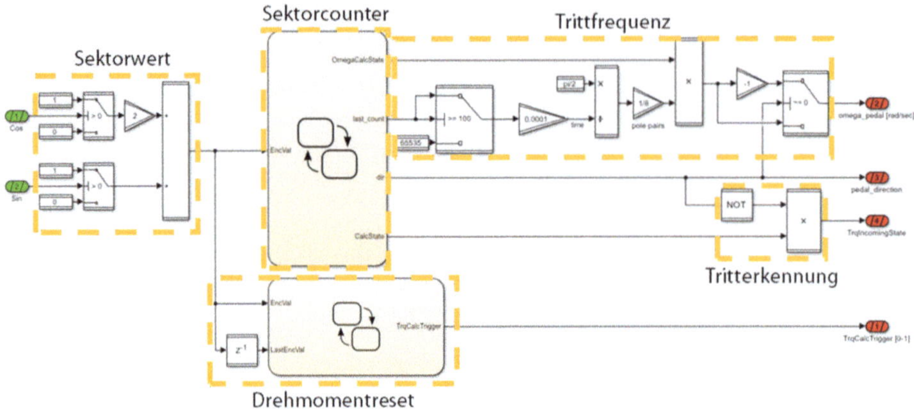

Abb. 4.19: Auswertung der Pedaldrehzahl in Simulink

Der Zustandsautomat *Sektorcounter* wurde in Stateflow umgesetzt und ist in Abb. 4.20 abgebildet. Als Eingang dient der Sektorwert, hier als *EncVal* bezeichnet. Je nach Wert von *EncVal* befindet sich der Zustandsautomat in einem entsprechenden vorgesehenen Zustand. Bei rotierenden Pedalen sollten so die äußeren vier Zustände durchlaufen werden. Während sich der Automat in einem Zustand befindet, wird ein Counter hochgezählt. Aus diesem kann bei bekannter Abtastrate die Zeit berechnet werden, die beim Pedalieren für einen Sektor benötigt wird. Bei einem Zustandsübergang wird der Counterwert zurückgesetzt. Da die Größe der Sektoren bekannt ist, kann die Winkelgeschwindigkeit der Pedale bestimmt werden. Implementiert sind beide Drehrichtungen, die aus der Abfolge der Sektorwerte erkannt werden und für die spätere Tritterkennung ebenfalls ausgegeben werden.

Wenn der Counterwert einen Schwellwert erreicht, bedeutet dies, dass sich die Kurbel nicht oder nur sehr langsam dreht. Der Automat schaltet dann in den mittleren Zustand und wartet, bis sich wieder ein Sektorwert ändert. Damit Eintreten ohne Verzögerung erkannt wird, gibt es als Ausgang den *CalcState*.

Dieser gibt den nachfolgenden Auswertungsblöcken an, dass sich die Kurbeln drehen und dass deshalb mit einem ankommenden Moment zu rechnen ist.
Der Zustand *OmegaCalcState* wird erreicht, wenn sich die Pedale drehen und mindestens einen Sektor durchlaufen haben. Dies dient einer Fehlervorbeugung bei der Trittfrequenzberechnung.

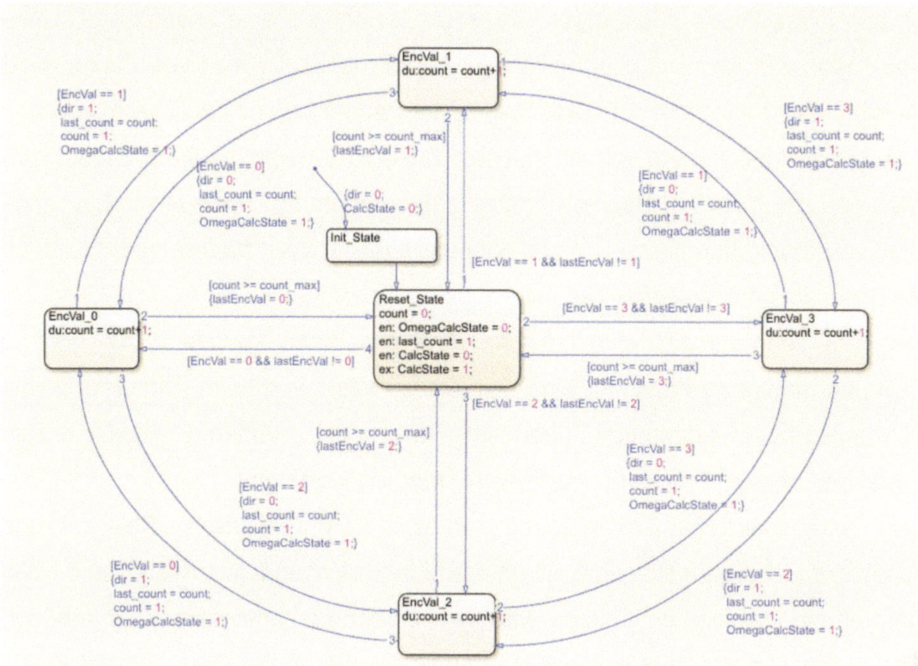

Abb. 4.20: Trittfrequenz Counter in Stateflow

Die Trittfrequenz wird aus dem Counterwert des letzten Sektors (*last_count*) berechnet. Da die Abtastfrequenz T_{ab} und der Winkel von 90 Grad eines Sektors festgelegt sind, liefern diese Werte die Winkelgeschwindigkeit. Da sich im Sensor mehrere Polpaare p befinden, welche die Hallsensoren für Cosinus- und Sinussignal schalten, müssen diese hier ebenfalls eingerechnet werden. Die Trittfrequenz bestimmt sich nach der folgenden Formel:

$$\Omega_{Pedal} = \frac{\frac{\pi}{2}}{last\_count \cdot T_{ab}} \cdot \frac{1}{p} \tag{4.20}$$

Für besonders hohe Trittfrequenzen weisen die Werte für den Counter sehr gering Größen auf. Da sich in diesem Fall der Fehler der Drehzahlschätzung erhöht, werden diese Werte abgefangen, wenn sie kleiner als eine bestimmte Grenze sind. Dann wird der *last_count*-Wert durch die maximal abbildbare Zahl ersetzt Hierdurch wird der nicht definierte Fall für die Pedalfrequenz Ω_{Pedal} vermieden.
Eine zweite Absicherung entsteht mit dem Zustand *OmegaCalcState*. Dieser wird dazu genutzt, dass bei Beginn der Drehzahlberechnung, wenn ein Sektor noch nicht vollständig durchlaufen ist und noch kein valider Wert für *last_count* vorliegt, die Drehzahl noch weiterhin bei null bleibt.
Die Tritterkennung gibt eine logische Eins aus, wenn gerade in die richtige Richtung getreten wird, sonst eine null. Dieser Wert wird beim Anfahren für die Führungsgrößenbestimmung benötigt, da es während der ersten Pedalumdrehung noch keine validen Drehmomentwerte gibt.
Das Zustandsautomat *Drehmomentreset* zählt die durchlaufenen Sektoren und schaltet die Ausgangsvariable alternierend auf eins und null, wenn eine volle Umdrehung durchlaufen ist. Dies wird für die Drehmomentbestimmung benötigt, da dort immer nach einer vollen Periode das Integrieren des Drehmomentsignals von neu beginnt.

4.2.2 Implementierung der Drehmomentbestimmung

Das Subsystem der Drehmomentbestimmung ist in Abb. 4.21 abgebildet. Als Eingang kommen unteranderem der ADC-Wert des Drehmomentsensors an, dass über die Kennlinie aus dem Datenblatt in das Drehmoment in Newtonmeter umgerechnet wird. Mit diesem Signal kann nun der Mittelwert des Drehmoments über der letzten Periode berechnet werden. Hierfür wird der Wert mit einem diskreten Integrator über die Periode hinweg integriert. Durch den zweiten Eingang erkennt das System, wenn eine Kurbelumdrehung durchlaufen ist und setzt den Integrator zurück, der dann wieder von null mit der Integration beginnt.

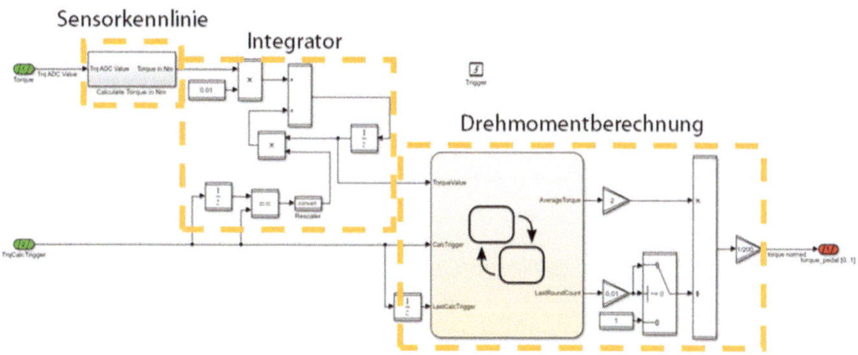

Abb. 4.21: Subsystem „Drehmomentbestimmung“

Die Drehmomentberechnung läuft ebenfalls über einen Zustandsautomat, dessen Inhalt in Abb. 4.22 aufgeführt ist, ab. Dieser Zustandsautomat dient gleichzeitig wieder als Counter, um auf die Zeit für die letzte Kurbelumdrehung zu schließen, andererseits auch als Halteglied für die integrierten Drehmomentwerte. Zu Beginn befindet sich der Automat im *Reset*-State. Sobald sich der *CalcTrigger* verändert, ändert sich der Zustand zum *PeriodCounting*-State und der Counter beginnt zu zählen. Bei erneuter Änderung des *CalcTrigger* Wertes werden das integrierte Drehmoment (*AverageTorque*) und der aktuelle Counterwert (*LastRoundCount*) gespeichert und ausgegeben. Der Counter wird zurückgesetzt und beginnt erneut mit dem Zählen. Wenn er einen bestimmten Grenzwert überschreitet, hat der Fahrer aufgehört zu treten und das System geht wieder in den *Reset*-State.

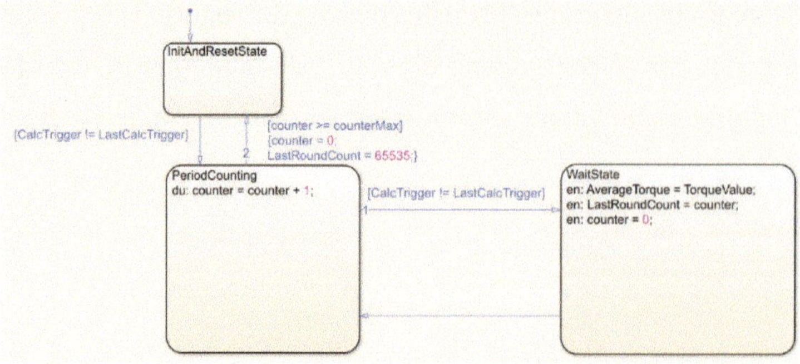

Abb. 4.22: Drehmomentberechnung in Stateflow

Mit *AverageTorque* und *LastRoundCount* lässt sich das Drehmoment nach folgender Formel bestimmen:

$$M_{Bed} = \frac{AverageTorque}{LastRoundCount \cdot T_{ab}} \cdot 2 \tag{4.21}$$

Mit der Abtastperiode T_{ab} und dem Counterwert lässt sich wieder die vergangene Zeit berechnen. Die Zeit T_{ab} muss für die Berechnung von M_{Bed} auch als Faktor im diskreten Integrator hinterlegt sein. Zuletzt wird das Drehmoment entsprechend dem Aussteuerbereich des Drehmomentsensors normiert.

4.2.3 Führungsgrößenbestimmung

Bei der Führungsgrößenbestimmung werden nun Sollgrößen für die Stromregelung bestimmt. Die eigentliche Führungsgrößenbestimmung befindet sich dabei am Schluss der Sensorauswertung. Man kann hier auch von einer Sensorfusion sprechen, da hier aus der Kadenz und dem Moment im Tretlager eine Unterstützungsanforderung des Fahrers interpretiert und umgerechnet wird. Des Weiteren kann hier ebenfalls eine Betriebsstrategie implementiert werden. In dem hier beschriebenen Beispiel wird aus dem vorgegebenen Drehmoment und der normierten Drehzahl die Leistung berechnet und mit Hilfe eines diskreten PT1-Gliedes gefiltert, um sprunghafte Änderungen in den Sollvorgaben vorzubeugen. Dies soll während der Fahrt ein Rucken des Motors bei unruhigem Treten verhindern. Die Abb. 4.23 zeigt die Bestimmung der Führungsgröße für den Stromregler. Die Auswertung und die entwickelten Funktionen sind modular aufgebaut und können jederzeit durch Anpassungen und Erweiterungen geändert oder optimiert werden. Über die nachgeschalteten Lookup-Tabellen können Kennlinien hinterlegt werden.

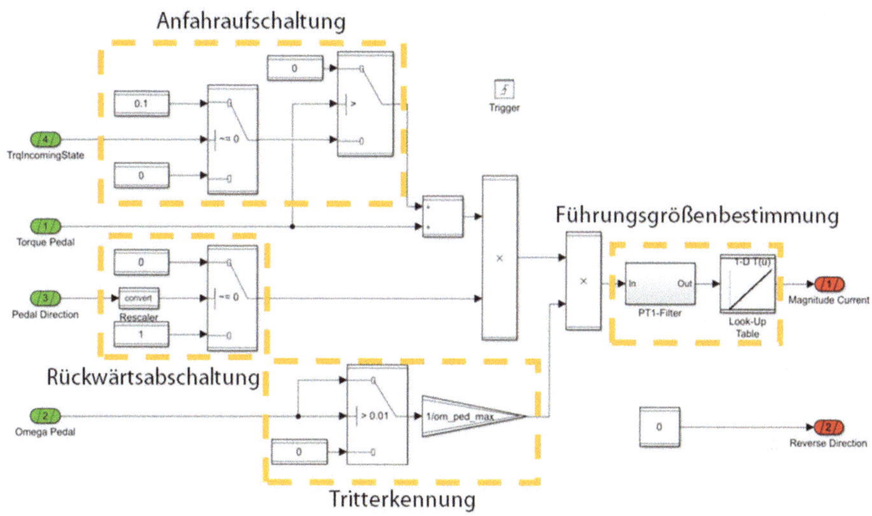

Abb. 4.23: Führungsgrößenbestimmung in Simulink

Die Anfahraufschaltung erkennt, wenn ein Drehmoment eingeht und schaltet einen Faktor auf, da die Drehmomentmittelwertbildung erst nach einer ganzen Pedalumdrehung plausible Werte liefert. Der Faktor wird im ersten Switch-Block umgesetzt. Der zweite Switch-Block fängt den Faktor ab, wenn die wirklichen Drehmomentwerte ankommen. Die Rückwärtsabschaltung filtert noch einmal die Drehmomentvorgabe und setzt die Sollgrößen auf null, wenn Rückwärts getreten wird. Die Tritterkennung filtert zu kleine Pedaldrehzahlen und normiert sie.

Die nachstehenden Abbildungen zeigen gemessene Werte der oben beschriebenen Funktionalitäten. Die Abb. 4.24 zeigt das analog gemessene Drehmomentsignal, das durch den Sensor erfasst wird. Die Messung wurde auf einem Rollentrainer mit einstellbarer Last durch eine Wirbelstrombremse erzeugt. Bei der Messung ist die einseitige Erfassung des vom Fahrer auf die Tretkurbel eingeprägte Drehmoment erkennbar. Auch ist das leicht entgegengesetzte Drehmoment erkennbar, welches wie angesprochen durch die Gewichtskraft des auf dem Pedal befindlichen Fußes erzeugt wird. An dieser Stelle sei zu erwähnen, dass die Messung auf einem Rollentrainer nicht das reale Verfahren entspricht. Zurückzuführen ist dieses auf die Wirbelstrombremse und dessen Lastverhalten. Bei der dargestellten Messung und der hierbei durchgeführten Pedalbewegung ist das Hinterrad durchgerutscht, sobald das Drehmoment eine gewisse Größe erreicht hat. Dieses hat zur Folge, dass das Drehmomentsignal relativ schnelle Änderungsraten aufweist und somit nicht qualitativ dem des simulierten Verlauf entspricht. Das kurzzeitige Durchrutschen des Hinterrades lässt sich zusätzlich an der berechneten Trittlagerdrehzahl in der Abb. 4.25 erkennen. Hier wird der wellenförmige Verlauf der aus den digitalen Sinus- und Cosinus-Signalen bestimmten Trittfrequenz ersichtlich. Zu erwähnen ist, das das Drehmomentsignal und die Trittfrequenz ungefiltert aufgenommen wurden sind. Die letzte Abbildung zeigt das über eine Umdrehung bestimmte normierte mittlere Drehmoment $M_{Pedal,norm}$. Hierbei wird die Verzögerung des ersten berechneten mittleren Drehmoments deutlich. Für eine Zusammenführung der beiden Größen gilt es somit einen geeigneten Übergang zu finden, insbesondere in der Anfahrphase, in der nur das Signal der Trittfrequenz vorliegt.

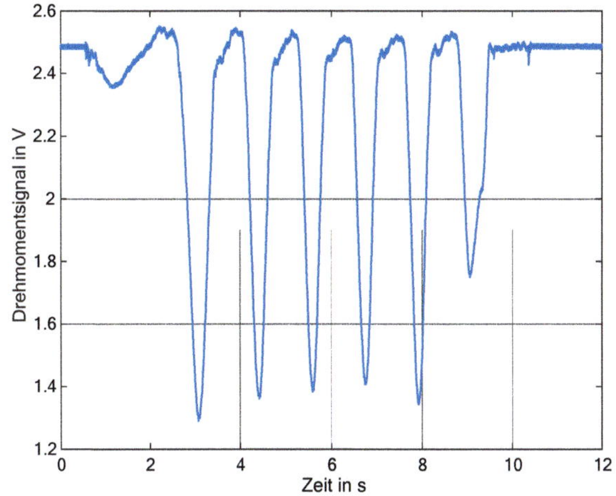

Abb. 4.24: Messung des Drehmomentsensorsignals

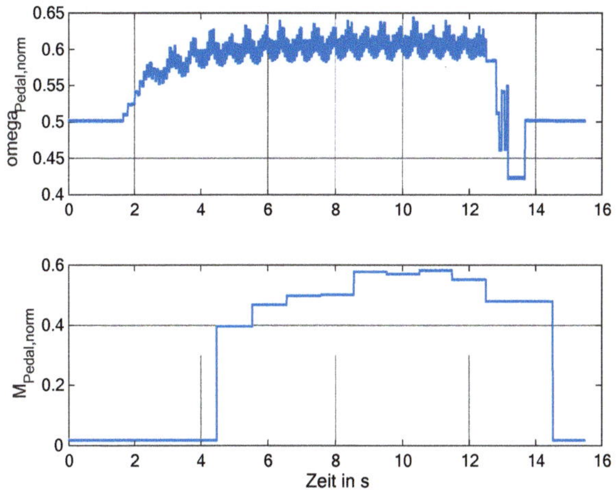

Abb. 4.25: Messung von Pedaldrehzahl und -Moment

Speziell die Funktionen zur Auswertung und Überführung der Sensorsignale des Tretlagersensors in geeignete Führungsgrößen für den Motor dient als Beispiel und soll die Möglichkeiten aufzeigen. So sind z.B. entsprechende Anpassungen zu tätigen, wenn ein Sensor vorhanden ist, der die Möglichkeit der beidseitigen

Erfassung des Drehmoments aufweist. Des Weiteren bietet die aufgezeigte Entwicklungsumgebung viel Platz, unterschiedliche Algorithmen hinsichtlich diverser Anforderungen zu entwickeln und miteinander zu vergleichen. Dabei ist die Wirkung auf das Fahrgefühl des Fahrers entscheidend. Hierzu müssten im Vorfeld die sehr subjektive Wahrnehmung des Fahrers in geeigneter Form quantifiziert werden.

5 Fahrdynamikmodellierung dreispuriger Fahrzeuge

Während die vorherigen Kapitel die Bereitstellung mechanischer Energie über elektrische Energiespeicher und die Antriebsmaschine beschreiben, geht dieses Kapitel auf die Umwandlung dieser Antriebsenergie in die Bewegungsenergie des Fahrzeugs ein.

Planare Fahrdynamikmodelle, wie beispielweise das vielfach in der Literatur erwähnte Einspurmodell, ermöglichen eine vereinfachte mathematische Darstellung der Fahrzeugquerdynamik auf Basis diverser Annahmen und eine Interpretation des fahrzeugspezifischen Eigenlenkverhaltens. [13, 37]

Neben dem Einsatz zur Fahrdynamiksimulation wird das Einspurmodell auch direkt in die Software von Fahrerassistenzsystemen implementiert, um nicht-messbare Bewegungsgrößen zu schätzen. Ein Beispiel für eine solche implementierte Verwendung zur Kenngrößenermittlung ist das Elektronische Stabilitätsprogramm (ESP) moderner Automobile, in dem die Gierrate über ein lineares Einspurmodell geschätzt wird. [43]

Dieses Kapitel greift das Modellierungsprinzip des nichtlinearen Einspurmodells auf und entwickelt anhand dessen ein nichtlineares Dreispurmodell nach Abb. 5.1 mit zwei Hinterrädern.

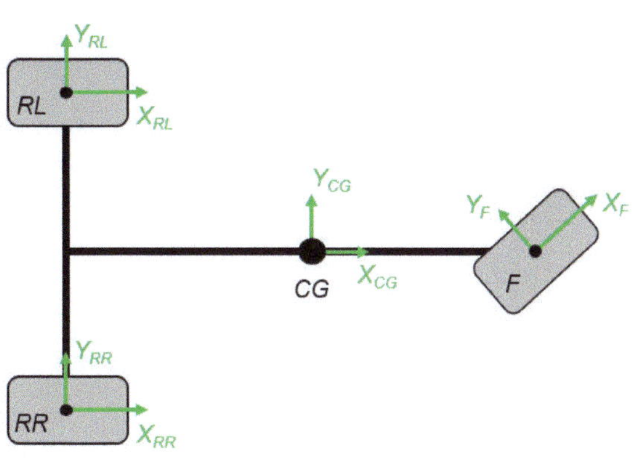

Abb. 5.1: Topologie eines Dreispurmodelles

M. Ruschitzka et al., *Mechatronische Produktentwicklung im Kontext der Mikromobilität*, https://doi.org/10.1007/978-3-662-64623-6_5

Eine solche Darstellung entspricht der Topologie des in diesem Werk adressierten, dreirädrigen Beispielsfahrzeugs. Der Bewegungszustand dieses Dreispurmodells resultiert aus den Kraftwirkungen an den drei Rädern. Diese ergeben sich aus den Verhältnissen am Kontaktpunkt zwischen Reifen und Fahrbahn, welche Reifenmodelle simulativ nachbilden, und durch die Vorgabe von Antriebskräften. Ein wesentlicher Einflussfaktor auf die genannten Verhältnisse sind die Radaufstandskräfte sowie die Schräglaufwinkel an den Rädern. Sie stellen mögliche Eingangsgrößen für Reifenmodellen dar und werden in separaten Teilmodellen bestimmt. Das Teilmodell zur Berechnung von dynamischen Radaufstandskräften des entstehenden Modellverbunds bestimmt den räumlichen Bewegungszustand eines abstrahierten Fahrzeugaufbaus anhand von Trägheitswirkungen sowie die Verteilung der Last auf die drei Räder. Der Schräglaufwinkel geht aus geometrischen Betrachtungen innerhalb der Fahrbahnebene hervor. Abgerundet wird der in Abb. 5.2 dargestellte Modellverbund durch eine Komponente zum Einbezug von Fahrwiderständen.

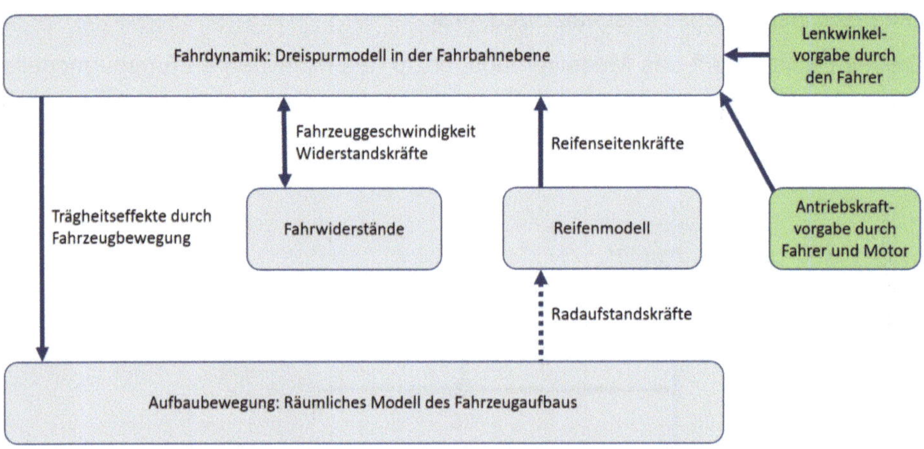

Abb. 5.2: Modellverbund zur Fahrdynamik-Simulation

Der entstandene Modellverbund gestattet die Nachbildung des Fahrverhalten des Beispielsfahrzeugs. Dabei existieren mehrere Schnittstellen zur Anregungen des Modellverbundes. So erfolgt eine Vorgabe des Lenkwinkels durch den Fahrer. Auch werden antreibende Längskräfte an den Reifen vorgegeben, welche sich aus den Antriebskräften zweier motorisierter Hinterräder und der Antriebskraft durch das Pedaldrehmoment des Fahrers zusammensetzen.

Über diese Schnittstellengrößen lassen sich weitere Modell, wie beispielsweise ein Modell der Antriebsmaschine (vgl. Kapitel 1) und ein Fahrermodell in den Verbund integrieren.

Gegenüber dem Einspurmodell ist betonen, dass die Topologie des Dreispurmodells mit zwei getrennten Hinterrädern eine radselektive Vorgabe von Antriebskräften gestattet. Diese Eigenschaft ist eine Grundlage für die modellbasierte Entwicklung spezialisierter Fahrerassistenzsysteme, die über eine variable Drehmomentverteilung an den Hinterrädern in die Querführung des Fahrzeugs eingreifen, um Fahrkomfort und Betriebssicherheit zu steigern.

5.1 Nichtlineares Dreispurmodell in der Ebene

Der folgende Abschnitt beschäftigt sich mit der planaren Darstellung der Fahrdynamik eines dreirädrigen Fahrzeugs anhand eines nichtlinearen Dreispurmodells. Die Zielsetzung dieses Modellierungsprinzips ist eine vereinfachte Abbildung der Querdynamik von Fahrzeugen. Anhand dessen ist eine Charakterisierung des Fahrverhaltens möglich. Im Rahmen dessen erfolgt auch die Bestimmung des Schräglaufwinkels und des Luftwiderstandes stellvertretend für alle anderen Arten von Fahrwiderständen.

5.1.1 Topologie und Prinzip des Dreispurmodells

Als Ausgangspunkt für die Formulierung von Bewegungsgleichungen der planaren Fahrdynamik dient eine schematische Darstellung des Beispielfahrzeugs. Dieses Schema, welches in Abb. 5.3 zu sehen ist, zeigt Koordinatensysteme in Grün, Kraft- sowie Drehmomentwirkungen in Rot, unabhängige Auslenkungsmöglichkeiten in Violett und Maße des Fahrzeugs in Schwarz. Letztere sind der Radstand *l* und die Spurweite *b*, welche sich wiederum in die Abstände l_F, l_R, b_{RL} und b_{RR} untergliedern und so die Lage des Schwerpunktes innerhalb der Fahrzeuges angeben.

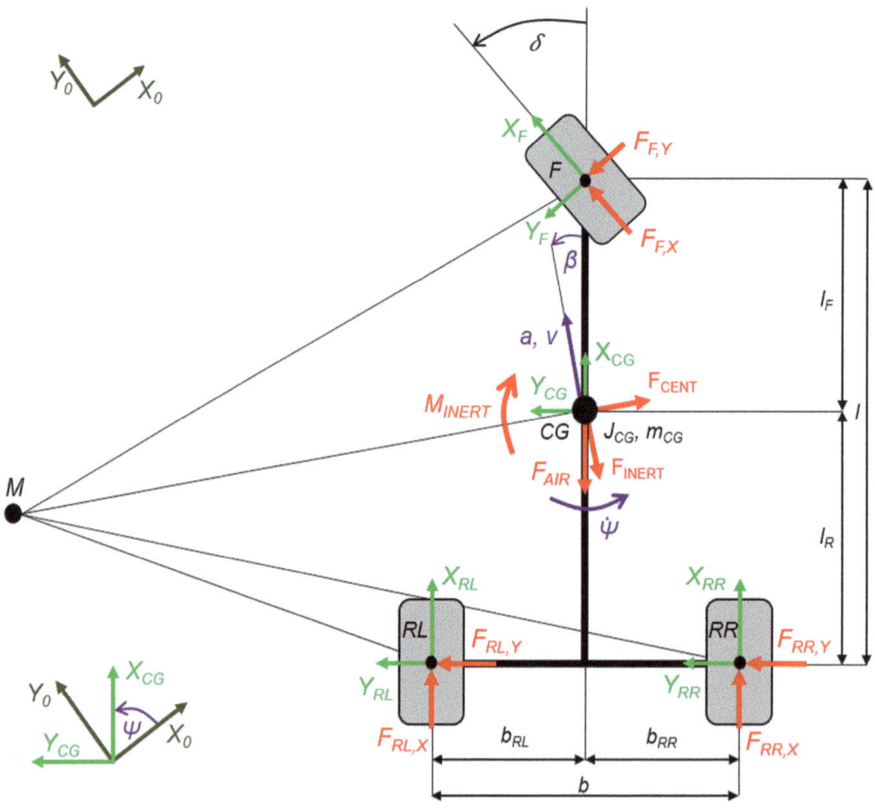

Abb. 5.3: Dreispurmodell mit Freiheitsgraden (violett), Maßen und Indizes

Neben diesem Schema bilden einige Annahmen die Grundlage der Modellierung. Dahingehend ist zunächst zu erwähnen, dass die Bewegungen des Fahrzeugaufbaus in diesem Teilmodell noch keine Beachtung finden. Sie bilden den Inhalt späterer Kapitel.

Weiterhin konzentrieren sich die einzelnen Massen des Fahrzeugs in der Gesamtmasse m_{CG} des Fahrzeugs, wodurch sich ein Gesamtschwerpunkt mit dem Index CG, Center of Gravity, ergibt. Wie aus Abb. 5.3 ersichtlich, verfügt das Modell über drei Räder mit den Indizes F für „front“, RR für „rear right“ und RL für „rear left“. Eine Radaufhängung sowie Phänomene der zugehörigen Kinematik, wie zum Beispiel der Reifennachlauf, bleiben unbeachtet [37].

Darüber hinaus führt Abb. 5.3 mehrere Koordinatensysteme ein, deren nicht eingezeichnete Z-Koordinatenachsen nach der Konvention für rechtshändige Systeme in Richtung des Betrachters weisen. Die Abbildung der Fahrzeugbewegungen erfolgt in der X-Y-Ebene des Referenzkoordinatensystems mit dem Index 0. Diese Ebene wird als Fahrbahnebene bezeichnet. Hinzukommt das fahrzeugfeste Koordinatensystem mit dem Index CG, welches gegenüber dem Referenzkoordinatensystem um dem Gierwinkel Ψ um die Hochachse verdreht ist. Jedes der drei Räder erhält ebenfalls ein Koordinatensystem. Dabei entspricht die Orientierung der Koordinatensysteme der Hinterräder derjenigen des fahrzeugfesten Koordinatensystems, während das Koordinatensystem des Vorderrades gegenüber dem fahrzeugfesten System um den Lenkwinkel δ um die Hochachse verdreht ist.

Für eine ebenes Modell dieser Art existieren offensichtlich zwei unabhängige Auslenkungsmöglichkeiten des fahrzeugfesten Koordinatensystems gegenüber dem Referenzkoordinatensystem, die auch als Starrkörperfreiheitsgrade oder einfach Freiheitsgrade bezeichnet werden [36]. Zum einen kann es zu einer Translation in der X-Y-Ebene mit der Geschwindigkeit v des Schwerpunktes kommen. Zum anderen ist eine Rotation um die Z-Koordinatenachse mit der Gierwinkelgeschwindigkeit, auch Gierrate genannt, möglich. Hinzu kommt der

Schwimmwinkel β, welcher die Neigung der Geschwindigkeit v des Fahrzeugschwerpunktes CG relativ zur Fahrzeuglängsachse beschreibt. Er stellt sich dynamisch abhängig von der Fahrsituation ein und bildet daher ebenfalls einen Freiheitsgrad. Eine weitere Auslenkungsmöglichkeit innerhalb des Modells ist der Lenkwinkel δ, der die Verdrehung des Koordinatensystems des Vorderrades gegenüber dem fahrzeugfesten Koordinatensystem CG um die Hochachse beschreibt. Er geht als Eingangsgröße in das Modell ein und ist somit kein Freiheitsgrad.

Um die kinetischen Zusammenhänge im Modell einfacher beschreiben zu können wird dem Modell ein aktueller Bewegungszustand und den Freiheitsgraden somit eine aktuelle Richtung zugewiesen, was in Abb. 5.3 bereits angedeutet ist.

Bei diesem Bewegungszustand handelt es sich um ein beschleunigtes vorwärtsgerichtetes Durchfahren einer engen Linkskurve um den Krümmungsmittelpunkt M mit der Beschleunigung a und der Geschwindigkeit v. Bei einem solchen Kurs rotiert das fahrzeugfeste Koordinatensystem mit der Gierrate $\dot{\Psi}$ um seine Hochachse. Die Ursache für den beschleunigten Vorgang sind die Antriebskräften $F_{F,X}$, $F_{RL,X}$ und $F_{RR,X}$, die längs der Radmittelebenen in Fahrtrichtung wirken. Die beschleunigte Kurvenfahrt führt zu einer nach außen wirkenden Zentrifugalkraft F_{CENT}, deren Wirkungslinie auf der Normalen zur durchfahrenen Bahnkurve des Fahrzeugschwerpunktes liegt, und weiterhin zu einer trägheitsbedingten Kraft F_{INERT}, die der Beschleunigung a entgegengerichtet ist. Um eine realistische Simulation zu erhalten, wird zuletzt die Luftwiderstandskraft F_{AIR} in das Modell einbezogen. Der Einfachheit halber liegt ihre Wirkungslinie im Modell auf der Fahrzeugmittelebene und es wird v als Anströmgeschwindigkeit angenommen.

Auch die beschleunigte Rotation mit der Gierbeschleunigung $\ddot{\Psi}$ um die Z-Koordinatenachse des fahrzeugfesten Koordinatensystems ist eine Folge der Kurvenfahrt. Ihr wirkt das trägheitsbedingte Drehmoment M_{INERT} entgegen, welches vom Massenträgheitsmoment J_{CG} um die Hochachse des Fahrzeugs abhängt. Als Reaktion auf die Antriebs- und Trägheitswirkungen ergeben sich weiterhin die Seitenkräfte $F_{F,Y}$, $F_{RL,Y}$ und $F_{RR,Y}$ an den Rädern.

5.1.2 Bewegungsgleichungen des Dreispurmodells

Ausgehend von den beschriebenen Annahmen lassen sich Gleichungen formulieren, die das dynamische Fahrverhalten eines dreispurigen Fahrzeugs wiedergeben. Zu diesem Zweck werden zuerst die in Abschnitt 5.1.1 genannten Kräfte und Momente physikalisch ausformuliert, um sie anschließend in Kräfte- und Drehmomentbilanzen zusammenzufassen und diese durch Umformung in die Bewegungsgleichungen zu überführen.

Die Formulierung der einzelnen Kräfte und Momente beginnt mit der Festlegung, dass die Antriebskräfte $F_{F,X}$, $F_{RL,X}$ und $F_{RR,X}$ als Eingangsgröße vorgeben werden und die Seitenkräfte $F_{F,Y}$, $F_{RL,Y}$ und $F_{RR,Y}$ die Schnittstelle zwischen Dreispurmodell und Reifenmodell darstellen.

Für die Trägheitswirkungen durch die Gierwinkelbeschleunigung $\ddot{\Psi}$ und die Beschleunigung a der Translation in der Fahrbahnebene ergeben sich folgende Ausdrücke:

$$M_{INERT} = J_z \cdot \ddot{\Psi} \tag{5.1}$$

$$F_{INERT} = m_{CG} \cdot a \tag{5.2}$$

Eine weiterer Trägheitseffekt ist die Zentrifugalkraft als Resultat der Kurvenfahrt, die in allgemeiner Form folgendermaßen beschrieben werden kann [8].

$$F_{CENT} = m_{CG} \cdot a_{CENT} = m_{CG} \cdot \frac{v^2}{r} \tag{5.3}$$

Es fällt auf, dass der Ausdruck (5.3) von einem Radius *r* abhängt, der im Anwendungsfall des Dreispurmodells nicht bekannt ist. Da sein Kurs veränderbarer statt kreisförmiger Natur sein kann, ist der Radius an jedem infinitesimalen Kursabschnitt verschieden bzw. nicht klar definiert. Daher wird er im Folgenden als aktueller Kurvenradius *r`* bezeichnet. Um in einem späteren Schritt Bewegungsgleichungen zu erhalten, welche nicht explizit vom umständlich bestimmbaren aktuellen Kurvenradius *r`* abhängen, lässt sich der Ausdruck für die Zentrifugalkraft so umformulieren, dass der *r`* als Variable entfällt. Zu diesem Zweck betrachtet man anhand von Abb. 5.4 einen Ausschnitt aus der Kinematik der Kurvenfahrt.

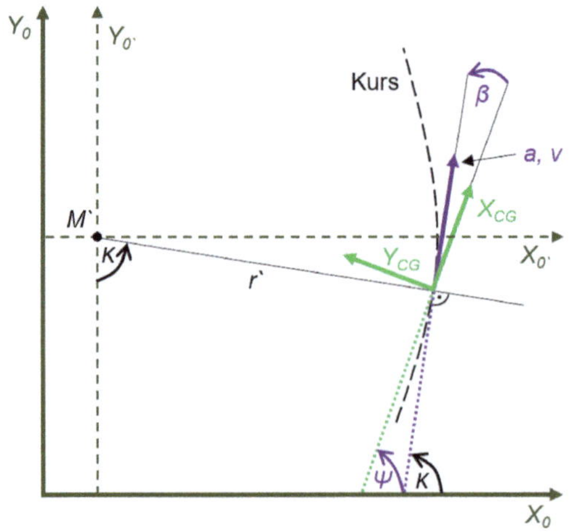

Abb. 5.4 Geometrische Betrachtung zum Kurswinkel [18]

Zum einen führt diese Betrachtung zur Definition des Kurswinkels als Summe aus Schwimmwinkel und Gierwinkel:

$$\kappa = \beta + \Psi \tag{5.4}$$

Zum anderen verdeutlicht sie auch, dass der Kurswinkel die Rotation mit dem aktuellen Kurvenradius *r`* um den aktuellen Krümmungsmittelpunkt *M`* beschreibt. Somit ist die zeitliche Ableitung des Kurswinkels

$$\dot{\kappa} = \dot{\beta} + \dot{\Psi} \tag{5.5}$$

die Winkelgeschwindigkeit dieser Rotation und führt mit dem aktuellen Kurvenradius *r`* zu einem Ausdruck für die in Abb. 5.3 eingeführte Geschwindigkeit *v*, mit der sich der Gesamtschwerpunkt des Fahrzeugs bzw. das zugehörige fahrzeugfeste Koordinatensystem in der Fahrbahnebene verschiebt.

$$v = \dot{\kappa} \cdot r` = \left(\dot{\beta} + \dot{\Psi}\right) \cdot r` \tag{5.6}$$

Wendet man Gleichung (5.3) auf die aktuelle Fahrsituation an, so geht der allgemeine Radius *r* innerhalb dieser Gleichung in den aktuellen Kurvenradius *r`* über. Durch Einsetzen des Ausdrucks (5.6) für *v* ergibt sich ein neuer Ausdruck für die Zentrifugalkraft, der nichtmehr vom aktuellen Kurvenradius *r`* abhängt.

$$F_{CENT} = m_{CG} \cdot v \cdot \left(\dot{\beta} + \dot{\Psi}\right) \tag{5.7}$$

Der nächste Schritt führt die oben gefundenen Ausdrücke für die Kraftwirkungen in X- und Y-Richtung des fahrzeugfesten Koordinatensystems, sowie die Drehmomentwirkungen um die Z-Koordinatenachse des fahrzeugfesten Koordinatensystems CG sukzessive in Bilanzgleichungen zusammen. Für die Bilanz der Kräfte in Längsrichtung des Fahrzeugs ergibt sich

$$\sum F_X = 0 = F_{RL,X} + F_{RR,X} + F_{F,X} \cdot \cos(\delta) - F_{F,Y} \cdot \sin(\delta) - F_{AIR} - F_{INERT} \cdot \cos(\beta) + F_{CENT} \cdot \sin(\beta) \tag{5.8}$$

und nach Einsetzen der Ausdrücke für F_{CENT} und F_{INERT} folgt

$$\sum F_X = 0 = F_{RL,X} + F_{RR,X} + F_{F,X} \cdot \cos(\delta) - F_{F,Y} \cdot \sin(\delta) - F_{AIR} - m_{CG} \cdot a \cdot \cos(\beta) + m_{CG} \cdot v \cdot (\dot{\beta} + \dot{\Psi}) \cdot \sin(\beta)\,. \tag{5.9}$$

Analog ergibt sich die Bilanz der Kräfte in Y-Richtung des fahrzeugfesten Koordinatensystem zu

$$\sum F_Y = 0 = F_{RL,Y} + F_{RR,Y} + F_{F,Y} \cdot \cos(\delta) + F_{F,X} \cdot \sin(\delta) - F_{INERT} \cdot \sin(\beta) - F_{CENT} \cdot \cos(\beta) \tag{5.10}$$

und nach Einsetzen von F_{CENT} und F_{INERT}

$$\sum F_Y = 0 = F_{RL,Y} + F_{RR,Y} + F_{F,Y} \cdot \cos(\delta) + F_{F,X} \cdot \sin(\delta) - m_{CG} \cdot a \cdot \sin(\beta) - m_{CG} \cdot v \cdot (\dot{\beta} + \dot{\Psi}) \cdot \cos(\beta)\,. \tag{5.11}$$

Anschließend wird die Kräftebilanz aus (5.9) mit *sin(β)* und (5.11) mit *cos(β)* multipliziert. Durch anschließendes Umstellen nach den explizit von *a* abhängigen Termen ergeben sich aus den Kräftebilanzen die folgenden zwei Ausdrücke

$$m_{CG} \cdot a \cdot \cos(\beta) \cdot \sin(\beta) = \left(F_{RL,X} + F_{RR,X} + F_{F,X} \cdot \cos(\delta) - F_{F,Y} \cdot \sin(\delta) - F_{AIR}\right) \cdot \sin(\beta) + m_{CG} \cdot v \cdot (\dot{\beta} + \dot{\Psi}) \cdot \sin(\beta) \cdot \sin(\beta) \tag{5.12}$$

und

$$m_{CG} \cdot a \cdot \sin(\beta) \cdot \cos(\beta)$$
$$= \left(F_{RL,Y} + F_{RR,Y} + F_{F,Y} \cdot \cos(\delta) + F_{F,X} \cdot \sin(\delta)\right) \cdot \cos(\beta) - m_{CG} \cdot v \cdot \left(\dot{\beta} + \dot{\Psi}\right) \tag{5.13}$$
$$\cdot \cos(\beta) \cdot \cos(\beta),$$

die gleichgesetzt werden können. Durch Umformung unter Anwendung des Trigonometrischen Pythagoras ergibt sich die Differentialgleichung für den Schwimmwinkel.

$$\dot{\beta} = -\dot{\Psi} + \frac{1}{m_{CG} \cdot v} \cdot \left(F_{RL,Y} + F_{RR,Y} + F_{F,Y} \cdot \cos(\delta) + F_{F,X} \cdot \sin(\delta)\right) \cdot \cos(\beta)$$
$$-\left(F_{RL,X} + F_{RR,X} + F_{F,X} \cdot \cos(\delta) - F_{F,Y} \cdot \sin(\delta) - F_{AIR}\right) \cdot \sin(\beta) \tag{5.14}$$

Ein ähnliches Vorgehen führt zu der Differentialgleichung für die Beschleunigung *a*. Die Multiplikation der Kräftebilanz aus (5.9) mit *cos(β)* und (5.11) mit *sin(β)* und anschließendes Umstellen führt zu den folgenden zwei Ausdrücken

$$m_{CG} \cdot v \cdot \left(\dot{\beta} + \dot{\Psi}\right) \cdot \sin(\beta) \cdot \cos(\beta)$$
$$= \left(-F_{RL,X} - F_{RR,X} - F_{F,X} \cdot \cos(\delta) + F_{F,Y} \cdot \sin(\delta) + F_{AIR}\right) \cdot \cos(\beta) + m_{CG} \cdot a \tag{5.15}$$
$$\cdot \cos(\beta) \cdot \cos(\beta)$$

und

$$m_{CG} \cdot v \cdot \left(\dot{\beta} + \dot{\Psi}\right) \cdot \cos(\beta) \cdot \sin(\beta)$$
$$= \left(F_{RL,Y} + F_{RR,Y} + F_{F,Y} \cdot \cos(\delta) + F_{F,X} \cdot \sin(\delta)\right) \cdot \sin(\beta) - m_{CG} \cdot a \cdot \sin(\beta) \tag{5.16}$$
$$\cdot \sin(\beta)\,.$$

Das Gleichsetzen beider Ausdrücke sowie die Umformung unter Anwendung des Trigonometrischen Pythagoras führt zur Bewegungsgleichung für die Beschleunigung a.

$$a = \frac{1}{m_{CG}} \cdot [(F_{RL,Y} + F_{RR,Y} + F_{F,Y} \cdot \cos(\delta) + F_{F,X} \cdot \sin(\delta)) \cdot \sin(\beta) - (-F_{RL,X} - F_{RR,X} - F_{F,X}) \cdot \cos(\delta) + F_{F,Y} \cdot \sin(\delta) + F_{AIR} \cdot \cos(\beta)] \tag{5.17}$$

Zur Herleitung der Bewegungsgleichung für die Gierwinkelbeschleunigung $\ddot{\Psi}$ bilanziert nachfolgende Gleichung die Drehmomentwirkungen bezüglich der Z-Achse des fahrzeugfesten Koordinatensystems.

$$\sum M_Z = 0 = F_{F,Y} \cdot \cos(\delta) \cdot l_F + F_{F,X} \cdot \sin(\delta) \cdot l_F - F_{RL,Y} \cdot l_R - F_{RR,Y} \cdot l_R - F_{RL,X} \cdot b_{RL} + F_{RR,X} \cdot b_{RR} - J_z \cdot \ddot{\Psi} \tag{5.18}$$

Durch Umstellen der Gleichung geht daraus die Gierbeschleunigung hervor.

$$\ddot{\Psi} = \frac{1}{J_z} \cdot (F_{F,Y} \cdot \cos(\delta) \cdot l_F + F_{F,X} \cdot \sin(\delta) \cdot l_F - F_{RL,Y} \cdot l_R - F_{RR,Y} \cdot l_R - F_{RL,X} \cdot b_{RL} + F_{RR,X} \cdot b_{RR}) \tag{5.19}$$

Es folgt ein Ausdruck für die Luftwiderstandskraft F_{AIR} mit der Luftdichte ρ, der effektiven Anströmfläche A, dem dimensionslosen Beiwert c_W und der Geschwindigkeit v, die als Anströmgeschwindigkeit angenommen wird [37]. Dies führt zu einer separaten Modellgleichung.

$$F_{AIR} = \frac{1}{2} \cdot \rho \cdot c_W \cdot v^2 \tag{5.20}$$

5.1.3 Bestimmung des Schräglaufwinkels

Das vorherige Kapitel behandelt die Bestimmung der Fahrzeugbewegung in der Fahrbahnebene. Aus den zugehörigen Bewegungsgrößen lassen sich die Schräglaufwinkel α_F, α_{RL} und α_{RR} an den drei Reifen ermitteln. Diese Winkel stellen sich ein, sobald an den Räder die Seitenkräfte $F_{F,Y}$, $F_{RL,Y}$ und $F_{RR,Y}$ wirken, welche zu quer zum Fahrzeug wirkenden Geschwindigkeitskomponenten $v_{F,Y}$, $v_{RL,Y}$ und $v_{RR,Y}$ der Radmittelpunkte führen. Die nachfolgenden Ausdrücke beschreiben dieses auch als Querschlupf bezeichnete Phänomen bezogen auf die Radmittelebene. [37]

$$\tan(\alpha_F) = \frac{v_{F,Y}}{v_{F,X}} \tag{5.21}$$

$$\tan(\alpha_{RL}) = \frac{v_{RL,Y}}{v_{RL,X}} \tag{5.22}$$

$$\tan(\alpha_{RR}) = \frac{v_{RR,Y}}{v_{RR,X}} \tag{5.23}$$

Um passende Ausdrücke für die Geschwindigkeitskomponenten in den obigen Formeln zu finden, bietet sich eine planare Darstellung der kinematischen Zusammenhänge mit Hilfe von Abb. 5.5 an.

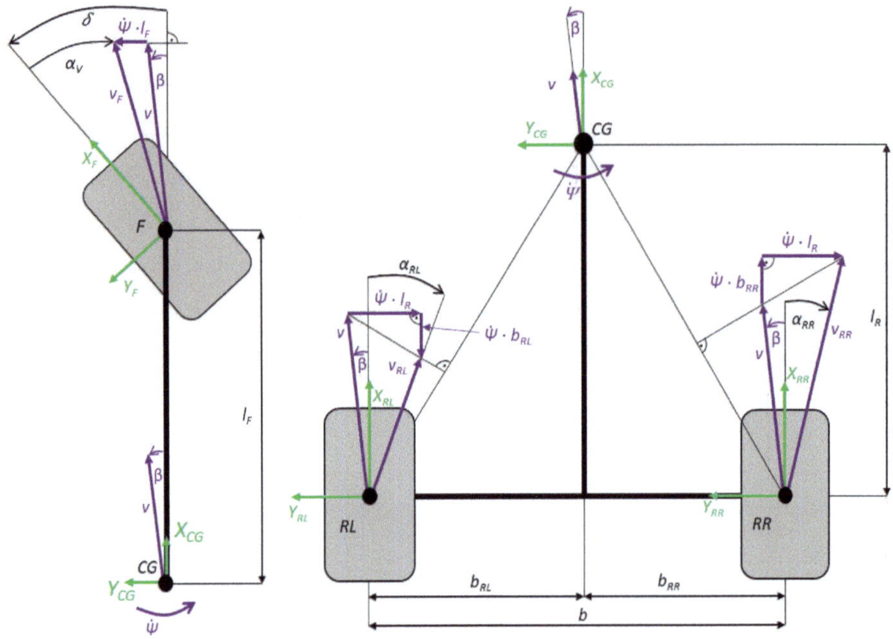

Abb. 5.5: Geometrische Betrachtung der Kinematik an den Rädern

Betrachtet man die Orientierung des Geschwindigkeitsvektors v_F relativ zur Fahrzeugmittelebene $Y_{CG} = 0$ statt, wie oben zur Radmittelebene $Y_F = 0$, ergibt sich der Ausdruck

$$\alpha_F = \delta - arctan\left(\frac{v_{F,Y}}{v_{F,X}}\right) = \delta - arctan\left(\frac{v \cdot \sin(\beta) + \dot{\Psi} \cdot l_F}{v \cdot \cos(\beta)}\right) \tag{5.24}$$

für den Schräglaufwinkel des Vorderreifens. Durch diesen Wechsel des Bezugssystems von radeigenen Koordinatensystem *F* zum fahrzeugfesten Koordinatensystem *CG* wird der Lenkwinkel *δ* Teil der Betrachtung. Wie in 5.1.1 erwähnt, stellt er eine Eingangsgröße des Fahrzeugmodells dar.

An den Hinterrädern, deren Koordinatensystem *RL* und *RR* die gleiche Orientierung wie das fahrzeugfeste Koordinatensystem *CG* aufweisen, lassen sich folgende Ausdrücke für die jeweiligen Schräglaufwinkel ableiten:

$$\alpha_{RR} = arctan\left(\frac{v_{RR,Y}}{v_{RR,X}}\right) = arctan\left(\frac{\dot{\Psi} \cdot l_R - v \cdot \sin(\beta)}{v \cdot \cos(\beta) + \dot{\Psi} \cdot b_{RR}}\right) \quad (5.25)$$

$$\alpha_{RL} = arctan\left(\frac{v_{RL,Y}}{v_{RL,X}}\right) = arctan\left(\frac{\dot{\Psi} \cdot l_R - v \cdot \sin(\beta)}{v \cdot \cos(\beta) - \dot{\Psi} \cdot b_{RL}}\right) \quad (5.26)$$

Als Maß für die Verspannung zwischen Reifen und Fahrbahn bilden die Schräglaufwinkel zusammen mit den Reifen- und Fahrbahneigenschaften und den Radaufstandskräften eine Grundlage zur Bestimmung der an den Reifen übertragenen Seitenkräften mittels eines Reifenmodells. Diese Seitenkräfte gehen über eine Rückführung in das in Abschnitt 5.1 beschriebene Dreispurmodell mit ein.

5.2 Räumliches Modell des Fahrzeugaufbaus

Die Implementierung der meisten Reifenmodellvarianten erfordert die Kenntnis der Radaufstandskräfte, auch Radlasten genannt. Für deren dynamische Bestimmung erfolgt in diesem Abschnitt eine Betrachtung der Bewegungen des Fahrzeugaufbaus in Abhängigkeit der aktuelle Fahrsituation.

5.2.1 Topologie und Prinzip des Fahrzeugaufbaumodells

Als Grundlage für die Formulierung der Bewegungsgleichungen des Fahrzeugaufbaumodells dient die schematische Darstellung des Fahrzeugaufbaus in Abb. 5.6. Dabei entsprechen die Zuordnung der Farbgebung sowie die Indizes der Grafik- und Modellelementen denjenigen in Abschnitt 5.2.1. Zu den bekannten Maßen des Dreispurmodells kommt die Höhe h_F des Punktes P_{RP} mit zugehörigem Koordinatensystem und die Höhe h_{FCG} des Fahrzeugschwerpunkts *CG´* über dem Fahrzeugaufbau hinzu. Damit tritt das räumliche Fahrzeugaufbaumodell in Kontrast zum rein planaren Dreispurmodell.

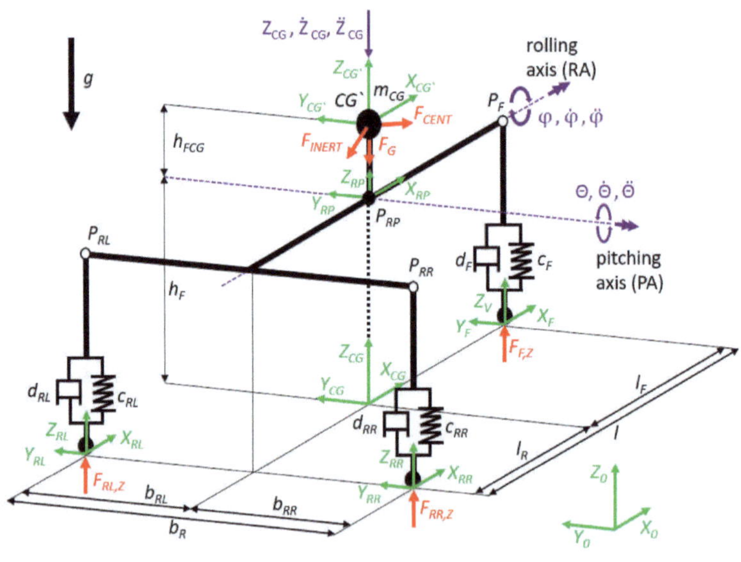

Abb. 5.6: Schema des Fahrzeugaufbaumodells mit Maßen und Indizes

Jedes radeigene Koordinatensystem weist zwischen der Fahrbahnebene und den zum jeweiligen Rad gehörenden Punkten P_F, P_{RL} und P_{RR} einen masselosen Balken mit Feder-Dämpfer-System auf. Es wird angenommen, dass diese drei Balken in jedem Auslenkungsfall auf Normalen der Fahrbahnebene liegen. Zwischen den Punkten P_F, P_{RL}, und P_{RR} der radbezogenen Balken befindet sich eine massenlose Verbindung aus einem Querbalken, einem Längsbalken und einem Vertikalbalken. Am oberen Ende des Vertikalbalkens befindet sich ein Massepunkt, der alle Massen des Fahrzeugaufbaus in der Gesamtmasse m_{CG} zusammenfasst. Das untere Ende des Vertikalbalkens stellt der Punkt P_{CG} dar, der zudem als Drehpol, rotation pole (*RP*), für die Wank- und Nickbewegungen des Aufbaus fungiert. Er bildet den Schnittpunkt der virtuellen Wankachse, rolling axis (*RA*), und der virtuellen Nickachse, pitching axis (*PA*), die auf der X- bzw. Y-Koordinatenachse des Drehpol-Koordinatensystems *RP* liegen Die Definition zweier solcher Achsen und des Drehpols ist notwendig, da auf eine Modellierung der Radaufhängungen verzichtet wird, welche Wank- und Nickpol festlegen [13]. Die Gewichtskraft F_G als Folge der Erdbeschleunigung *g*, die Zentrifugalkraft F_{CENT} und die Trägheitskraft durch Beschleunigung F_{INERT} regen das System an. Ihre Wirkungsrichtungen unter Berücksichtigung eines zum Zeitpunkt der Modellierung vorliegenden Bewegungszustands zeigt Abb. 5.6. Wie schon beim Dreispurmodell wird ein beschleunigtes vorwärtsgerichtetes Durchfahren einer engen Linkskurve betrachtet. Dabei wird angenommen, dass die Gewichtskraft F_G senkrecht zur Fahrbahnebene wirkt, während die Zentrifugalkraft F_{CENT} und die Trägheitskraft durch Beschleunigung F_{INERT} parallel zur Fahrbahnebene wirken. Diese Annahme ist für kleine Auslenkung des Aufbaus valide. Die Freiheitsgrade des Fahrzeugaufbaumodells bilden die Rotation um die Wankachse mit dem Wankwinkel φ und um die Nickachse mit dem Nickwinkel Θ. Weiterhin kann es zu einem Hub Z_{CG} des Schwerpunkts *CG* in Z-Richtung des Referenzkoordinatensystems kommen. Diese Freiheitsgrade erfahren im betrachteten Bewegungszustand, dem beschleunigten vorwärtsgerichtetes Durchfahren einer engen Linkskurven unter Einfluss der Gewichtskraft, die über Pfeile eingetragenen Auslenkungen. Eine Verschiebung in der Fahrbahnebene und eine Rotation um die Fahrzeughochachse bilden keinen Teil des Fahrzeugaufbaumodells, sondern werden durch das Dreispurmodell aus Abschnitt 5.1 beschrieben.

Am Kontaktpunkt zwischen den radbezogenen Balken und der Fahrbahn wirken die Radaufstandskräfte $F_{RL,Z}$, $F_{RR,Z}$ und $F_{F,Z}$ als Reaktion auf die Aufbaubewegung, welche durch die Kräfte F_{CENT}, F_{INERT} und F_G ausgelöst wird. Die Wirkungslinien der Radaufstandskräfte verlaufen senkrecht zur Fahrbahnebene. Ihre Wirkungsrichtungen weisen in positive Z-Koordinatenrichtung des Referenzkoordinatensystems, da die angenommene Auslenkung des Modells in einem Rahmen bleibt, in welchem die Wirkung der Gewichtskraft einen Kontakt zwischen Reifen und Fahrbahn an allen Rädern gewährleistet. Die Radaufstandskräfte sind die Ausgangsgrößen des Fahrzeugaufbaumodells und dienen zur Speisung von Reifenmodellen.

Dieser Textabschnitt nennt einige Annahmen, die in ihrer Summe nur zu einer stark vereinfachten Abbildung der Kinematik und Kinetik des Fahrzeugaufbaus führen. Für den Zweck der Bestimmung dynamischer Radlasten ist die definierte Modelltopologie mit den getroffenen Annahmen ausreichend. Für komplexere Modellierungsansätze sei auf die Literatur des Fachgebiets der Fahrdynamik verwiesen [10, 18, 28, 37]. Dazu passende Inhalte zur Theorie der mechanischen Modellbildung finden sich in [32, 36]

5.2.2 Bewegungsgleichungen des Fahrzeugaufbaumodells

Analog zur Vorgehensweise in Abschnitt 5.1.2 lassen sich ausgehend von der obigen Topologiebeschreibung Bewegungsgleichungen formulieren, die die Wank-, Nick- und Hubbewegungen des Fahrzeugaufbaus beschreiben. Dazu erfolgt zunächst die Bestimmung von Kräfte- und Drehmomentbilanzen, woraus sich jeweils eine Bewegungsgleichung für die Freiheitsgrade Wankwinkel φ, Nickwinkel Θ und Hub Z_{CG} ergibt. Im Anschluss folgt eine Betrachtung der Aufbaubewegung als Überlagerung der Auslenkungen der drei Freiheitsgrade. Daraus bestimmen sich die Bewegungen an den in Abb. 5.6 gezeigten Feder-Dämpfer-Systemen und die dort wirkenden Kräfte. Die Kräfte F_{INERT} und F_{CENT} bilden Eingangsgrößen des Fahrzeugaufbaumodells, welche direkt von der Fahrsituation des Dreispurmodells abhängen und aus den Gleichungen (5.2) und (5.7) hervorgehen. Aus der Darstellung des Dreispurmodell in Abb. 5.1 ist ersichtlich, dass beide Kräfte sich abhängig vom Schwimmwinkel β in Längs- und Querkomponenten aufteilen. Damit ergeben sich die nachfolgenden Kraftkomponenten.

$$F_{CENT,X} = F_{CENT} \cdot sin(\beta) \tag{5.27}$$

$$F_{CENT,Y} = F_{CENT} \cdot cos(\beta) \tag{5.28}$$

$$F_{INERT,X} = F_{INERT} \cdot cos(\beta) \tag{5.29}$$

$$F_{INERT,Y} = F_{INERT} \cdot sin(\beta) \tag{5.30}$$

Weiterhin regt die Gewichtskraft F_G den Aufbau an. Diese ergibt sich zu

$$F_G = m_{CG} \cdot g. \tag{5.31}$$

Für den in Abschnitt 5.2.1 festgelegten Bewegungszustand ergibt sich unter Einbezug benannter Annahmen die in Abb. 5.6 dargestellte Wank-, Nick- und Hubbewegung des Aufbaus. Die nachfolgenden Betrachtungen gehen dabei von kleinen Wankwinkeln φ und Nickwinkeln Θ aus, womit gilt:

$$cos(\Theta) \approx 1,\ cos(\varphi) \approx 1 \text{ und } sin(\Theta) \approx 0,\ sin(\varphi) \approx 0 \tag{5.32}$$

Durch diese Kleinwinkelnäherungen entfallen vernachlässigbar kleine Drehmomentwirkungen innerhalb der Bilanzen.

Für die Betrachtung der Nickbewegung eignet sich das Schema in Abb. 5.7.

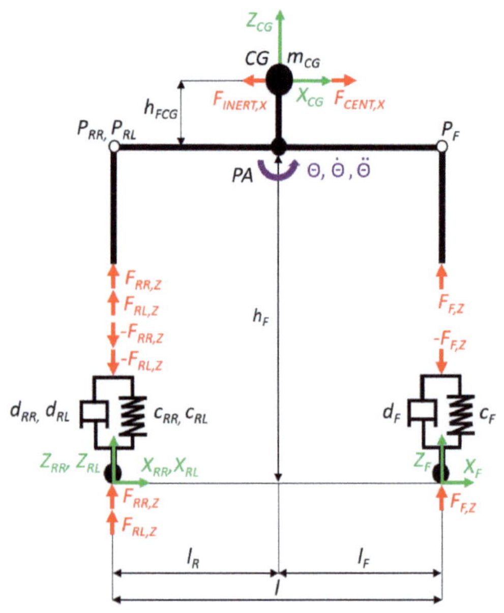

Abb. 5.7: Nickbewegung des Aufbaus in der X-Z-Ebene mit Kräften

Auf den in Abschnitt 5.2.1 festgelegten Bewegungszustand reagieren die Feder-Dämpfer-Systeme jedes Rades mit den in Abb. 5.7 eingezeichneten Kräften $F_{F,Z}$, $F_{RL,Z}$ und $F_{RR,Z}$. Alle diese Kräfte erzeugen über die jeweiligen Hebelarme

Drehmomente, welche gemeinsam mit der über den Satz von Steiner genäherten Rotationträgheit des Fahrzeugaufbaus

$$J_{CG} \cdot \ddot{\Theta} = m_{CG} \cdot h_{FCG}^{\ 2} \cdot \ddot{\Theta} \tag{5.33}$$

und mit den Eingangsgrößen $F_{INERT,X}$ und $F_{CENT,X}$ aus (5.27) und (5.29) die nachfolgende Bilanz der Drehmomente um die Nickachse *PA* bilden.

$$\sum M_{PA} = 0 = -\, m_{CG} \cdot h_{FCG}^{\ 2} \cdot \ddot{\Theta} + F_{INERT,X} \cdot h_{FCG} - F_{CENT,X} \cdot h_{FCG} \\ -\left(F_{RR,Z} + F_{RL,Z}\right) \cdot l_R + F_{F,Z} \cdot l_F \tag{5.34}$$

Durch Umstellen der Bilanz nach der Nickwinkelbeschleunigung ergibt sich die Bewegungsgleichung für den Freiheitsgrad Θ zu

$$\ddot{\Theta} = \frac{1}{m_{CG} \cdot h_{FCG}^{\ 2}} \cdot (F_{INERT,X} \cdot h_{FCG} - F_{CENT,X} \cdot h_{FCG} - \left(F_{RR,Z} + F_{RL,Z}\right) \cdot l_R \\ +F_{F,Z} \cdot l_F) . \tag{5.35}$$

Analog dazu erfolgt in Abb. 5.8 eine Betrachtung der Wankbewegung. Unter Einbezug des Trägheitsmoments aus (5.33) und der Eingangsgrößen $F_{INERT,Y}$ und $F_{CENT,Y}$ aus (5.28) sowie (5.30) ergibt sich die Bilanz der Drehmoment um die Wankachse *RA* wie folgt:

$$\sum M_{RA} = 0 = -\, m_{CG} \cdot h_{FCG}^{2} \cdot \ddot{\varphi} + F_{CENT,Y} \cdot h_{FCG} + F_{INERT,Y} \cdot h_{FCG} + F_{RL,Z} \cdot l_R \\ -F_{RR,Z} \cdot l_F \tag{5.36}$$

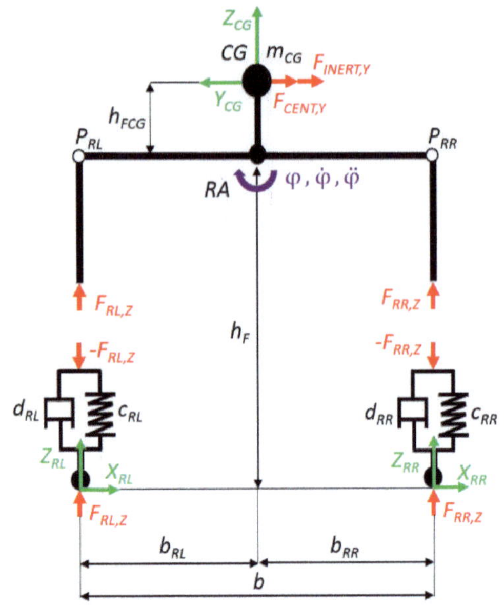

Abb. 5.8: Wankbewegung des Aufbaus in der Y-Z-Ebene mit Kräfte

Das Umstellen der Bilanz nach der Wankwinkelbeschleunigung liefert die nachfolgende Bewegungsgleichung für den Freiheitsgrad φ.

$$\ddot{\varphi} = \frac{1}{m_{CG} \cdot h_{FCG}^2} \cdot \left(F_{CENT,Y} \cdot h_{FCG} + F_{INERT,Y} \cdot h_{FCG} + F_{RL,Z} \cdot l_R - F_{RR,Z} \cdot l_F\right) \tag{5.37}$$

Ausgangspunkt für die Formulierung der Hubbewegungsgleichung bildet die Darstellung in Abb. 5.9. Unter Einbezug der Trägheit der Massen m_{CG} und der Eingangsgröße F_G ergibt sich die Bilanz der Kräfte in Z-Richtung zu

$$\sum F_Z = 0 = m_{CG} \cdot \ddot{Z}_{CG} - F_G + F_{RL,Z} + F_{RR,Z} + F_{F,Z}\,. \tag{5.38}$$

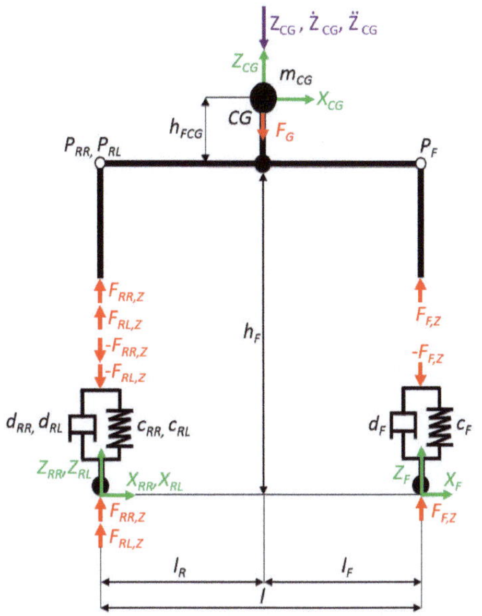

Abb. 5.9: Hubbewegung des Aufbaus in der X-Z-Ebene mit Kräften

Durch Umformung geht daraus die Gleichung für die Hubbewegung hervor.

$$\ddot{Z}_{CG} = \frac{1}{m_{CG}} \cdot \left(F_G - F_{RL,Z} - F_{RR,Z} - F_{F,Z}\right). \tag{5.39}$$

Aus den Beschleunigungsgrößen als Ergebnis der drei Bewegungsgleichungen (5.35), (5.37) und (5.39) können durch Integration die zugehörigen Geschwindigkeiten und Verschiebungen gewonnen werden.

Das dynamische Verhalten der drei Feder-Dämpfer-Systeme fließt über die Kräfte $F_{F,Z}$, $F_{RR,Z}$ und $F_{RL,Z}$ mit ein. Diese Kräfte setzen sich aus der Kraft am Dämpfer mit den Dämpfungskonstanten d und der Kraft an der Feder mit den Federsteifigkeiten c zusammen.

$$F_{F,Z} = d_F \cdot \dot{Z}_F + c_F \cdot Z_F \tag{5.40}$$

$$F_{RR,Z} = d_{RR} \cdot \dot{Z}_{RR} + c_{RR} \cdot Z_{RR} \tag{5.41}$$

$$F_{RL,Z} = d_{RL} \cdot \dot{Z}_{RL} + c_{RL} \cdot Z_{RL} \tag{5.42}$$

Wie in Abschnitt 5.2.1 angedeutet wirken die Kräfte $F_{F,Z}$, $F_{RR,Z}$ und $F_{RL,Z}$ senkrecht zur Fahrbahnebene. Auch für die Auslenkungen Z_F, Z_{RR} und Z_{RL} sowie deren Ableitungen wird angenommen, dass sie vertikal zur Fahrbahnebene gerichtet sind. Diese Bewegungsgrößen an den Punkten P_F, P_{RR} und P_{RL} lassen sich durch eine Überlagerung der in Abb. 5.10 abgebildeten Nick-, Wank- und Hubbewegung des Aufbaus ermitteln.

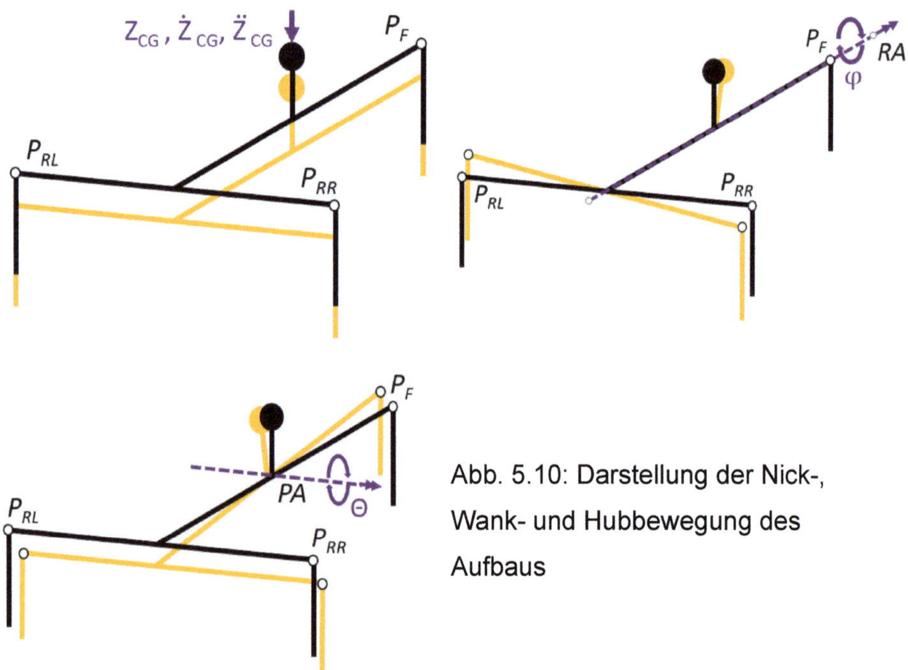

Abb. 5.10: Darstellung der Nick-, Wank- und Hubbewegung des Aufbaus

Dargestellt ist das Fahrzeug im oben festgelegten Bewegungszustand, einem beschleunigten vorwärtsgerichteten Durchfahren einer engen Linkskurven unter

Einfluss der Gewichtskraft. Dafür ergeben sich die eingezeichneten, als positiv angenommen Auslenkungen der Freiheitsgrade Wanken φ, Nicken Θ und Hub Z_{CG}, die jeweils einen Anteil zu den vertikalen Verschiebungen Z_F, Z_{RR} und Z_{RL} an den Punkten P_F, P_{RR} und P_{RL} beisteuern und die drei Feder-Dämpfer-Systeme unterschiedlich stark stauchen.
Die Nickbewegung führt zu einer Absenkung der Hinterachse $Z_{\Theta R}$ bzw. an den Punkten P_{RR} und P_{RL} und Anhebung der Vorderachse $Z_{\Theta F}$ bzw. am Punkt P_F, welche sich folgendermaßen darstellen:

$$Z_{\Theta R} = l_R \cdot sin(\Theta) \tag{5.43}$$

$$Z_{\Theta F} = l_F \cdot sin(\Theta) \tag{5.44}$$

Aus dem betrachteten Bewegungszustand resultiert zudem eine Wankbewegung, die zu einer Absenkung der hinteren rechten Fahrzeugseite $Z_{\varphi RR}$ am Punkt P_{RR} und einer Anhebung der hinteren linken Fahrzeugseite $Z_{\varphi RL}$ am Punkt P_{RL} führt. Auf den Punkt P_F hat die Wankbewegung bei diesem Modellierungsansatz keinen Einfluss.

$$Z_{\varphi RR} = b_{RR} \cdot sin(\Theta) \tag{5.45}$$

$$Z_{\varphi RL} = b_{RL} \cdot sin(\Theta) \tag{5.46}$$

An allen Punkten gleichermaßen wirkt sich zudem der aus Gleichung (5.39) bestimmbare Hub Z_{CG} aus. Für die vertikalen Verschiebungen Z_F, Z_{RR} und Z_{RL} an den Punkten werden die Anteile aus allen Aufbaubewegungen summiert. Dabei sind diejenigen Anteile mit positivem Vorzeichen berücksichtigt, die das Feder-Dämpfer-System stauchen. Die streckend wirkenden Anteile sind mit negativem Vorzeichen berücksichtigt.

$$Z_F = Z_{CG} - Z_F \tag{5.47}$$

$$Z_{RR} = Z_{CG} + Z_{\varphi RR} + Z_{\Theta R} \tag{5.48}$$

$$Z_{RL} = Z_{CG} - Z_{\varphi RL} + Z_{\Theta R} \tag{5.49}$$

Unter der Annahme, dass die Auslenkungen der Freiheitsgrade sich beschleunigt in ihre Auslenkungsrichtung vergrößern, gelten zudem folgende Gleichungen für die Ableitung der Verschiebungen an den Punkten P_F, P_{RR} und P_{RL}.

$$\dot{Z}_F = \dot{Z}_{CG} - \dot{Z}_F \tag{5.50}$$

$$\dot{Z}_{RR} = \dot{Z}_{CG} + \dot{Z}_{\varphi RR} + \dot{Z}_{\Theta R} \tag{5.51}$$

$$\dot{Z}_{RL} = \dot{Z}_{CG} - \dot{Z}_{\varphi RL} + \dot{Z}_{\Theta R} \tag{5.52}$$

Mit Kenntnis der Größen aus den Gleichungen (5.47) bis (5.52) kann eine Berechnung der Kräfte $F_{F,Z}$, $F_{RR,Z}$ und $F_{RL,Z}$ an den Feder-Dämpfer-Systemen erfolgen. Diese entsprechen den Radaufstandskräften, deren Bestimmung die Intention dieses Teilmodells ist.

Abschließend ist an dieser Stelle die Möglichkeit der Integration einer Weganregung durch eine unebene Fahrbahnoberfläche zu erwähnen. Dies erfordert lediglich die Bildung der Differenz der Verschiebung des Aufbaus durch den Bewegungszustand und der Verschiebung auf Grund von Fahrbahnhöhenunterschieden.

5.3 Laterales Reifenmodell

Nachdem die Bewegungen des Fahrzeugs in der Ebene und die Aufbaubewegungen modelliert sind, ist noch die Beschreibung der Kräfteverhältnisse im Kontaktpunkt zwischen Reifen und Fahrbahn zu ergänzen. Zu diesem Zweck finden sich in der Literatur diverse Reifenmodell, welche nach verschiedenen Prinzipien funktionieren.

Im Falle des hier beschriebenen Fahrzeugmodells liegt der Fokus auf einem einfachen, linearen Ansatz, um den Entwurf von übergeordneten Regelungssystem zu erleichtern. Ein solches, lineares Reifenmodell ermittelt aus den Schräglaufwinkeln α_F, α_{RL} und α_{RR} über die Schräglaufsteifigkeit c_F an den Vorderreifen und c_R an den Hinterreifen die Seitenkräfte an den Reifen. [18]

$$F_{F,X} = c_F \cdot \alpha_F \tag{5.53}$$

$$F_{RR,X} = c_R \cdot \alpha_{RR} \tag{5.54}$$

$$F_{RL,X} = c_R \cdot \alpha_{RL} \tag{5.55}$$

Aus der Gleichung geht hervor, dass bei der Nutzung eines linearen lateralen Reifenmodells auf die Berechnung der Radaufstandskräfte innerhalb des Modellverbunds nach Abb. 5.2 verzichtet werden kann. Jedoch ist für die sinnvolle Wahl der Verhältnisse der Schräglaufsteifigkeiten der einzelnen Räder zueinander eine Untersuchung der Radaufstandskräfte nützlich. So ist es beispielsweise möglich, erhöhte statische Radlasten an den Hinterrädern auf Grund von Beladung durch eine Erhöhung der zugehörigen Schräglaufsteifigkeiten c_R gegenüber der Schräglaufsteifigkeit c_F am Vorderreifen zu berücksichtigen. Weiterhin besteht durch die Modellierung der Radaufstandskräfte eine Schnittstelle für komplexere Reifenmodell, welche dazu

beitragen können, das Fahrzeugmodell von einem Entwurfsmodell für Regelungssysteme in ein präzises Simulationsmodell weiterzuentwickeln.
Eine solche Alternative zu der vorgestellten Lösung stellt das Reifenmodell nach Burckhardt dar. Sein Prinzip fußt auf der Berechnung der Schlupfverhältnisse am Reifen, anhand derer ein schlupfabhängige Reibungsbeiwert μ bestimmt wird. Letzterer liegt über mathematische Funktionen vor, deren Parameter sich empirisch ermitteln. Unter Einbezug der Radaufstandskraft und des Schräglaufwinkels ermöglicht es die Bestimmung der Längs- und Querkräfte am Rad. [18]

5.4 Implementierung des Fahrdynamikmodells

Zur Umsetzung des Fahrdynamikmodells findet erneut die Entwicklungs- und Simulationsumgebung MATLAB/Simulink Anwendung.

Als Erstes erfolgt dabei die Umsetzung des Dreispurmodells, indem die zugehörigen Bewegungsgleichungen für die Gierwinkelbeschleunigung $\ddot{\Psi}$, die Schwimmwinkelgeschwindigkeit $\dot{\beta}$ und die Fahrzeugbeschleunigung a als Blockdiagramme eingefügt werden. Exemplarisch zeigt Abb. 5.11 die Darstellung der Gleichung (5.19) für die Gierbewegung. Aus der Gierwinkelbeschleunigung $\ddot{\Psi}$ ergeben sich durch Integration die Gierrate $\dot{\Psi}$ und der Gierwinkel Ψ.

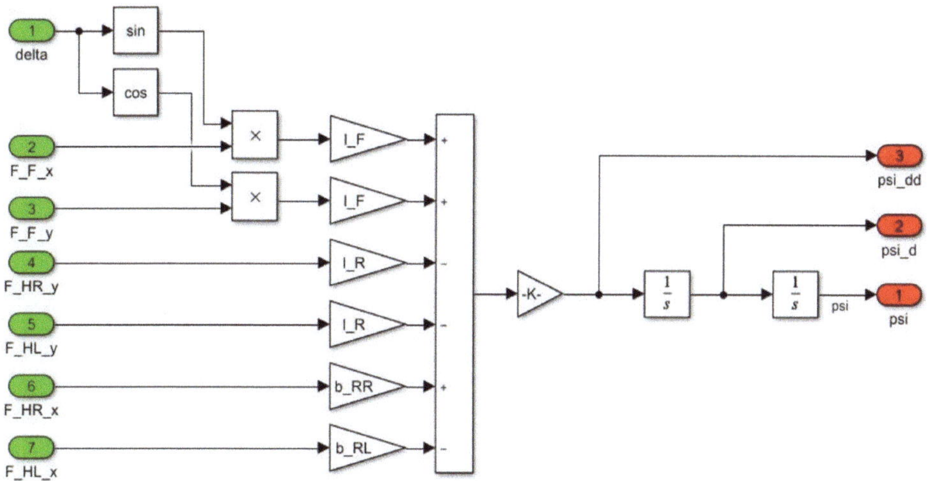

Abb. 5.11: Bewegungsgleichung der Gierbewegung

Die Bestimmung der Schräglaufwinkel α_F, α_{RL} und α_{RR} erfolgt durch die Implementierung der Gleichungen (5.24), (5.25) und (5.26), was in Abb. 5.12 dargestellt ist. Dabei vermeidet der Block „avoid_zero_divison" unerwünschte Divisionen durch Null.

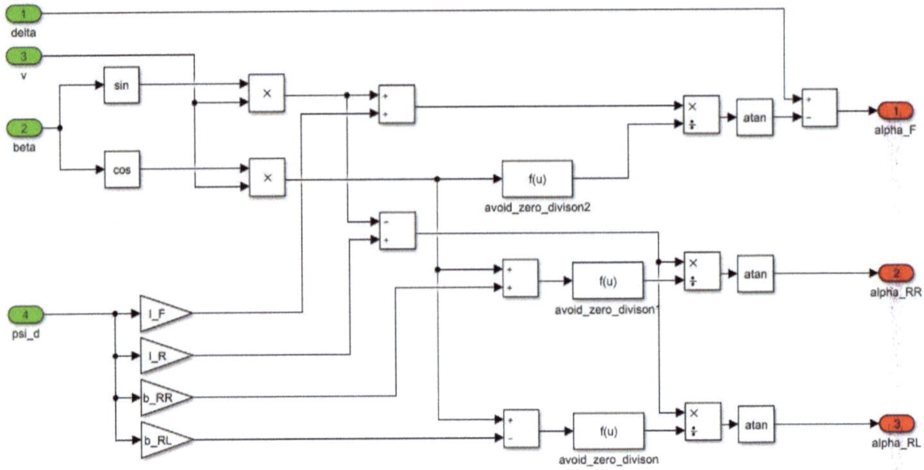

Abb. 5.12: Bestimmung der Schräglaufwinkel

Die so bestimmten Schräglaufwinkel dienen als Eingangsgrößen für das lineare Reifenmodell. Seine Implementierung bildet die Umsetzung der Gleichungen (5.53), (5.54) und (5.55) in Simulink nach Abb. 5.13.

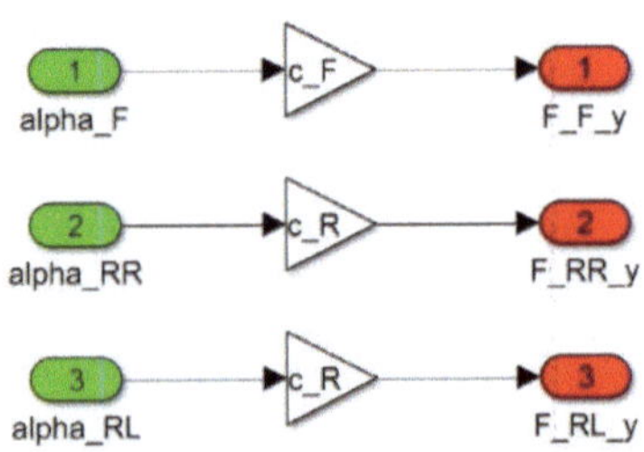

Abb. 5.13: Bestimmung der Seitenkräfte über das lineare Reifenmodell

Neben der planaren Fahrdynamik bildet die Modellierung der Fahrzeugaufbaubewegung einen Teil der Implementierung. Dieses Teilmodell reagiert auf die Anregung durch die Trägheitsreaktionen F_{CENT}, F_{INERT} und die Gewichtkraft F_G. Die Abb. 5.14 zeigt die zugehörigen Gleichungen (5.2), (5.7) und (5.31) in implementierter Form.

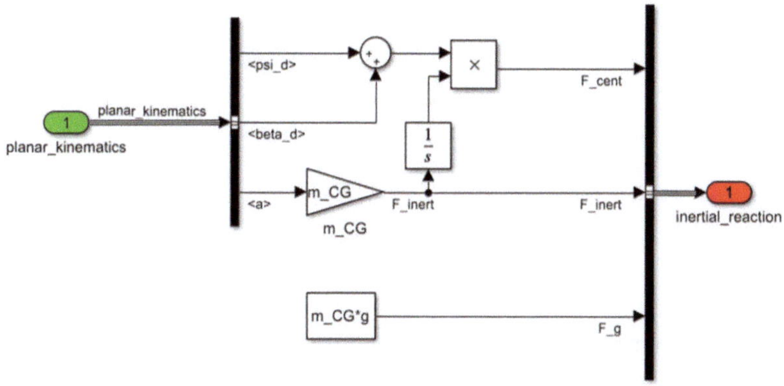

Abb. 5.14: Bestimmung der anregende Trägheitsreaktionen

Diese Anregungen führen zur Wank-, Nick- und Hubbewegungen des Aufbaus. Exemplarisch zeigt Abb. 5.15 die implementierte Gleichung (5.35) für Nickbewegung.

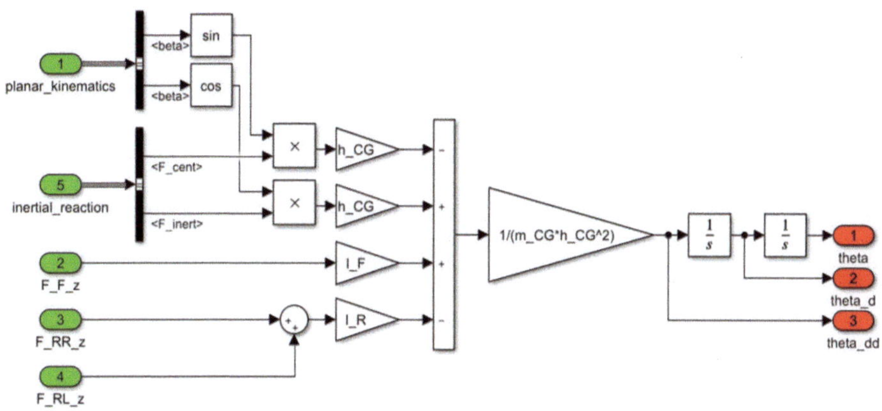

Abb. 5.15: Bestimmung der Nickreaktion des Fahrzeugaufbaus

An den einzelnen Feder-Dämpfer-Systemen überlagern sich die Wank-, Nick- und Hubbewegungen nach den Gleichungen (5.43) bis (5.52), was Abb. 5.16 zeigt.

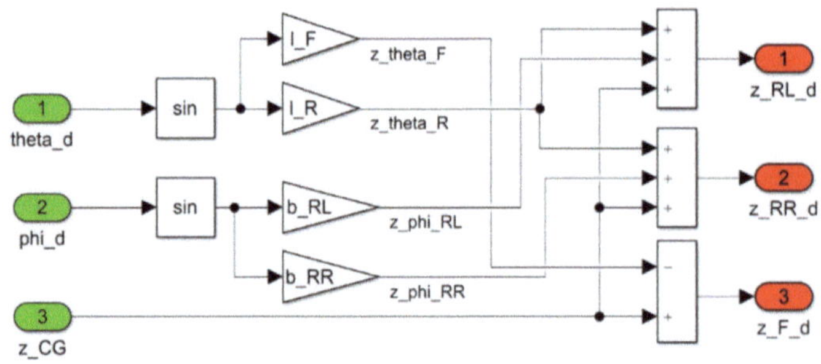

Abb. 5.16: Bestimmung der Verschiebung an den Feder-Dämpfer-Systemen

Auf Basis dieser Verschiebungen berechnen sich die Radaufstandskräfte anhand der Gleichungen (5.40), (5.41) und (5.42). Bespielhaft ist in Abb. 5.17 die Implementierung der Gleichung für die Kraft $F_{RL,z}$ dargestellt.

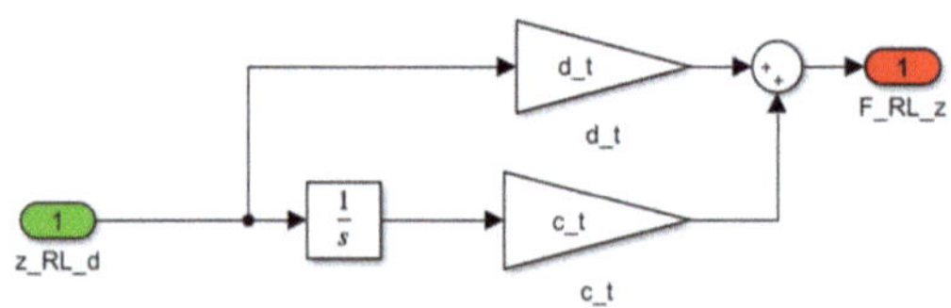

Abb. 5.17: Bestimmung der Kraft $F_{RL,z}$

Der Fahrzeugbewegung wirkt der Luftwiderstandskraft F_{AIR} entgegen, die sich nach Gleichung (5.20) bzw. ihrer Implementierung in Abb. 5.18 bestimmt.

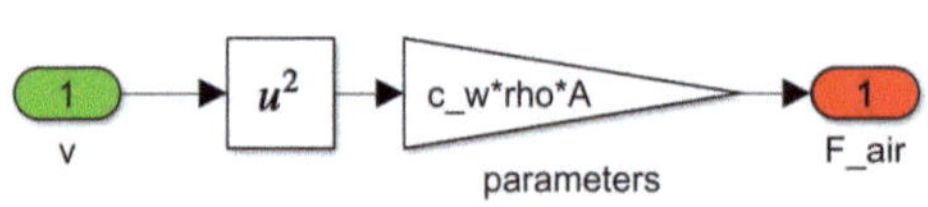

Abb. 5.18: Bestimmung der Luftwiderstandskraft F_{AIR}

5.5 Simulation des Fahrdynamikmodells

Die oben beschriebene Implementierung ermöglicht eine Simulation des Fahrdynamikmodells und schafft somit die Basis für eine Überprüfung des Modellverhaltens auf Plausibilität.

Als Szenario für die Simulation bietet sich das beschleunigte Durchfahren einer engen Linkskurve unter Einwirkung der Gewichtskraft an. Der damit verbundene Bewegungszustand dient bereits als Ausgangspunkt der Modellierung, weshalb die Auslenkungen der Freiheitsgrade in der Simulation lediglich mit den bei der Modellierung angenommenen Auslenkungsrichtungen verglichen werden müssen, um ein plausibles Modellverhalten nachzuweisen.

Um das oben definierte Szenario herbeizuführen werden beide Hinterreifen des Dreispurmodells nach kurzer Verzögerung mit sprunghaften Antriebskräften beaufschlagt, während das Vorderrad nicht angetrieben wird. Damit erfährt das Fahrzeug eine Längsbeschleunigung in der Fahrbahnebene. Nachdem das Fahrzeug auf diese Weise in translatorische Bewegung versetzt worden ist, fallen die Antriebskräfte auf null. Kurz darauf unterbricht ein Lenkwinkelsprung für einige Sekunden die translatorische Bewegung. Anschließend fährt das Fahrzeug eine Linkskurve. Die Verläufe der beiden gleichartigen Antriebskräfte $F_{RL,X}$ und $F_{RR,X}$ und des Lenkwinkels δ sind in Abb. 5.19 zusehen.

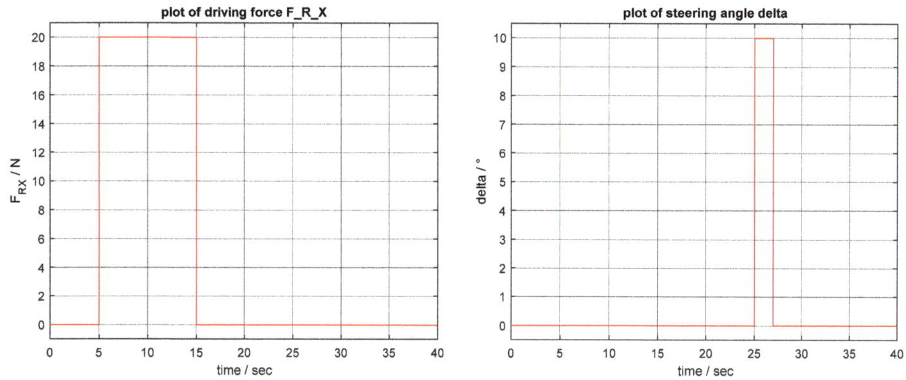

Abb. 5.19: Verläufe der Antriebskräfte (rechts) und des Lenkwinkels (links)

Als anschauliche Visualisierung der Bewegung in der X-Y-Ebene stellt Abb. 5.20 den Kurs des Fahrzeugschwerpunkts dar. Die Datengrundlage für die Berechnung des Verlaufs bilden die Schwerpunktgeschwindigkeit *v* und der Kurswinkel *κ*. Es ist anzumerken, dass die Lage des Referenzkoordinatensystems zum Zweck der Simulation so gewählt worden ist, dass es bei Simulationsbeginn kongruent auf dem Koordinatensystem des Fahrzeugschwerpunktes gelegen hat.

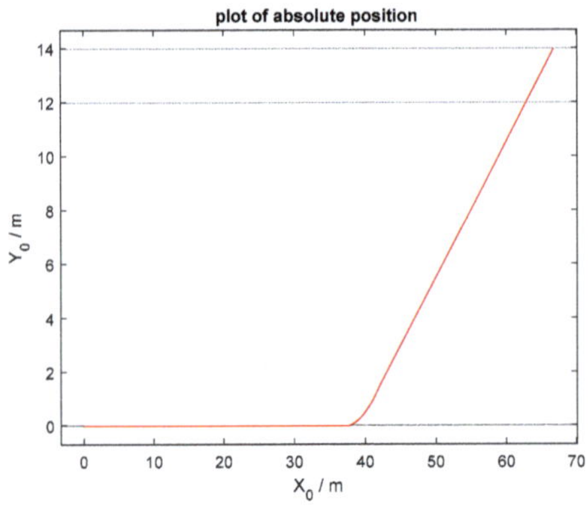

Abb. 5.20: Verlauf des zurückgelegten Kurses in der Fahrbahnebene

Im Kontext dieser Betrachtung interessieren die Freiheitsgrade des Dreispurmodells bzw. deren Ableitungen. Die Verläufe der Schwerpunktgeschwindigkeit *v*, der Schwimmwinkel *β* und der Gierrate $\dot{\Psi}$ in Abb. 5.21 verdeutlichen die Bewegung des Fahrzeugs in der Ebene.

Im Rahmen der Beschleunigung des Modells durch die Antriebskräfte bei Simulationsbeginn steigt die Schwerpunktgeschwindigkeit *v* des Fahrzeugs an. Der Lenkwinkelsprung führt zu einer Komponente der Seitenkraft am Vorderrad, welche der Bewegung entgegengerichtet ist. Der so entstehende Bremseffekt zeigt sich im Verlauf der Schwerpunktgeschwindigkeit *v*. Nach dem initialen Beschleunigungsvorgang zeigt sich im Verlauf der Schwerpunktgeschwindigkeit *v* zudem die Bremswirkung des Luftwiderstandes. Der Wert des Schwimmwinkels ist nur während der Kurvenfahrt ungleich null, da in diesem Fall der Vektor der

Schwerpunktgeschwindigkeit v nicht auf der Fahrzeuglängsachse liegt. Während der Kurvenfahrt kommt es zudem zu einer Rotation um die Fahrzeughochachse relativ zum Referenzkoordinatensystem, was sich in einem Anstieg der Gierrate $\dot{\Psi}$ äußert.

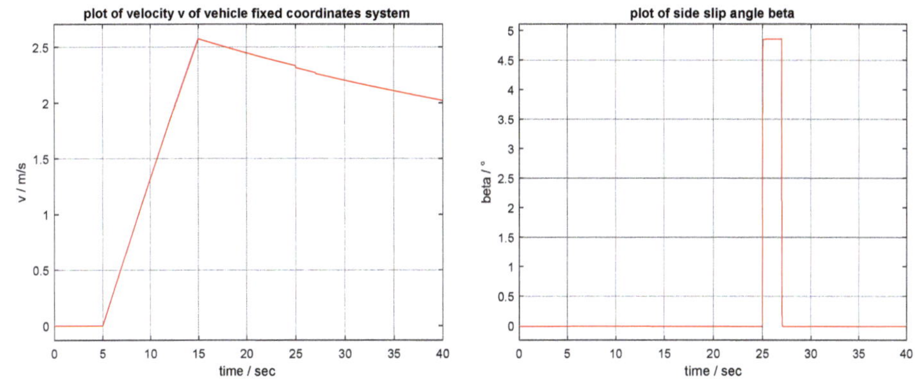

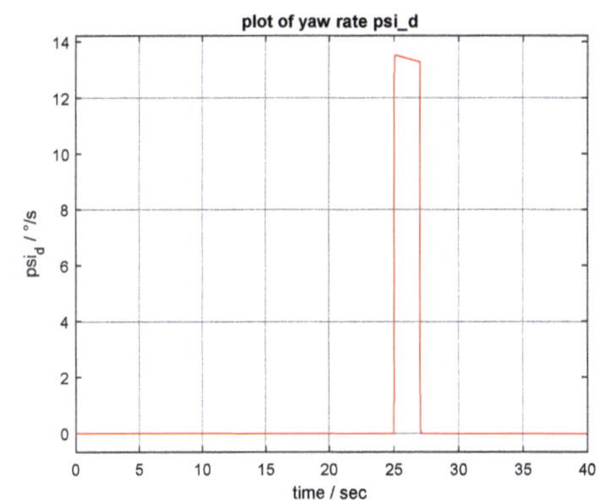

Abb. 5.21: Verläufe der Geschwindigkeit v des Fahrzeugschwerpunkts, des Schwimmwinkels β und der Gierrate $\dot{\Psi}$¨

Neben dem Dreispurmodell kommen durch das Modell des Fahrzeugaufbaus die Freiheitsgrade für die Wankbewegung φ, Nickbewegung Θ und Hubbewegung Z_{CG} hinzu, deren Verläufe in Abb. 5.22 abgebildet sind. Mit Beginn der Simulation zeigt sich im Verlauf des Hubs zunächst ein Einschwingen des Fahrzeugs durch die Gewichtskraft. Auch der Nickwinkel schwingt auf einen Wert ungleich Null ein, da durch die zwei Hinterreifen hinten zwei Vertikalkräfte $F_{RR,Z}$ und $F_{RL,Z}$ wirken, während vorne nur eine einzelne Vertikalkraft $F_{F,Z}$ wirkt. Dieser Effekt lässt sich durch eine Steifigkeitserhöhung am vorderen Feder-Dämpfer-System aufheben. Als Folge der Beschleunigung durch die Antriebskräfte kommt es zu einer positiven Auslenkung des Nickwinkels. Diese verschwindet, sobald der initiale Beschleunigungsvorgang abgeschlossen ist. Beim anschließenden Lenkwinkelsprung beginnt das Fahrzeug mit einem Wankvorgang, der mit Rücknahme des Lenkwinkels und dem Verlassen der Kurve abklingt. Als weiteres Phänomen tritt während der Kurvenfahrt eine negative Auslenkung des Nickwinkels auf, die mit der oben beschriebenen Bremswirkung bei Kurvenfahrt einhergeht.

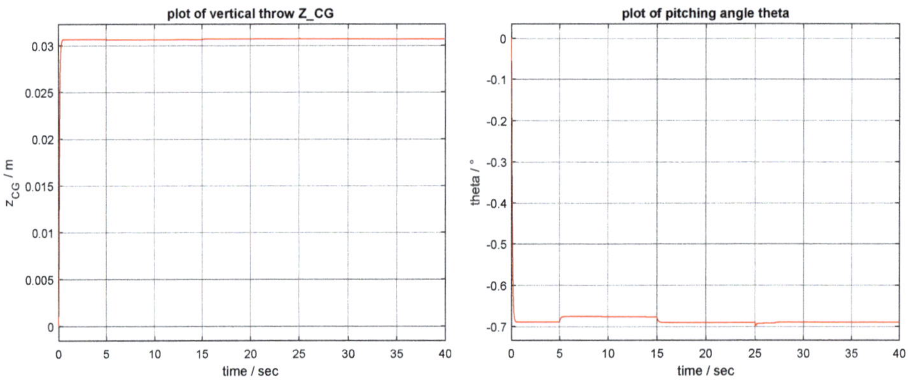

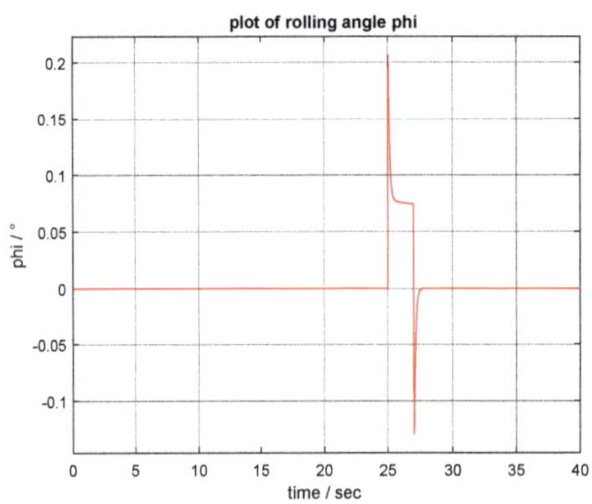

Abb. 5.22: Verläufe von Hub Z_{CG}, Nickwinkel Θ und Wankwinkel φ

Zuletzt erfolgt noch die Darstellung der Radaufstandskräfte $F_{F,Z}$, $F_{RR,Z}$ und $F_{RL,Z}$ in Abb. 5.23. Zum Zweck einer einfachen Plausibilitätsprüfung werden die Werte der

Radaufstandskräfte vor dem Beschleunigungsvorgang, also nach einer Simulationszeit von circa 3 Sekunden, aus den Simulationsergebnissen abgelesen, aufsummiert und mit dem Gewicht verglichen.

$$F_{F,Z} + F_{RR,Z} + F_{RL,Z} = 1471{,}4N = m_{CG} \cdot g \rightarrow \text{ plausibles Verhalten} \quad (5.56)$$

Aus den Verläufen ist auch die Belastung des Vorderrades und die Entlastung des Hinterrades beim Beschleunigungsvorgang ersichtlich. Zudem zeigt sich eine Belastung des rechten und eine Entlastung des linken Hinterrades beim Durchfahren der Linkskurve.

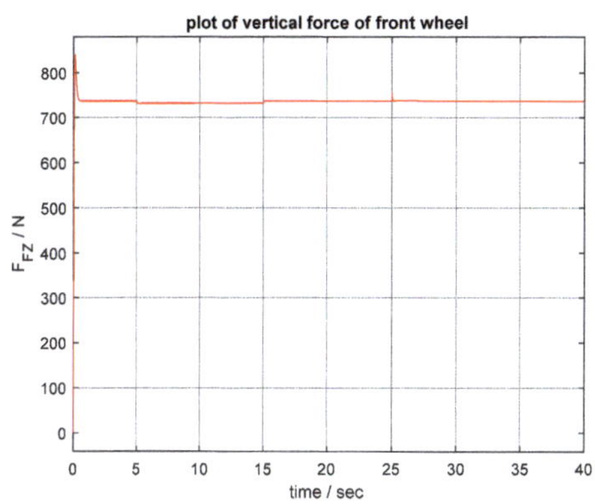

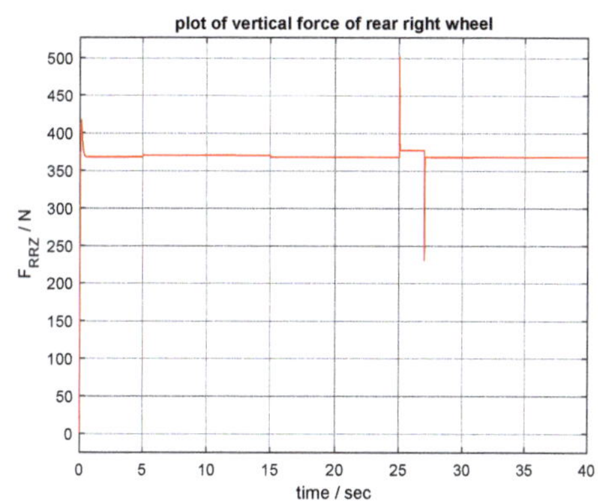

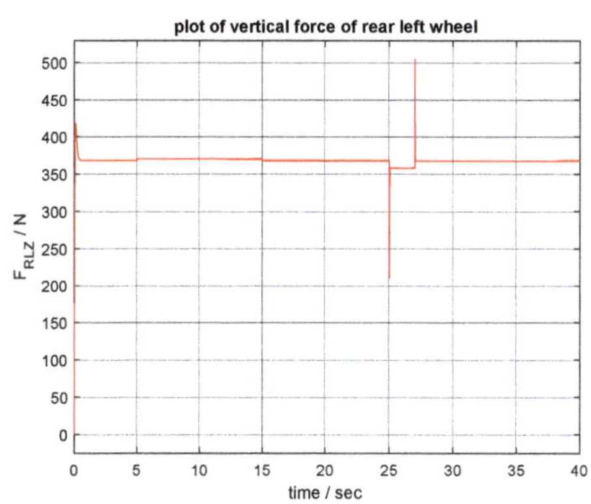

Abb. 5.23: Verläufe der Radaufstandskräfte $F_{F,Z}$, $F_{RR,Z}$ und $F_{RL,Z}$

Die Simulationsergebnisse bescheinigen dem Modell ein plausibles Verhalten. Alle Bewegungen des Fahrzeugmodells in der Fahrbahnebene und die Aufbaubewegung verlaufen wie für den Bewegungszustand erwartet.

6 Batteriemodellierung

Nachdem nun der elektrische Antrieb ausführlich behandelt worden ist, beschäftigt sich Kapitel 6 mit der Quelle der elektrischen Energie. Rein elektrisch angetriebenen Fahrzeuge führen leistungsfähige Energiespeicher mit sich, welche im Folgenden als Batterie oder Akkumulator bezeichnet werden.

Nach einer kurzen Erläuterung des Batteriesystems samt Komponenten erfolgt die Vorstellung verschiedener Modellierungsansätze. Daran schließt sich eine nähere Betrachtung der Modellierung von Batterien in Form von impedanzbasierten Ersatzschalbildern an. Schlussendlich erfolgt die Modellierung einer Lithiumionen-Batterie sowie die Implementierung des Modells in die Entwicklungsumgebung MATLAB/Simulink. Durch die Ergänzung und Betrachtung des Energiespeichers lassen Sie weitere Untersuchungsschwerpunkte definieren und hieraus neue Ansätze entwickeln. Des Weiteren kann durch die Integration von Modellen des Energiespeichers der Einfluss dessen Dynamik auf die Regelung der Motoren untersuchen. Als Signalschnittstellen zwischen dem elektrischen Antriebsystem und dem Energiespeicher dient hierbei die Batteriespannung und der Strom, der der Batterie entnommen wird. Letzter kann durch den drehmomentbildenden i_q und dem feldbildenden Strom i_d bestimmt werden, in dem der Betrag des aus den beiden Strömen resultierenden Zeiger bestimmt wird. Die Batteriespannung aus einem Batteriemodell kann dem Modulationsverfahren und dem Invertermodell übergeben werden. In den gesamten vorherigen Betrachtungen zur Modellierung des elektrischen Antriebstranges wurde diese stets als konstant angenommen.

M. Ruschitzka et al., *Mechatronische Produktentwicklung im Kontext der Mikromobilität*, https://doi.org/10.1007/978-3-662-64623-6_6

6.1 Überblick über die Systemkomponenten einer Batterie

Grundlage einer jeden Modellierung ist die Kenntnis der Topologie des zu beschreibenden Systems. In Abb. 6.1 sind diverse Komponenten des Batteriesystems schematisch dargestellt. [33]

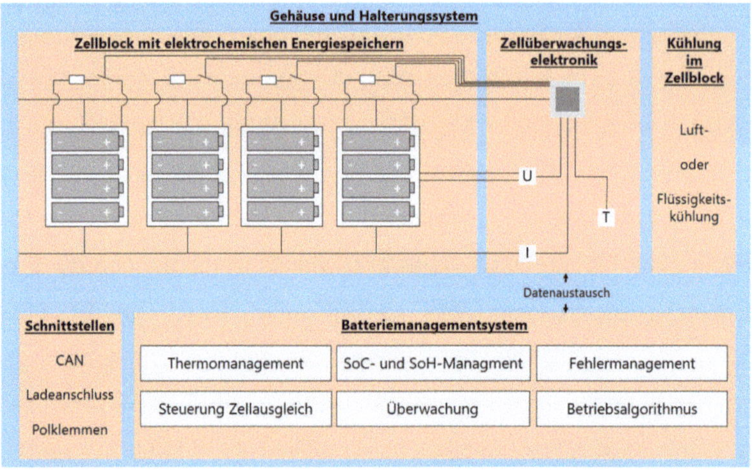

Abb. 6.1: Systematik der für den Batteriebetrieb benötigten Komponenten

Diese übernehmen steuernde Aufgaben, garantieren die Betriebssicherheit oder ermöglichen die Kommunikation mit einem übergeordneten System.

Ein Zellblock mit elektrochemischen Energiespeicherelementen besteht aus Batteriezellen, die entweder in Blockbauweise oder in Form eines modularen Aufbaus organisiert sind. Dabei sind mehrere Zellen in Parallel- und Reihenschaltung miteinander kombiniert, um so eine Spannungs- und Kapazitätssteigerung zu ermöglichen. Da alle Zellen sich hinsichtlich ihres Zustands und ihrer Ladung leicht unterscheiden, bedarf es einer Regulierung dieses Unterschieds über ein Batteriemanagementsystem (BMS) und eine Zellüberwachungselektronik, im Englischen Cell Supervision Circuit (CLC). Je nach Bedarf werden in den Block oder in die Module Kühlungskanäle integriert, um die Abfuhr von Abwärme zu gewährleisten. Im Automobilbereich existiert

dabei zur Temperatursenkung die Möglichkeit eine Flüssigkeits- oder Luftkühlung zu integrieren. In E-Bike-Akkus ist das Kühlungsprinzip fraglich. [21]
Zu den Komponenten der Zellüberwachungselektronik zählen unter anderem Spannungssensoren, die die Spannungen sowohl von den Batteriemodulen als auch von den Einzelzellen erfassen. Des Weiteren ist es notwendig, die Temperaturen an diversen Stellen in den Modulen und, wenn möglich, auch im Kühlsystem zu erfassen. Die Zellüberwachungselektronik liest die gemessenen Spannungs- und Temperaturwerte ein und leitet diese über einen internen Datenbus weiter an das Batteriemanagementsystem. Bei einem modularen Aufbau der Gesamtbatterie besteht die Möglichkeit, dass jedes einzelne Modul einen eigenen CSC enthält. [21]
Das BMS kann mit Hilfe dieser Daten und unter Verwendung von diversen Berechnungsmodellen beispielsweise den Ladzustand, State of Charge (SoC), oder den Alterungszustand, State of Health (SoH), bestimmen. [21]
Um die gespeicherte oder abgegebene Ladungsmenge zu bestimmen ist es notwendig auch den Lade- und Entladestrom zu messen. Dies wird oftmals über einen sogenannten Shunt (Präzisionswiderstand) in Form einer Spannungsmessung realisiert. Die Ladung ergibt sich durch die Integration des Stroms nach der Zeit. Neben diesen überwachenden Aufgaben dient das Zellüberwachungssystem auch als Stelleinrichtung, um entsprechende Leitkreise für einen Zellladungsausgleich zu schalten. [21]
Die wesentliche Steuerungskomponente ist das Batteriemanagementsystem. Das BMS erhält, wie bereits bei den Mess- und Überwachungskomponenten beschrieben, entsprechende Daten, die auf den Zustand des Akkumulators schließen lassen. Besitzt das Batteriegesamtsystem eine Flüssigkeitskühlung oder einen Lüfter, kann das BMS die Kühlleistung steuern oder regeln. In Fahrzeugbatterien betätigt das BMS sogenannte Leistungsrelais zur Zuschaltung oder Unterbrechung der Spannungsversorgung. Um einen Ausgleich bezogen auf den Ladezustand der einzelnen Akkuzellen untereinander einzuleiten, sendet das

BMS der Zellüberwachungselektronik durchzuführende Aktivitäten. Je nachdem, ob das verwendete Ausgleichssystem passiv oder aktiv ist, öffnen oder schließen sich auf Anweisung der CSC entsprechende Schalter, um die Ladungsniveaus aufeinander abzustimmen. Das passive Ausgleichssystem nutzt dafür einen zur jeweiligen Zelle parallelgeschalteten Widerstand. Nachdem eine Batteriezelle vollgeladen ist, fließt der Strom größtenteils über den parallelen Widerstand ab, wodurch die übrigen Zellen des Akkupacks, die möglicherweise noch nicht ihren vollständigen Ladezustand erreicht haben, weiterhin einen Ladestrom erhalten. Bei einem aktiven Ausgleichsystem finden Zwischenspeicherelement wie parallelgeschaltete Kondensatoren, Spulen oder Transformatoren Verwendung. Ist eine Batteriezelle gegenüber anderen Zellen vollgeladen, schließt die Zellüberwachungseinheit den Stromkreis zwischen der geladenen Zelle und dem Zwischenspeicherelement. Die Batteriezelle überträgt einen Teil ihrer Ladung auf den parallelliegenden Speicher. Anschließend ändert sich der Schaltzustand so, dass sich der Zwischenspeicher mit einer der am geringsten geladenen Zelle koppelt, um seine Ladung an diese abzugeben. Nach der vollständigen Ladungsabgabe kehrt das System zum regulären Ladestromkreis zurück. [21]

Eine passive Steuerungskomponente, welche auch in E-Bike-Akkumulatoren vorkommt, ist beispielsweise eine Überstromsicherung, die auslöst, wenn Lade- oder Entladeströme bestimmte Grenzwerte überschreiten. [21]

6.2 Modellierung von Batteriesystemen

Die Betrachtung zweier essenzieller Punkte, welche den Akkumulator im Allgemeinen betreffen und wichtig für die Modellierung sowie die Simulation sind, leiten diesen Abschnitt ein. Erstens ist eine Batterie aus Modellierungssicht über den Ladezustand betrachtet ein nichtlineares System. Dies ist vor allem bei der Vermessung der Batterie zu berücksichtigen. [19]

Zweitens beeinflussen mehrere Größen das Verhalten des Akkumulators, was eine Verhaltensvorhersage erschwert. So liegt eine Abhängigkeit von dem SoC, der Temperatur, der Entlade- und Ladestromstärke/-rate sowie des Alterungszustandes vor. [19]

Vor der Erläuterung unterschiedlicher Modellierungsansätze für Akkumulatoren, hauptsächlich für Lithiumionen-Batterien werden zwei Betrachtungsweisen beschrieben, welche die Relevanz der Simulation der Energiespeicher belegen. Zunächst ist die Perspektive der Systemauslegung zur erwähnen. Dabei bildet die Batterie eine Teilkomponente eines größeren Systems. Beispielsweise steht bei einem elektrifizierten Antriebsstrang das Verhalten der Batterie und ihre dynamischen Eigenschaften in Folge unterschiedlichster Belastungsprofile im Vordergrund. Eine untergeordnete Rolle spielen dabei der innere Aufbau und die Abläufe in den jeweiligen Batteriezellen. Simulationen in geeigneten Software-Umgebungen ermöglichen die Auslegung der Kapazität und der Spannung eines Akkupacks, sodass sie die angestrebte Mindestreichweite bei definierter Belastung erreichen. Weitere Erkenntnisse über die Leistungsfähigkeit oder die Notwendigkeit einer Kühlung/Heizung liefert eine Gesamtsimulation aller Komponenten. Die Hauptanforderung ist hier, dass das Modell möglichst echtzeitfähig ist bei gleichzeitig ausreichender Genauigkeit, um aussagekräftige Ergebnisse zu erzielen.

Weiterhin ist die Perspektive des Batterieverständnisses zu erwähnen. Diese zielt darauf ab, das Batterieinnere und die dort ablaufenden Prozesse zu verstehen, zu beschreiben und zu optimieren. Dabei steht die Variation der Geometrien und der verwendeten Materialien bezogen auf die stromleitenden Bauteile, die Aktivmaterialien, den Elektrolyten und den Separator im Vordergrund. Es wird eine sogenannte Ortsauflösung angestrebt, um lokale Prozesse und Phänomene beobachten und beschreiben zu können, beispielsweise einer inhomogenen Verteilung der Lithiumionen in der Aktivschicht. Bei diesen Simulationen steht weniger ein geringer Rechenzeitbedarf, sondern eher eine möglichst hohe Genauigkeit im Vordergrund.

6.2.1 Klassifikation der Modellierungsansätze

Batteriemodelle gliedern sich in drei physikalische Kategorien beziehungsweise Teilbereich, welche in Abb. 6.1 dargestellt sind. [17]
Die elektrischen Modelle beinhalten Optionen, um das elektrische Verhalten eines Akkumulators zu beschreiben, zu simulieren und zu optimieren. Dabei handelt es sich vor allem um Größen wie Spannung, Strom, die abgegebene oder aufgenommene Leistung oder die thermische Verlust-Leistung sowie den Ladezustand SoC.
Daneben gibt es die Klasse der thermischen Modelle, um die Temperaturentwicklung, -verteilung und -abgabe aus der Verlustleistung des Akkumulators zu berechnen. Sie ermöglichen es unter anderem eine Kühlung oder auch eine Heizung für den Akkumulator auszulegen.
Darüber hinaus existieren Alterungsmodelle, um die Einflüsse der Alterung auf das elektrische und thermische Verhalten zu bestimmen und die „Lebenszeit" des Akkus abschätzen zu können.

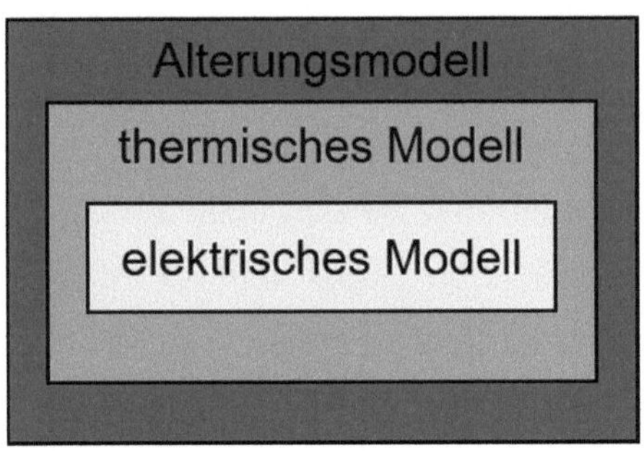

Abb. 6.2: Kategorien von Batteriemodellen [24]

Die Strukturierung des Bildes in die farblich getrennten Ebenen hat eine bestimmte Bedeutung. Unter der Annahme, dass der State of Health und die Temperatur T_{Bat} konstant sind, kann das elektrische Modell autark angewendet werden. Um ein thermisches Modell zu verwenden, muss mindestens ein elektrisches Modell vorhanden sein. Das thermische Modell benötigt die in der Batterie erzeugte Verlustleistung P_V, welche dem Wärmestrom $\dot{Q}$ entspricht und aufgrund der rein Ohm'schen Widerstände innerhalb des Akkus zustande kommt. Diese Information erhält das thermische vom elektrischen Modell. Der mathematische Zusammenhang dafür lautet nach [24] wie folgt.

$$\dot{Q} = P_V = \sum R_a \cdot {I_a}^2 \tag{6.1}$$

Das Alterungsmodell wiederum benötigt sowohl ein elektrisches als auch ein thermisches Modell, um den Alterungszustand ermitteln zu können. Die Parameter der beiden anderen Modelle hängen dagegen auch vom Alterungszustand ab. Ein Vorteil dieses Modellverbundes ist die Möglichkeit der Implementierungen einer Lebensdauervorhersage. [17, 24]

In Abb. 6.3 sind die Zusammenhänge der drei Modellierungskategorien mit ihren Eingangsgrößen (grüne Pfeile) und Ausgangsgrößen (rote Pfeile) zu sehen. Die Darstellungsweise ist in Anlehnung an [17] entstanden.

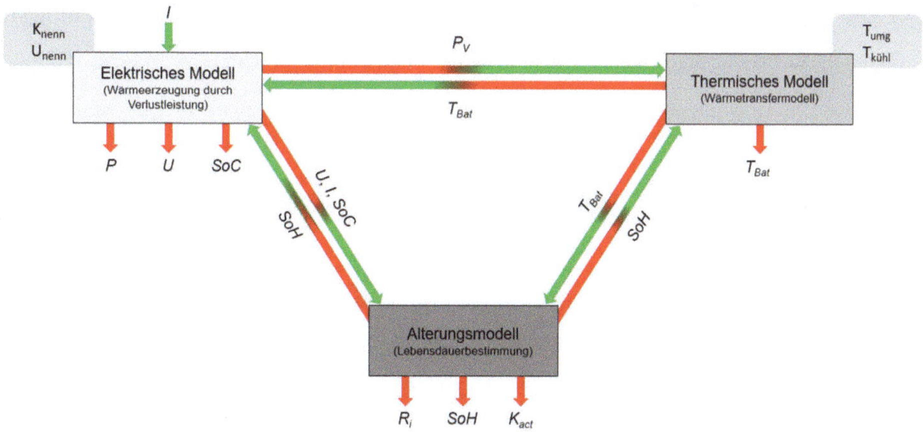

Abb. 6.3: Wechselwirkungen der drei Modellklassen [17]

Der Strom *I* als Eingangsgröße des elektrischen Modells kann sowohl einen Entlade- oder Ladestrom darstellen, aber auch durch ein zu absolvierendes Beanspruchungsprofil vorgegeben werden. Dieses könnte beispielweise aus der angeforderten Leistung eines Elektromotors als Bedarfsleistung zum Überwinden eines bestimmten Strecken-/Höhenprofils und der Leistung zur Versorgung weiterer Systemkomponenten, wie Beleuchtung oder Tachoanzeige, entstehen. Des Weiteren sind die interagierenden Größen zwischen den jeweiligen Modellkategorien zu erkennen, was die Pfeile mit einem Farbverlauf von Rot zu Grün verdeutlichen.

6.2.2 Umsetzung der Batteriemodellierungskategorien

Um die in Abschnitt 6.2.1 vorgestellten Modellierungskategorien in eine Simulationsumgebung zu implementieren gibt es vier Möglichkeiten. Jede dieser Alternativen bietet dabei eine Reihe von Vor- sowie Nachteilen, anhand derer abzuwägen ist, welches letztendlich für den zu simulierenden Anwendungsfall in Frage kommt. Dazu folgt zunächst eine Übersicht der Implementierungsoptionen und anschließend eine detaillierte Beschreibung.

Die physikalisch-chemischen Modelle betrachten die real in einem Akkumulator auftretenden Prozesse und beschreiben diese mit Hilfe von gewöhnlichen Differentialgleichungen, partiellen Differentialgleichungen sowie algebraischen Gleichungen.

Die impedanzbasierten Ersatzschaltbildmodelle, ESB-Modelle, bilden den Akkumulator in Form von elektrischen Netzwerken ab. Dabei erfolgt keine Beschreibung der ablaufenden physikalischen und chemischen Prozesse, wie bei der ersten Modellvariante, sondern eine Abbildung über die Ersatzschaltbildelemente des elektrischen Netzwerkes, mit denen man das Verhalten der Batterie nachbildet. Zu erwähnen ist, dass die Literatur ESB-Modelle nicht eindeutig definiert und verwendet. Sie differenziert zwischen impedanzbasierten

ESB-Modellen und äquivalenten elektrischen Ersatzschaltbildmodellen. Das Unterscheidungsmerkmal liegt dabei in der Parametrierung. Die Parameter des impedanzbasierten ESB-Modells werden hauptsächlich mit Hilfe der Messergebnisse aus der sogenannten elektrochemischen Impedanzspektroskopie, wodurch es den Ersatzschaltbildelementen eine physikalisch-chemische Motivation zugeschrieben wird, ermittelt. Bei den äquivalenten elektrischen Ersatzschaltbildmodellen erfolgt die Bestimmung der Parameter hingegen im Zeitbereich wie zum Beispiel anhand von Strompulsen oder Konstantstromkurven. Hierdurch bleiben Informationen über die auftretenden physikalisch-chemischen Prozesse im Akku unbekannt. Äquivalente elektrische Ersatzschaltbildmodelle gehören daher zu den empirischen Realisierungsarten. Kapitel 6.3 stellt die drei genannten Parametrierungsvarianten detailliert vor.

Energie-/Leistungsflussmodelle beschreiben in der Regel den Energie- beziehungsweise Leistungsaustausch zwischen mehreren Komponenten eines Systems, um daraus beispielsweise Belastungsprofile abzuleiten. Die Profile dienen dann als Eingangsgröße für ein detaillierteres Batteriemodell.

Empirische Modelle eignen sich besonders als sogenannte „Black-Box"-Modelle. Sie bilden zwar das Verhalten der Batterie nach, haben dabei aber keinen Bezug zu den physikalisch-chemischen Abläufen. Oftmals bestehen sie aus empirisch ermittelten Korrelationen und ihre Abbildung erfolgt mit künstlichen neuronalen Netzwerken oder eines Fuzzy-Logic-Systems.

Tab. 6.1 veranschaulicht die Modellierungskategorie mit dem jeweiligen Modellierungsansatz. Dazu sind in der obigen Zeile die drei Kategorien eingetragen und in der linken Spalte die vier Ansätze. Ein „X" in der jeweiligen Tabellenzelle steht repräsentativ für die Umsetzbarkeit.

	Elektrische Modelle	Thermische Modelle	Alterungs-modelle
Physikalisch-chemische Modelle	X	X	X
impedanzbasierte Ersatzschaltbild Modelle	X	X	-
Energie-/Leistungsflussmodelle	X	X	-
Empirische Modelle	X	X	X*

*mit physikalisch-chemischen Ergänzungen

Tab. 6.1: Modellklassen mit Realisierungsansätzen [22]

6.3 Modellierung als impedanzbasiertes Ersatzschaltbild

Das impedanzbasiertes Ersatzschaltbild bildet das elektrische Verhalten, insbesondere der Dynamik der Batterie, durch die Beschreibung des elektrischen Ersatzschaltbildes (ESB) nach. [19]

Die einzelnen elektrischen Bauteile des ESB und ihre Wertigkeiten repräsentieren dabei nicht, wie bei den physikalisch-chemischen Modellen, die ablaufenden Prozesse in Form von Gleichungen. Sie ahmen das Verhalten dieser chemisch-physikalischen Prozesse in der Batterie nach, indem durch sogenannte Fitting-Verfahren eine Annäherung der Bauteilparameter an durchgeführte Messungen erfolgt.

6.3.1 Aufbau und Ersatzschaltbildelemente

Der Entwurf der Modelle basiert auf diskreten elektrischen Bauelementen, welche Tab. 6.2 aufführt und auf die in späteren Abschnitt näher eingegangen wird. Die ESB-Elemente weisen eine Abhängigkeit von der Temperatur, dem Ladezustand, der Alterung sowie der aufgeschalteten Höhe der Stromstärke auf. [41]

Dies liegt daran, dass die reale Batterie selbst dieselben Abhängigkeiten bezogen auf ihr Verhalten aufweist. Folgende Gleichung verdeutlicht den Zusammenhang der elektrischen Größen.

$$L, R_i, R, C, CPE, Z_W = f(T, SoC, SoH) \tag{6.2}$$

Das Verhalten der Spannungsquelle ist maßgeblich durch die Temperatur und den Ladezustand beeinflusst. [41]

$$U_{OCV} = f(T, SoC) \tag{6.3}$$

Physikalisches Bauteil	Ersatzschaltbild
Spannungsquelle	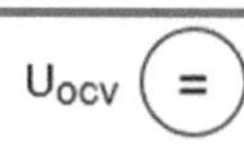
Induktivität	
Ohm'scher Widerstand (teils nichtlinear)	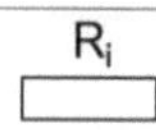
RC-Glieder	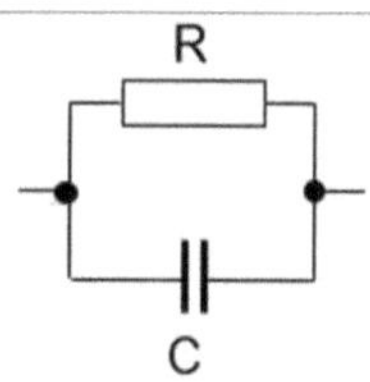
ZARC-Elemente	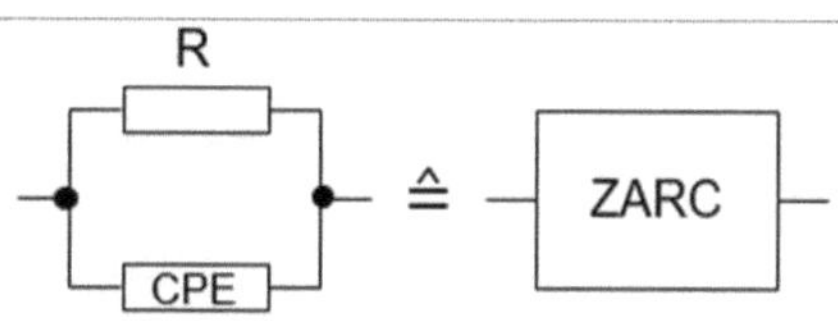
Warburg-Impedanzen	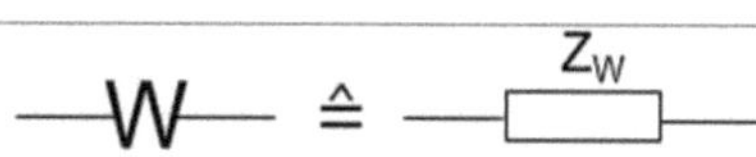

Tab. 6.2: Aufbau und Ersatzschaltbildelemente

Grundlegend findet die Verschaltung der oben genannten Elemente seriell statt. In Abhängigkeit von der geforderten Genauigkeit des Modells sind weniger oder mehr Ersatzschaltbildelemente miteinander zu koppeln. Diesen Sachverhalt veranschaulicht Abb. 6.4.

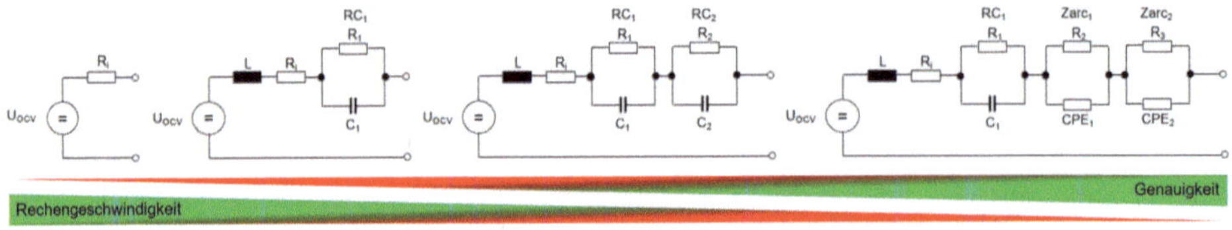

Abb. 6.4: Genauigkeit und Geschwindigkeit bei ESB-Modelle [19]

Auf der linken Seite befindet sich die einfachste Form eines impedanzbasierten ESB-Batteriemodells, welches aus einer Spannungsquelle, repräsentativ für die Ruhespannung, und einem variablen Innenwiderstand besteht. Die Ergänzung des simplen Modells um eine Induktivität, RC-Glieder, ZARC-Elemente oder auch Warburg-Impedanzen, wobei Letztere in Abb. 6.4 nicht dargestellt sind, lässt die Genauigkeit der Simulation zunehmen und die dynamischen Batterieeffekte verbessert widergeben. [19, 24]

Um ein noch aussagefähigeres Modell zu erzeugen, ist im nächsten Schritt jeweils eine Ersatzschaltung pro Elektrode zu erstellen. Eine weitere Steigerung der Genauigkeit führt über ein sogenanntes ortsaufgelöstes Modell der Batteriezelle, sodass einzelne lokale Zustände bestimmbar sind [23]. Ein ortsaufgelöster Modellansatz findet sich in der Literatur beispielsweise in [17] ausführlich.

Weiterhin ist anhand Abb. 6.4 erkennbar, dass mit einer steigenden Präzision der Rechenaufwand und somit die Rechenzeit der Modellierung zunimmt. Es ist also je nach Verwendungszweck (z.B. Echtzeitanwendung) abzuwägen, was für ein Modell mit entsprechenden Elementen zum Einsatz kommt.

Es ist möglich, jedem einzelnen Bauteil einen in der Batterie ablaufenden physikalisch-chemischen Effekt und dessen Verhalten zuzuordnen [17].Darauf geht das folgende Unterkapitel zur Parametrierung mittels elektrochemischer Impedanzspektroskopie (EIS) näher ein.

6.3.2 Parametrierung von impedanzbasierten ESB-Modellen

Zunächst gilt es das statische Verhalten des realen Akkumulators zu bestimmen, welches sich durch die sogenannte Ruhespannungskennlinie beschreiben lässt. Die Literatur stellt zwei Methoden zur Ermittlung der Kennlinie vor [19]. Dort sind tiefergreifende Informationen zu finden, unter anderem auch mit Diagrammen erläutert.

Die erste Methode, welche die zeitaufwändigere von beiden ist, nimmt die Kennlinie mit Hilfe von Lade- und Entladeschritten auf. Die Batterie entlädt sich dabei in Teilschritten und lädt sich erst im Anschluss wieder auf. Nach jedem Teilschritt erfolgt die Dokumentation des Ruhespannungswerts entsprechend dem zugehörigen Ladezustand (SoC). Liegen alle Messwerte vor, bilden die Mittelwerte der Ruhespannungswerte des jeweiligen SoC-Teilschritts die Ruhespannungskennlinie.

Die zweite Methode generiert die Ruhespannungskennlinie über eine konstante Stromladung und -entladung. Dabei ist die Stromrate stets gleich. Aus der anschließenden Mittelwertbildung zwischen der Lade- und Entladespannung am jeweiligen Ladezustand resultiert die charakteristische Ruhespannungskennlinie. Ein Vergleich zwischen der ersten und der zweiten Methode zeigt geringere Abweichungen der nach dem jeweiligen Verfahren ermittelten Kennlinien je kleiner die Stromrate bei der zweiten Methode gewählt wird. [19]

Bei entsprechend wenig Zeit ist es also sinnvoll auf das zweite Verfahren zurückzugreifen. Um die Kennlinie für das statische Verhalten in die Simulation zu implementieren, kommen in der Regel Tabellenwerke oder Approximationsfunktionen zum Einsatz.

Es gibt drei unterschiedliche Methoden für die Parametrierung eines elektrischen Ersatzschaltbilds, um das dynamische Verhalten von Akkumulatoren exakt zu reproduzieren. In Abhängigkeit der Genauigkeitsanforderungen, der zu Verfügung stehenden Zeit und der vorhandenen Messtechnik weisen die jeweiligen Verfahren unterschiedliche Eignungen auf. Es kann zusätzlich sinnvoll sein, mehrere Ansätze gleichzeitig zu verwenden, um die Präzision der Parameteridentifizierung zu steigern. Im Simulationsmodell stellen Tabellenwerke oder Approximationsfunktionen die mit Hilfe der Methoden gefundenen Parametersätze bereit. [19]

Die erste betrachtete Methode zur Parametrierung ist die Nutzung der elektrochemischen Impedanzspektroskopie. Bevor mit der ausführlichen Erläuterung der EIS begonnen wird, gilt es zu erwähnen, dass diese Parametrierungsmethode die Aufwändigste und Teuerste der drei Verfahren darstellt. Es sind viele Messungen zu tätigen, die einen hohen zeitlichen Aufwand erfordern. Zudem ist die verwendete Messtechnik kostenintensiv. [19]

Bei der EIS erfolgt eine Anregung des Akkumulators mit sinusförmigen Signalen in einem Frequenzbereich von einigen Millihertz bis mehreren Kilohertz bei paralleler Aufzeichnung der Systemantwort.

Die Impedanzspektroskopie gliedert sich in galvanostatische und potentiostatische Methoden. Bei der galvanostatischen Methode bildet ein sinusförmiger Strom die Anregung der Batterie und die resultierende Spannungsantwort die Messgröße. Diesem sinusförmigen Strom mit dem Effektivwert I_{ac} kann gleichzeitig ein Gleichstrom mit der Höhe I_{dc} überlagert werden, wodurch auch die Untersuchung des dynamischen Verhaltens der Batterie in Abhängigkeit unterschiedlicher Strom-Raten bzw. Belastungen möglich ist. Die potentiostatische Methode prägt dem Akku eine sinusförmige Spannung auf und zeichnet die Stromantwort entsprechend auf. [19]

In der Regel gilt der Vorzug bei der Vermessung der galvanostatischen Impedanzspektroskopie, wofür es zwei Gründe gibt.

Zum einen lädt bzw. entlädt sich die Batterie bei einer Stromanregung ohne überlagerter Stromrate I_{dc} im Mittel nicht und zum anderen ist es bei dieser Methode, wenn auch nur eingeschränkt, möglich einen Gleichstrom I_{dc} mit einer bestimmten Stromrate aufzuschalten. Die Überlagerung des Gleichstroms ist nur eingeschränkt möglich, da dieser wiederum eine Ladung beziehungsweise

Entladung zur Folge hat. Eine Ladezustandsänderung in zu hohem Maße verletzt allerdings die Forderung der elektrochemischen Impedanzspektroskopie nach Linearität, worauf im folgenden Abschnitt eingegangen wird.

Die EIS setzt voraus, dass es sich bei dem vermessenen Objekt um ein lineares, stationäres und zeitinvariantes System handelt. Jedoch weißt die Batterie, wie bereits zu Beginn des Kapitels 6 erwähnt, über den gesamten SoC-Bereich ein stark nichtlineares Verhalten auf, das eine Vielzahl an Abhängigkeiten aufweist. Aufgrund dessen ist während der Durchführung der EIS bei dem jeweiligen SoC-Stand darauf zu achten, dass sich der Ladezustand nicht in zu großem Maße verändert, um eine näherungsweise Linearität sicherzustellen [19]. SoC-Änderungen von maximal 5 bis 10 % haben sich als akzeptabel herausgestellt [24]. Dadurch ist die Überlagerung des Gleichstroms I_{dc} nur eingeschränkt möglich.

Aus dem Verhältnis gemessener Spannungsantwort und dem aufgeschalteten Strom berechnet sich anschließend die Impedanz der Batterie. Dieser Vorgang wird für jede einzelne Anregungsfrequenz wiederholt. Das Auftragen dieser Impedanzen in einem Diagramm mit Real- und Imaginär-Achse erzeugt das Impedanzspektrum, welches in Abb. 6.5 dargestellt ist. Hier ist exemplarisch ein Spektrum bei einer Temperatur von 25 °C, einem Ladezustand von 3 %, einem Gleichstrom von 0,2 A und einem Wechselstrom mit dem Effektivwert von 0,4 A abgebildet.

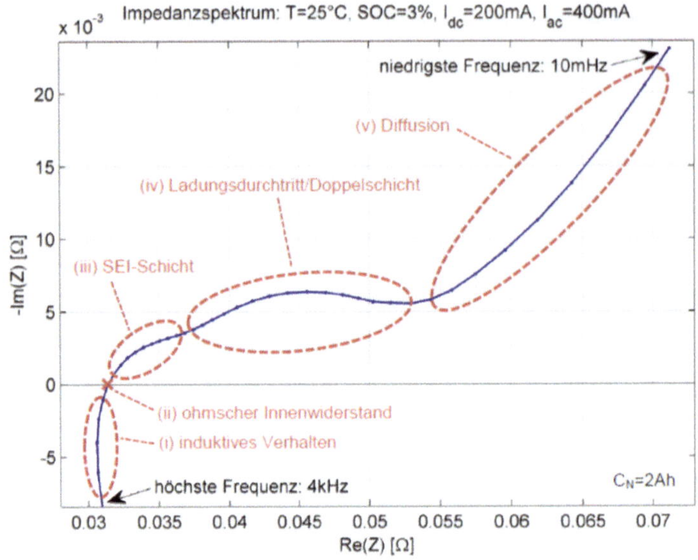

Abb. 6.5: Impedanzspektrum mit physikalisch-chemischen Prozessen [19]

Die Beschriftung der Ordinate erfolgt in der Elektrochemie hinsichtlich ihres Vorzeichens üblicherweise vertauscht, sodass der negative Bereich nach oben und der positive Bereich nach unten zeigt. Das Impedanzspektrum ist in mehrere Bereiche untergliedert, denen jeweils ein physikalisch-chemischer Prozess, welcher in der Batterie abläuft, zugeordnet werden kann. Bei Anregung der Batterie mit hohen Frequenzen macht sich ein induktives Verhalten, in Abb. 6.5 der Bereich (i), bemerkbar. Dieses verursachen hauptsächlich Elektrodengeometrie und Stromableiter. Der Schnittpunkt mit der Realteil-Achse (ii) stellt den rein Ohm'schen Innenwiderstand des Akkus dar. Dieser liegt typischerweise bei einer Frequenz von circa 1 kHz. Die begrenzte Leitfähigkeit der Stromableiter, des Aktivmaterials und des Elektrolyten verursachen diesen Innenwiderstand. Im mittleren Frequenzbereich lassen sich zwei nach unten geöffnete, etwas gestauchte Halbkreise erkennen. Der erste Halbkreisbogen von links (iii) betrachtet ist der SEI-Schicht zuzuordnen, welche im Bereich des Minuspols beim ersten Laden entsteht und sich im Laufe des Batteriealters weiter aufbaut. Der

zweite Halbkreis weiter rechts (iv) ist dem Ladungsdurchtritt der Lithiumionen von der Elektrode in den Elektrolyten (oder umgekehrt) und einer sogenannten Doppelschichtkapazität, welche durch die Ladungstrennung an der Phasengrenze zwischen Elektrode und Elektrolyt entsteht, zuzuordnen. Die Gerade mit negativer Steigung von etwa -45 ° im Frequenzbereich von wenigen Millihertz, Bereich (v), resultiert aus der Diffusion der Lithiumionen in den Elektroden. [24]
Aus dem Impedanzspektrum ist es nun möglich ein passendes impedanzbasiertes Ersatzschaltbild abzuleiten. Die verwendeten Ersatzschaltbildelemente in Abb. 6.6 orientieren sich an den Verläufen ihrer Ortskurvendiagramme. Die Anregung zu dieser Darstellung stammt aus der Literatur [19].

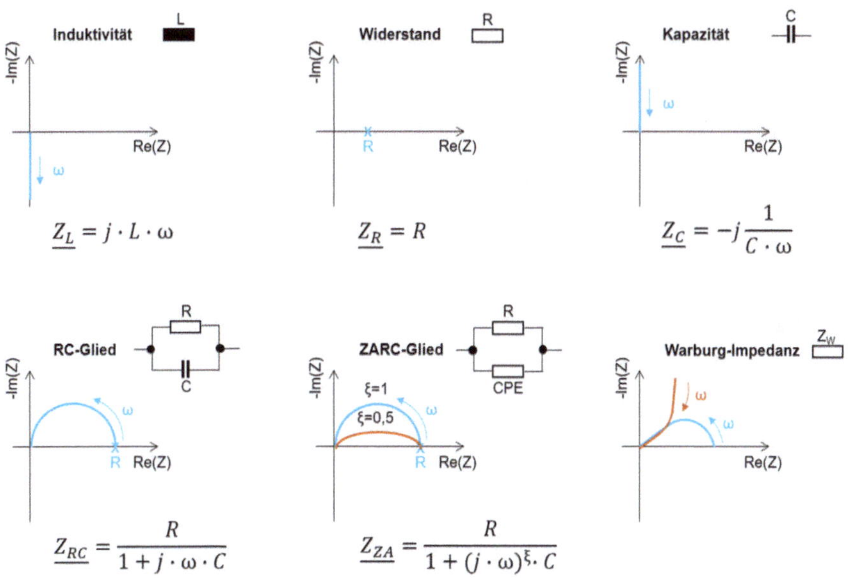

Abb. 6.6: Ortskurven der Ersatzschaltbildelemente

Unterhalb des jeweiligen Ortskurvendiagramms ist die Gleichung zur Berechnung der entsprechenden Impedanz angegeben. Für die Warbug-Impedanz ist lediglich der ungefähre Verlauf abgebildet, da sich die mathematische Beschreibung als komplex erweist. Der Verweis auf weiterführende Literatur erfolgt im Kontext entsprechender Anwendungen in Folge.

Die Induktivität mit ihrem komplexen Widerstand zeigt eine Gerade parallel zur imaginären Achse -Im(z), deren Gleichung linear von der Kreisfrequenz ω abhängt. Der reine Ohm‘sche Widerstand ist frequenzunabhängig und liegt daher als Schnittpunkt auf der realen Achse vor. Der komplexe Widerstand der Kapazität zeigt eine Gerade mit unendlicher Steigung in die negative Richtung der imaginären Achse, wobei seine Wertigkeit mit steigender Kreisfrequenz gegen null Ohm läuft. Die Parallelschaltung eines Ohm‘schen Widerstands mit einer Kapazität führt zu einem sogenannten RC-Glied. Im Impedanzdiagramm entsteht so ein Halbkreis in der negativen Halbebene, der mit einer Frequenz $\omega \rightarrow 0$ Hz beim Wert des reinen Ohm‘schen Widerstands beginnt und mit zunehmender Frequenz gegen null Ohm läuft.

Des Weiteren gibt es zwei Sonderimpedanzen. Die Erste ist das sogenannte ZARC-Element [2]. Dieses Element besteht aus der Parallelschaltung eines Widerstandes mit einem CPE (constant phase element). Die Gleichung des ZARC-Elements lautet ähnlich wie diejenige des RC-Gliedes, wobei der imaginäre Ansatz $j\omega$ mit einem Exponenten versehen ist, der bei Bedarf zwischen null und eins variieren kann.

Dadurch ist es möglich, die Halbkreisform zu stauchen und diese somit flexibel in ihrer Höhe zu beeinflussen. Es stellt im Prinzip die Verfeinerung des RC-Gliedes dar.

Die zweite Sonderimpedanz ist die sogenannte Warburg-Impedanz. Mit dieser ist es möglich den niederfrequenten Bereich der Diffusion innerhalb der Lithiumionen-Batterie abzubilden. Zu sehen sind zwei unterschiedliche Verläufe, die sich in der Betrachtungsweise der Diffusion unterscheiden. Zur Vertiefung des Sachzusammenhangs eignet sich die weiterführende Literatur [17]

Die Abb. 6.7 verdeutlicht grafisch, wie es schlussendlich zur Identifikation des geeigneten impedanzbasierten ESB kommt. Der Kurvenverlauf (grün) ist das

Ergebnis einer Messung und verhält sich ähnlich wie der Verlauf in Abb. 6.5. Diesem Spektrum sind die einzelnen elektrischen Schaltelemente, wie in Kapitel 6.3.1 gezeigt, zugeordnet. Die Induktivität des ESB wird an das induktive Verhalten der Batterie angepasst. Das gleiche geschieht mit dem reinen Ohm'schen Widerstand. Die zwei Halbkreise im mittleren Frequenzbereich können vereinfacht über RC-Glieder oder verfeinert über ZARC-Elemente abgebildet werden. Mit Hilfe der Warburg-Impedanz ist es möglich das Diffusionsverhalten in den Elektroden widerzuspiegeln. Durch die Überlagerung der einzelnen Ortskuren kann die Ortskurve des ESB und somit das ESB generell approximiert werden.

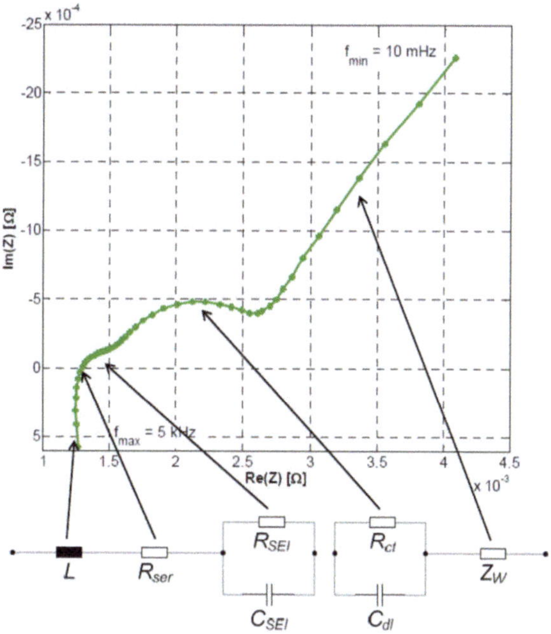

Abb. 6.7: Impedanzspektrum mit Zuordnung von ESB-Elementen [16]

Die letztendliche Parameterfindung für die zur Simulation eingesetzten Ersatzschaltbildelemente erfolgt, nachdem ein passendes Ersatzschaltbild gefunden ist, über einen sogenannten Least-Squares-Fit-Algorithmus. Die Minimierung des quadratischen Abstands zwischen den eingelesenen Messwerten und den zu berechnenden Parametern der ESB-Elemente bewirkt, dass die Impedanzen des ESB mit den Impedanzkurvenverläufe der Messungen eine zufriedenstellende Übereinstimmung liefern. Wichtig sind hierbei geeignete Startparameter, um einen optimalen Parametersatz zu erzeugen. Um die Impedanzkurven zu approximieren, eignen sich diverse kommerzielle Programme, die derartige Algorithmen bereits in ihrer Funktionsbibliothek beinhalten. [19, 23]

Ein Modell vollständig zu parametrieren bedeutet Impedanzspektren von allen Abhängigkeiten in allen möglichen Variationen zu generieren, was den hohen Aufwand dieser Parametrierungsmethode erklärt. Zur Verdeutlichung ist in Abb. 6.8 die Veränderung des Impedanzspektrums in Folge der Variation der Einflussgrößen Ladezustand und Temperatur auf das Batterieverhalten exemplarisch dargestellt.

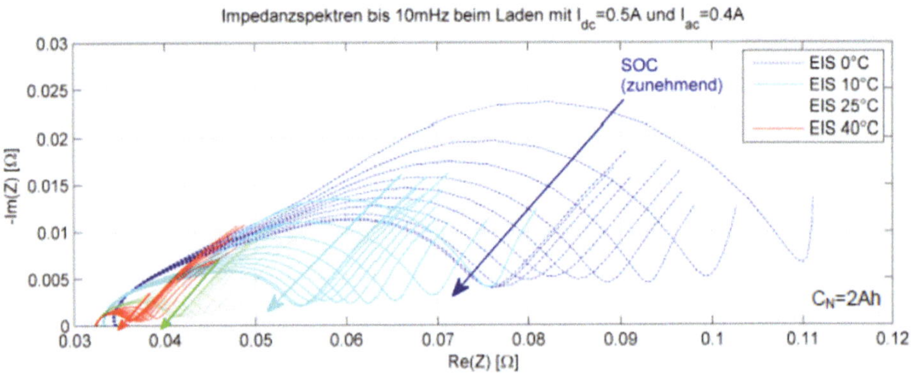

Abb. 6.8: Impedanzspektrum abhängig von Temperatur und Ladezustand

Der Ohm'sche Widerstand, Schnittpunkt mit der Re(Z)-Achse sowie der erste Halbbogen, bezogen auf den Ladezustand, bleiben nahezu identisch und hängen nur von der sich ändernden Temperatur ab. Der zweite nach unten geöffnete

Halbbogen ist deutlich vom SoC und der Temperatur abhängig. Sowohl bei einem abnehmenden Ladezustand (SoC) als auch bei abnehmenden Temperaturen fallen die Halbkreise zunehmend größer aus. Bei sinkenden Temperaturen macht sich die SoC-Abhängigkeit deutlicher bemerkbar.

Während der Aufzeichnung eines Spektrums ist es äußerst wichtig auf die Konstanz derjenigen Größen Acht zu geben, die das Batterieverhalten beeinflussen, damit aussagekräftige Ergebnisse erzielt werden können. Am schwierigsten erweist sich dies beim SoC, da sich dieser bei einem Lade- oder Entladestrom I_{dc} automatisch ändert. [24]

Die Impedanzspektroskopie hat ihre Grenzen, was nicht unerwähnt bleiben darf. Zum einen ist die EIS durch die Höhe und die Zeitdauer des Stromes I_{dc} begrenzt, damit sich das quasi-stationäre Verhalten und somit die Linearität nicht durch zu große Ladezustandsänderungen ändert. Zum anderen liegen die zu messenden Diffusionsprozesse in einem so geringen Frequenzbereich, dass die Messzeiten extrem hoch sind. Um diese Problematiken zu umgehen ist es möglich, die elektrochemische Impedanzspektroskopie mit anderen Messverfahren, wie derjenigen über Strompulse, zu ergänzen. Die Literatur bestätigt dies durch ein Diagramm in. [23]

Weitere detailreiche Informationen über die EIS sind auch in [17] auf den Seiten 72-76 zu finden, wo unter anderem wichtige Hinweise zur Linearität und zur Konzeptionierung impedanzbasierter Batteriemodelle auftauchen.

Eine weitere Methode das dynamische Verhalten von Batterien zu ermitteln ist die Parametrierung unter Ausnutzung von Strompulsen. Hierbei wirken Strompulse im zweistelligen Sekundenbereich auf den Akkumulator, wobei eine Analyse der Spannungsantwort mit ihrem Einschwingverhalten beim Einschalten und dem Abklingverhalten beim Ausschalten des Stroms erfolgt. Dies erlaubt in einem nächsten Schritt Anpassungen der RC-Glieder und ihre Zeitkonstanten. Zwischen den einzelnen Pulsen liegen Wartezeiten von mehreren Minuten bis hin zu einer Stunde. Abb. 6.9 veranschaulicht den beschriebenen Ablauf.

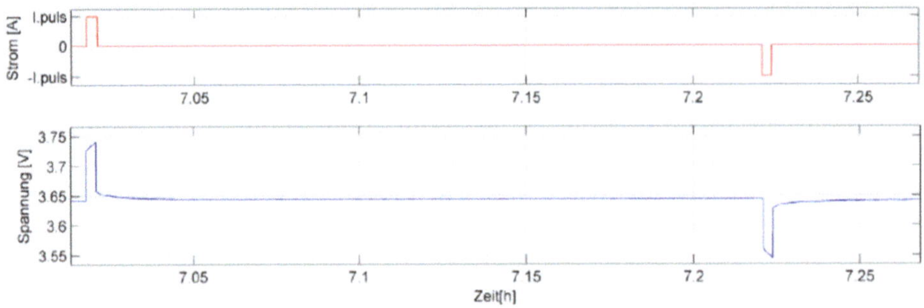

Abb. 6.9: Spannungsantworten auf Strompulse [19]

Da diese Art der Parametrierung meistens im Zeitbereich stattfindet, bleiben im Gegensatz zur Parameteridentifikation mit der EIS Informationen über die physikalisch-chemisch ablaufenden Prozesse innerhalb der Batterie und deren Zuordnung auf die einzelnen Ersatzschaltbildelemente unbekannt.

Wie auch bei der EIS geschieht die Parametrierung mittels Strompulsen bei variierenden Ladezuständen, Temperaturen, Strömen und Alterung, um die notwendigen Abhängigkeiten zu bestimmen.

Aufgrund des Stromsprungs ist diese Methode sowohl für niederfrequente als auch für hochfrequente Bereiche praktikabel. Allerdings fordern die Batterieeffekte, die nur sehr kurze Zeitkonstanten aufweisen, wie die SEI-Schicht, Messgeräte mit einer hohen Abtastrate im Kilohertz Bereich, da diese Effekte ansonsten kaum messbar wären.

Die Parameteridentifizierung erfolgt bei der Strompulsmethode in der Regel identisch wie bei der elektrochemischen Impedanzspektroskopie über einen Least-Squares-Fit-Algorithmus. [19]

Eine alternative Vorgehensweise zur Identifikation der Parameter stellt [40] anhand eines Ersatzschaltbildes bestehend aus einem Widerstand und zwei RC-Gliedern vor. Hierbei ist die Spannungsantwort in zeitliche Abschnitte unterteilt. Mittels formelmäßiger Zusammenhänge ist es möglich, die Zeitkonstanten der

RC-Kreise sowie die daraus resultierenden Parameter R und C der jeweiligen Glieder zu berechnen.

Als weitere Option zur Parameterfindung soll es nach Angaben in der Literatur realisierbar sein, den Strompuls und die Spannungsantwort mit Hilfe der Fouriertransformation aus dem Zeitbereich in den Frequenzbereich zu überführen [41, 44]. Dort kann sowohl eine Modell- als auch eine Parameteridentifikation erfolgen. Allerdings unterliegt diese Methode gewissen Forderungen [44] Weiterhin bleibt die Frage offen, ob ESB-Elementen mit der Vorgehensweise der Fouriertransformation und dem daraus resultierenden Impedanzspektrum eine physikalisch-chemische Motivation, wie bei der EIS, für sich beanspruchen können.

Die Parametrierung des Akkumulatormodells mit Hilfe der Konstantstromkurven ist eine simple Methode, die im Gegensatz zu den beiden vorab vorgestellten Methoden einen geringeren Aufwand aufweist. Allerdings ist bei diesem Verfahren eine geminderte Genauigkeit zu erwarten.

Die einzigen benötigten Informationen zur Parameterfindung sind Datenblätter vom Batteriehersteller, auf denen Ladespannungs- und Entladespannungskurven bei unterschiedlichen Stromstärken abgebildet sind. Messungen erübrigen sich.

Die Ermittlung der Parameter berechnet zunächst die Spannungsdifferenz zwischen einer Lade- und Entladekurve bei gleicher Stromstärke. Anschließend ist die Differenz durch das doppelte des Strombetrages zu teilen, woraus der Gesamtwiderstand des Akkumulators in Abhängigkeit des SoC hervorgeht. Der Gesamtwiderstand steht repräsentativ für die Summe aller in der Batterie vorliegenden Einzelwiderstände, welche auf der SEI-Schicht, dem Ladungsdurchtritt der Lithium Ionen und der Diffusion im eingeschwungenen Zustand beruhen.

Liegen lediglich Herstellerdatenblätter für die Entladekurven des Akkumulators vor, erfolgt eine Schätzung der Widerstände aus der Differenz unterschiedlicher Entladekurven. [19]

6.3.3 Aussagekraft und Anwendung des Modellansatzes

Die Aussagekraft dieses Modellansatzes ist dann als sehr gut zu betrachten, wenn der Simulationsbereich und die Messungen der Parametrierung weitestgehend übereinstimmen. Belastungen und Zustände, zum Beispiel bestimmte Temperaturen, die das Modell nicht erfasst, sind bei der Auswertung zu vernachlässigen. [24]

Um die Genauigkeit des Modellansatzes zu verbessern, ist es möglich, das Modell zu hybridisieren und um physikalisch-chemische Teilmodelle zu erweitern. Dies kann durch Optimierung der Ruhespannungskennlinien in Submodellen und die Berücksichtigung von Diffusionsvorgänge im Aktivmaterial sowie im Elektrolyten geschehen. [23, 24]

Diese Art der Modellrealisierung überzeugt regelmäßig sowohl bei der Auslegung des Batteriemanagementsystems als auch bei der Zustandsbestimmung der Batterie.

Aufgrund dessen, dass die Komplexität beziehungsweise Genauigkeit und somit auch die Rechengeschwindigkeit sehr flexibel einstellbar sind, eignen sich diese dynamischen Modelle auch für die Systemsimulation und -auslegung eines Gesamtfahrzeugs. Ortsaufgelöste Modelle bilden detailliert lokale Ungleichmäßigkeiten wie Stromdichte- und Potentialverteilungen nach, wodurch ein Rückschluss auf die Batteriezellendimensionierung beispielsweise der Elektroden resultiert. [17]

6.4 Modellierung einer Lithiumionen-Batterie

In dieser Arbeit soll am Beispiel einer Lithiumionen-Batterie der Modellierungsansatz der Ersatzschaltbildmodelle, kurz ESB, zum Einsatz kommen, da er einen guten Kompromiss zwischen Recheneffizienz, Ergebnisgenauigkeit sowie Modellierungsaufwand bietet. Ein wesentlicher Faktor bei der Elektromobilität ist und bleibt die Reichweite. Die Zuhilfenahme eines Batteriemodells ermöglicht es beispielsweise Funktionen aus der Motorregelung, wie z.B. das Modulationsverfahren oder der Regler selbst hinsichtlich der potentiellen erreichbaren Reichweite zu untersuchen und miteinander zu vergleichen. Weiterhin finden ESB-Modelle häufig Anwendung in der BMS-Entwicklung. Die Kategorien thermisches Modell und Alterungsmodell sowie deren Einfluss auf das Verhalten des Energiespeichers bleiben in dieser Arbeit unberücksichtigt.
Zu Beginn ist in Abb. 6.10 das zu beschreibende elektrische Modell inklusive seiner Ein- und Ausgangsgrößen dargestellt.

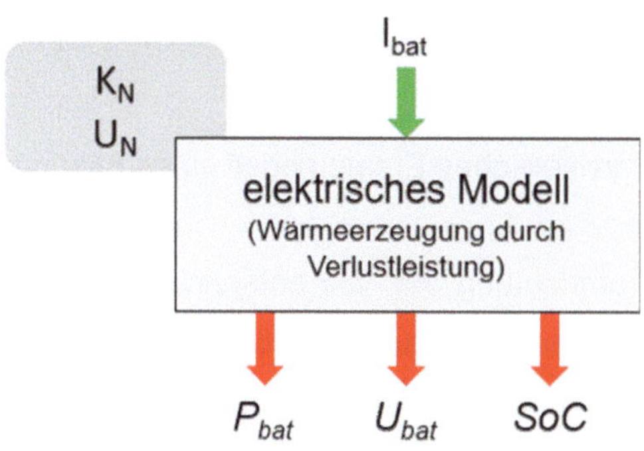

Abb. 6.10: Ein- und Ausgangsgrößen des elektrischen Modells

Die grünen Pfeile repräsentieren die Eingangsgrößen, wobei hierfür in dieser Thesis lediglich der Batteriestrom I_{bat} vorgesehen ist. Am Ausgang des Modells werden nach allen notwendigen Berechnungen die Leistung P_{bat}, der Ladezustand SoC und die an den Batteriepolen anliegende Zellspannung U_{bat}

ausgegeben. Als Datenblattkennwerte sind die Nennkapazität K_N und die Nennspannung U_N der Zelle gegeben. Sowohl die grünen Pfeile als auch die roten Pfeile auf der rechten Seite der Abbildung deuten an, dass das elektrische Modell Ausgangsgrößen an das thermische Modell sowie das Alterungsmodell weitergibt und auf dem umgekehrten Wege Eingangsgrößen von den beiden Letzteren einließt.

Um das elektrische Verhalten einer Lithiumionenzelle mit den naturwissenschaftlichen Gesetzmäßigkeiten beschreiben zu können, ist der real existierende Akkumulator zunächst in ein physikalisches Ersatzmodell zu überführen. Diese Aufgabe übernimmt ein Ersatzschaltbild, dass aus der Netzwerktheorie der Elektrizitätslehre hervorgeht. Die Überführung der realen Batterie in das Netzwerk zeigt Abb. 6.11.

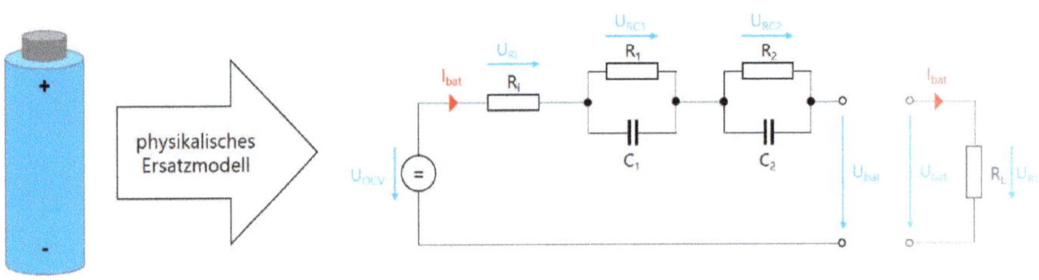

Abb. 6.11: Physikalisches Ersatzmodell eines Akkumulators

Die eingezeichnete Stromrichtung von I_{bat} entspricht dem technisch positiven Stromfluss und repräsentiert das Entladen des Energiespeichers beziehungsweise die Entnahme von Ladungsmenge aus demselben. Dementsprechend besitzt ein negativer Batteriestrom eine um 180° verdreht eingezeichnete Pfeilrichtung und steht für das Laden des Akkumulators. Ebenfalls eingetragen sind die abfallenden Spannungen der Ersatzschaltbildelemente. Auf der rechten Seite der Abbildung befindet sich eine angeschaltete Last in Form eines Lastwiderstandes die für die Modellierung des Akkus zunächst irrelevant ist

und nicht zu berücksichtigen ist. Sie dient allein der Vollständigkeit, da ein Strom nur in einem geschlossenen Stromkreis fließt.
U_{OCV} beschreibt die Ruhespannung und damit das statische Verhalten des Lithiumionen Akkumulators. Sie symbolisiert die messbare anliegende Spannung zwischen dem Minus- und Pluspol der Sekundärbatterie während sie unbelastet ist und sich im Gleichgewichtszustand befindet. Die Zeit die der Akkumulator benötigt, um nach einer Anregung in endlicher Zeit wieder eine konstante Ruhespannung zu erreicht wird als Relaxionszeit bezeichnet.
U_{OCV} erhält eine Kennlinie in Abhängigkeit des SoC. Der reine Ohm'sche Widerstand R_i mit der abfallenden Spannung U_{Ri} steht repräsentativ für den tatsächlich vorhandenen Innenwiderstand eines Energiespeichers und ist lediglich vom Schließen bis zum Öffnen des Stromkreises (dynamisches Zellverhalten) relevant. Dieser verursacht, in Abhängigkeit der Stromrichtung, ein sprunghaftes Abfallen der Batterieklemmspannung beim Entladen des Akkus oder Ansteigen beim Laden des Akkus. Die zwei nachfolgenden RC-Glieder bestehen jeweils aus einer Parallelschaltung mit einem Ohm'schen Widerstand R_1 beziehungsweise R_2 und einem Kondensator C_1 beziehungsweise C_2. Die beiden RC-Glieder sind nur beim Schließen oder Öffnen des Stromkreises und damit hinsichtlich des dynamisches Zellverhaltens aktiv. Auf ein plötzliches Hinzu- oder Abschalten einer Belastung in Form eines Stroms reagieren die beiden RC-Glieder mit einer zeitlich verzögerten Spannungszunahme- oder –Abnahme. Dieser Vorgang bildet den Einschwingvorgang der Batteriespannung eines realen Akkus ab. Wie groß die zeitliche Verzögerung und die Spannungsänderung ausfällt, ist von der Wahl der Widerstands- und Kapazitätswerte abhängig. Der oben beschriebene Zusammenhang ist qualitativ für einen Entladestrompuls in Abb. 6.12 dargestellt, in welcher ebenfalls die jeweiligen Spannungsbereiche der Ersatzschaltbild-elemente eingetragen sind.

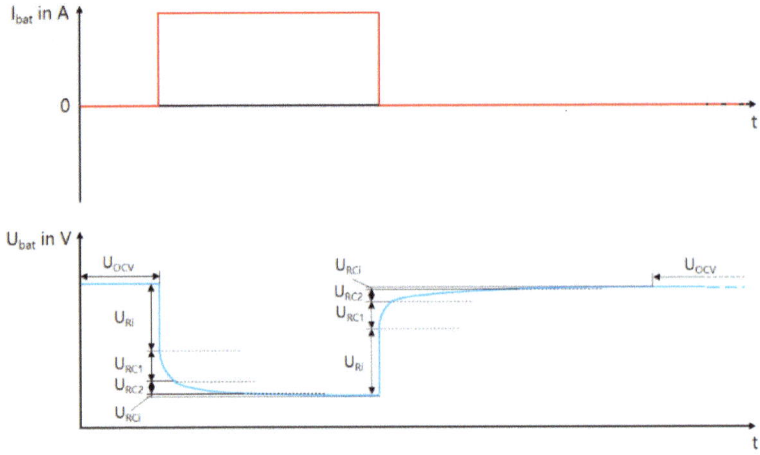

Abb. 6.12: Systemantwort auf einen Entladestrompuls

Die schwarzen Linien, welche unten in Abb. 6.12 gestrichelt eingetragen sind, deuten Spannungsniveaus an, die durch die einzelnen Ersatzschaltbildelemente entstehen. Das erste Niveau von oben auf der linken Seite zeigt den Spannungsabfall U_{Ri} bei der Zuschaltung des Stroms. Für den Fall, dass das physikalische Ersatzmodell lediglich aus der Ruhespannungsquelle und dem Innenwiderstand besteht, liegt der gestrichelte Verlauf bis zum Abschalten des Pulses vor und der untere blaue Kurvenverlauf entfällt. Kommt zum Ersatzmodell ein erstes RC-Glied hinzu, reicht der blaue Graph bis zur zweiten gestrichelten Linie von oben und folgt anschließend der schwarzen Linie. Ebenso verhält es sich mit der Erweiterung um ein zweites RC-Glied. Daraus ist ersichtlich, dass eine Steigerung der Anzahl an RC-Gliedern, die im Diagramm mit U_{RCi} gekennzeichnet ist, ein exakteres Abbilden des dynamischen Batterieverhaltens ermöglicht. Bei dem Abschalten der Strombelastung ergibt sich die gleiche Reihenfolge wie oben beschrieben mit dem Unterschied, dass die Spannungsniveaus von unten nach oben zu betrachten sind.

Die Gestaltung des Ersatzschaltbildes bestehend aus einer Ruhespannungsquelle, einem Ohm'schen Widerstand und zwei RC-Gliedern hat den Grund, dass bereits dieses Netzwerk eine gute Annäherung des realen Batterieverhaltens erzielt und es zudem recheneffizient ist. Damit ist es möglich, sowohl schnell als auch langsam ablaufende chemische Prozesse innerhalb des Akkumulators widerzuspiegeln und gleichzeitig die Option zur Verfügung zu haben, das Modell auf einer Online-Anwendung wie einem Steuergerät oder dergleichen zu implementieren.

6.4.1 Herleitung der Modellgleichungen

Das physikalische Ersatzmodell bildet die Grundlage für die Herleitung der mathematischen Modellgleichungen, die das statische und vor allem das dynamische Verhalten bezüglich des Batteriestroms als Eingangsgröße und der Akkumulatorspannung, dem SoC sowie der Leistung als Ausgangsgröße beschreiben. Die erhaltenen Gleichungen dienen zudem der Implementierung des Modells in MATLAB/Simulink.

Im Allgemeinen sind die Ersatzschaltbildelemente abhängig von der Stromhöhe, dem Ladezustand, der Temperatur sowie dem Alterungszustand bzw. SoH. Da die beiden letzteren Abhängigkeiten im Rahmen dieser Modellbildung unberücksichtigt bleiben, ergibt sich

$$R_i, R_1, C_1, R_2, C_2 = f(SoC, I)\,. \tag{6.4}$$

Im Folgenden wird R_i als konstant angenommen. Die Ruhespannung ist bei gegebener Batterie im Wesentlichen von dem Ladezustand, der Temperatur und dem Alterungszustand abhängig. Mit der identischen Argumentation wie bei den Ersatzschaltbildelementen folgt daraus

$$U_{OCV} = f(SoC)\,. \tag{6.5}$$

Zur Herleitung der Gleichungen im Zeitbereich zeigt Abb. 6.13 das physikalische Ersatzmodell mit in grün eingezeichnetem Maschenumlauf.

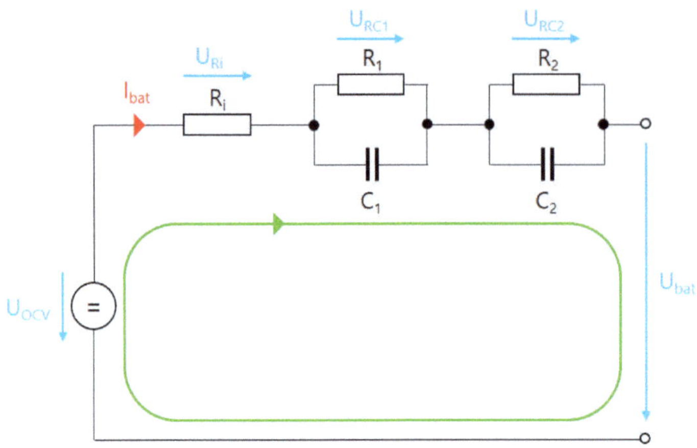

Abb. 6.13: physikalisches Ersatzmodell mit Maschenumlauf

Mit diesem Umlauf gilt im Folgenden die Maschenregel, welche besagt, dass die Summe aller Spannung innerhalb eines Maschenumlaufs gleich null sein muss. Die blauen Pfeile, die in dieselbe Richtung wie der grüne Maschenpfeil orientiert sind, gehen mit einem positiven und diejenigen, die ihm entgegengerichtet sind, mit einem negativen Vorzeichen in die Summe ein. Es ergibt sich daraus die Gleichung

$$-U_{OCV}(t) + U_{Ri}(t) + U_{RC1}(t) + U_{RC2}(t) + U_{bat}(t) = 0\,. \tag{6.6}$$

Das Umstellen nach der Ausgangsgröße U_{bat} ergibt

$$U_{bat}(t) = U_{OCV}(t) - U_{Ri}(t) - U_{RC1}(t) - U_{RC2}(t). \tag{6.7}$$

Die bereits in Abschnitt 6.4 beschriebene Ruhespannung $U_{OCV}(t)$ korreliert mit aus Messungen gewonnenen Kennlinien mit Stützstellen und stückweiser Interpolation zwischen den Stützstellen und bedarf daher keinerlei Berechnung. Der Spannungsabfall $U_{Ri}(t)$ über den Ohm'schen Innenwiderstand R_i ist unter Verwendung des Ohm'schen Gesetzes bestimmbar, wodurch $U_{Ri}(t)$ von der Eingangsgröße $I_{bat}(t)$ abhängig ist. Folgender Ausdruck zeigt den erläuterten Zusammenhang nach auf.

$$U_{Ri}(t) = R_i \cdot I_{bat}(t) \tag{6.8}$$

Somit sind die ersten beiden Terme und deren Bestimmung aus (6.7) bekannt. Zur Herleitung der mathematischen Beziehung zwischen dem Batteriestrom $I_{bat}(t)$ und der über dem ersten RC-Glied abfallenden Spannung ist in Abb. 6.14 eine detaillierte Ansicht der Parallelschaltung aufgeführt.

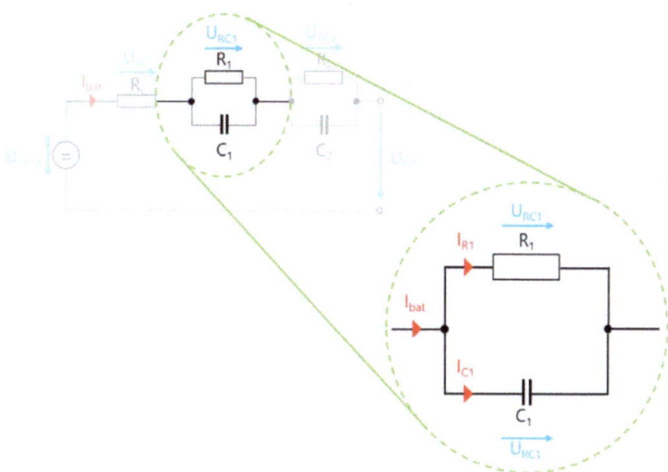

Abb. 6.14: elektrisches Netzwerk eines RC-Gliedes

Alle nun folgenden Schritte sind für das zweite RC-Glied äquivalent. Es ist allein die in den Indizes auftretende Zahl „1“ durch „2“ zu ersetzen.
Es folgt die Anwendung der Knotenpunktregel auf die obige Schaltung. Ein Knoten stellt eine Verzweigung von einem Strompfad in mehrere einzelne Pfade oder umgekehrt dar und ist in dem Netzwerk in Form eines schwarzen Punktes eingetragen. Die Knotenpunktregel besagt, dass die Summe aller auf einen Knoten hinzu- und abfließenden Ströme den Wert null ergeben muss. Dabei gehen hinzufließende Ströme mit positivem und abfließende mit negativem Vorzeichen ein. [42]

$$I_{bat}(t) - I_{C1}(t) - I_{R1}(t) = 0 \tag{6.9}$$

Das Umstellen nach der Eingangsgröße $I_{bat}(t)$ ergibt

$$I_{C1}(t) + I_{R1}(t) = I_{bat}(t)\,. \tag{6.10}$$

Im nächsten Schritt sind die Ströme $I_{R1}(t)$ sowie $I_{C1}(t)$ durch eine Beschreibung über die gesuchte Größe $U_{RC1}(t)$ zu eliminieren.
Zusätzlich gilt in demjenigen Pfad, in dem sich der Widerstand R_1 befindet, das Ohm'sche Gesetz, wodurch sich nachstehender Zusammenhang inklusive einer Äquivalenzumformung nach $I_{R1}(t)$ ergibt.

$$U_{RC1}(t) = R_1 \cdot I_{R1}(t) \quad \Leftrightarrow \quad I_{R1}(t) = \frac{U_{RC1}(t)}{R_1} \tag{6.11}$$

Die formelmäßige Beschreibung des Spannungsabfalls eines Kondensators in Abhängigkeit des durch ihn hindurchfließenden Stromes lautet im Allgemeinen:

$$U_{RC1}(t) = \frac{1}{C_1} \cdot \int I_{C1}(t)\, dt\,. \tag{6.12}$$

Die Multiplikation mit C_1 sowie das Ableiten der Gleichung (6.12) nach der Zeit liefert

$$C_1 \cdot \dot{U}_{RC1}(t) = I_{C1}(t)\,. \tag{6.13}$$

Das Einsetzen von (6.11) und (6.13) in die Gleichung (6.10) ergibt eine inhomogene Differentialgleichung 1. Ordnung, die den Spannungsabfall U_{RC1} in Abhängigkeit des eingehenden Stroms I_{bat} des ersten RC-Gliedes beschreibt.

$$C_1 \cdot \dot{U}_{RC1}(t) + \frac{1}{R_1} \cdot U_{RC1}(t) = I_{bat}(t) \tag{6.14}$$

Die Gleichung für das zweite RC-Glied lautet demnach

$$C_2 \cdot \dot{U}_{RC2}(t) + \frac{1}{R_2} \cdot U_{RC2}(t) = I_{bat}(t). \tag{6.15}$$

Die von dem Akkumulator abgerufene Leistung ergibt sich aus der Multiplikation der Batterieklemmspannung mit dem fließenden Akkumulatorstrom [42].

$$P_{bat}(t) = U_{bat}(t) \cdot I_{bat}(t) \tag{6.16}$$

Um sowohl die Werte der Ersatzschaltbildelemente als auch die Ruhespannung dem Ladezustand nachzuführen, erfolgt deren fortlaufende Berechnung anhand der Nennkapazität K_N und dem Batteriestrom $I_{bat}(t)$ parallel zur Simulation.

$$SoC(t) = SoC(0) - \left(\frac{1}{K_N} \cdot \int_0^t I_{bat}(\tau)\, d\tau \right) \cdot 100\ \% \tag{6.17}$$

Mit dem letzten Schritt sind alle notwendigen Gleichungen für die Beschreibung der Batterieklemmspannung $U_{bat}(t)$ in Abhängigkeit des Batteriestromes $I_{bat}(t)$ bekannt.

Um die ausgewählten Gleichungen im Nachgang in MATLAB/Simulink implementieren zu können, gilt es diese mit Hilfe der Laplace-Transformation in den Bildbereich zu überführen. Im Zuge dessen werden einige Blockdiagramme angegeben.
So ergibt sich aus der Gleichung (6.7) nach Transformation in den Bildbereich folgender Ausdruck.

$$U_{bat}(s) = U_{OCV}(s) - U_{Ri}(s) - U_{RC1}(s) - U_{RC2}(s) \tag{6.18}$$

Darin ist $U_{OCV}(s)$ die Korrespondenz zu $U_{OCV}(t)$, wobei die Ruhespannung nach wie vor in Form einer Kennlinie vorliegt. Das zugehörige Blockschaltbild ist in Abb. 6.15 zu sehen.

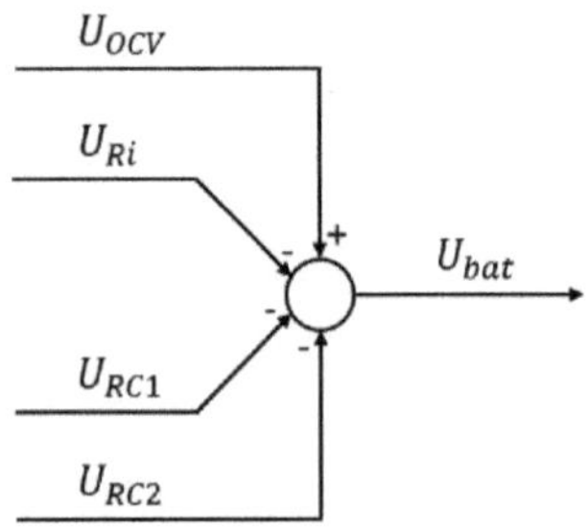

Abb. 6.15: Blockschaltbild zur Bestimmung der Batterieklemmspannung

Für die Beschreibung des Spannungsabfalls über dem Ohm'schen Innenwiderstand R_i nach (6.8) folgt im Bildbereich der Ausdruck

$$U_{Ri}(s) = R_i \cdot I_{bat}(s) \tag{6.19}$$

mit der Übertragungsfunktion

$$G_{Ri}(s) = \frac{U_{Ri}(s)}{I_{bat}(s)} = R_i. \tag{6.20}$$

In Abb. 6.16 ist das dazugehörige Blockdiagramm dieses Proportionalglieds von der Eingangsgröße $I_{bat}(s)$ zur Ausgangsgröße $U_{Ri}(s)$ dargestellt.

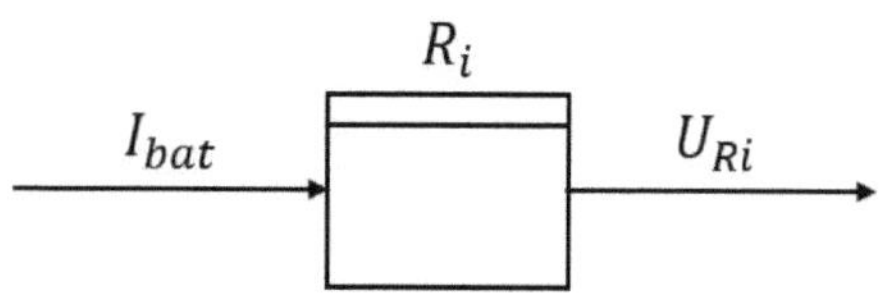

Abb. 6.16: Blockschaltbild der Spannung am Innenwiderstand

Die Transformation der Differentialgleichung für die Beschreibung des ersten RC-Gliedes (6.14) geschieht unter der Voraussetzung, dass alle Anfangswerte identisch null sind. Durch mehrere Umformschritte folgt sukzessive:

$$C_1 \cdot s \cdot U_{RC1}(s) + \frac{1}{R_1} \cdot U_{RC1}(s) = I_{bat}(s) \tag{6.21}$$

$$U_{RC1}(s) \cdot \left(C_1 \cdot s + \frac{1}{R_1}\right) = I_{bat}(s) \tag{6.22}$$

$$G_{RC1}(s) = \frac{U_{RC1}(s)}{I_{bat}(s)} = \frac{1}{C_1 \cdot s + \frac{1}{R_1}} = \frac{R_1}{R_1 \cdot C_1 \cdot s + 1} \tag{6.23}$$

Durch die Substitutionen ergibt sich die allgemeine Form eines sogenannten Verzögerungsgliedes erster Ordnung, kurz eines PT1-Glieds.

$$G_{RC1}(s) = \frac{V_1}{T_1 \cdot s + 1} \quad mit\ T_1 = R_1 \cdot C_1\ und\ V_1 = R_1 \tag{6.24}$$

In dieser Gleichung ist T_1 die Zeitkonstante. Diese multipliziert mit dem Faktor 5 gibt die Dauer an, bis das PT1-Glied den stationären Endwert beim Einschwingvorgang aufgrund einer Anregung mit einem Einheitssprung zu 99,3% erreicht und als eingeschwungen gilt [3]. Der Verstärkungsfaktor V_1 entspricht bei Anregung mit einem Einheitssprung dem stationären Endwert der Ausgangsgröße. Daraus ist zu schließen, dass die Wahl von R_1 sowie C_1 die Dauer zum Erreichen des Endwertes vorgibt und sich allein durch die Wertigkeit von R_1 die Höhe des Endwertes bestimmt. Das zu der Differentialgleichung gehörige Blockdiagramm ist in Abb. 6.17 dargestellt.

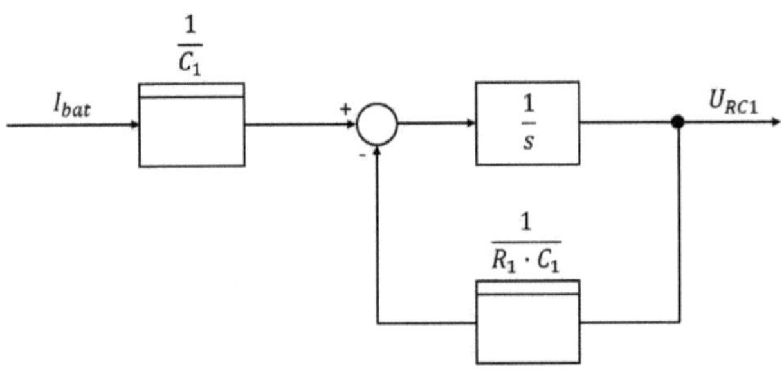

Abb. 6.17: Blockschaltbild der Spannung am ersten RC-Glied

Für das zweite RC-Glied ergeben sich identischen Gleichungen dargestellt durch Übertragungsfunktion und Blockschaltbild.

$$G_{RC2}(s) = \frac{V_2}{T_2 \cdot s + 1} \quad mit\ T_2 = R_2 \cdot C_2\ und\ V_2 = R_2 \tag{6.25}$$

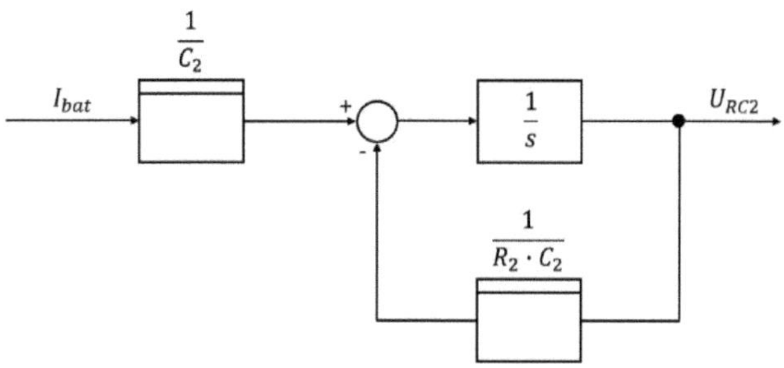

Abb. 6.18: Blockschaltbild der Spannung am zweiten RC-Glied

Die Transformation der Gleichung für die Leistungsberechnung des Akkumulators ergibt folgenden Ausdruck.

$$P_{bat}(s) = U_{bat}(s) \cdot I_{bat}(s) \tag{6.26}$$

In Abb. 6.19 ist das zugehörige Blockschaltbild visualisiert.

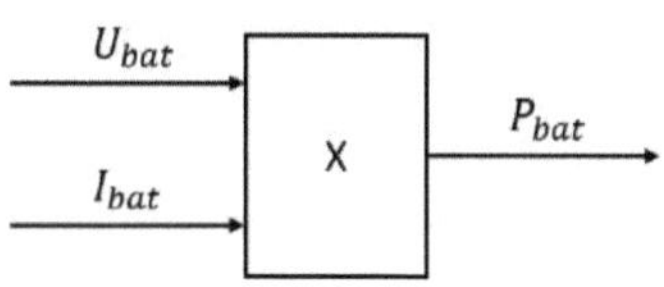

Abb. 6.19: Blockschaltbild zur Bestimmung der Batterieleistung

Zuletzt gilt es den formelmäßigen Zusammenhang für den aktuellen Ladezustand in den Bildbereich zu überführen. Hierbei ist der Anfangswert ungleich null und beträgt zu dem Zeitpunkt *t = 0* den Wert *SoC(t = 0) = SoC(0)*.

$$SoC(s) = \frac{1}{s} \cdot SoC(0) - \frac{1}{s} \cdot \frac{100\,\%}{K_N} \cdot I_{bat}(s) \tag{6.27}$$

Das dazugehörige Blockschaltbild ist in der nachstehenden Abbildung aufgeführt.

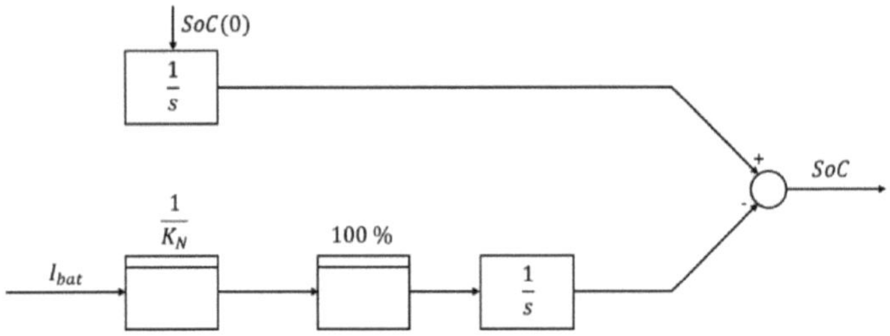

Abb. 6.20: Blockschaltbild zur Bestimmung des momentanen Ladezustands

6.4.2 Implementierung des Modells in Simulink

Dieses Unterkapitel stellt die Implementierung des mathematischen Modells in MATLAB/Simulink vor. Dabei sind im Folgenden zwei Modellvarianten beschrieben. Zuerst wird ein Modell präsentiert, in welchem die Parameter R_i, R_1, C_1, R_2 sowie C_2 als Konstanten in Form von Proportionalgliedern in das Simulationsprogramm integriert sind. Einerseits gestaltet diese Vorgehensweise das Einfügen der Modellgleichungen nachvollziehbar. Andererseits ist solch ein Modell mit als konstant angenommenen Parametern zur späteren Parameteridentifikation aus den Messdaten ohnehin von Nöten. Das zweite Modell ist bezüglich der Berechnungen zur ersten Variante identisch. Ein Unterschied liegt in der Ersetzung der Proportionalglieder für R_i, R_1, C_1, R_2 sowie C_2 durch Lookup-Tabellen. Dieses Modell kommt erst zur Anwendung, nachdem die Identifizierung aller Parameter aus den Messdaten abgeschlossen und die Durchführung der Modellvalidierung möglich ist. Daher ist es für diese Arbeit nicht von großer Relevanz und wird nur oberflächlich beschrieben.

Das Blockschaltbild für die Implementierung bei Nutzung von Proportionalgliedern für R_i, R_1, C_1, R_2 sowie C_2 in Abb. 6.21 veranschaulicht den gesamten Modellaufbau, inklusive seiner Strukturierung, im Simulationsprogramm Simulink. Für die Implementierung der Ruhespannungskennlinie U_{OCV} ist eine leere Lookup-Tabelle als Platzhalter eingefügt, in welche zu einem späteren Zeitpunkt entsprechende Messdaten einzupflegen sind. Auch erfolgt die Integration der SoC-Berechnung in das Modell und in die jeweiligen Subsysteme zur Nachführung der Spannungsausgabe von U_{OCV} beziehungsweise zur Parameteranpassung der Ersatzschaltbildelemente, auch wenn diese noch in Form von konstanten Proportionalgliedern umgesetzt sind, eingebunden.

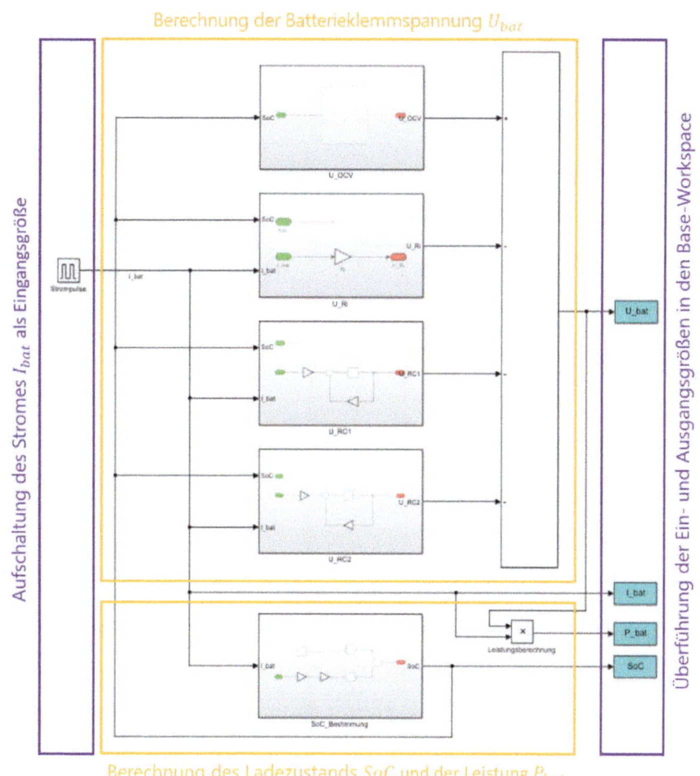

Abb. 6.21: Batteriemodell in MATLAB/Simulink

Die zwei gelbgerahmten Kästen markieren die Bereiche der aktiven Berechnungen während der Simulation. Dabei beinhaltet die obere Umrandung die Subsysteme zur Spannungsbestimmung U_{bat} an den Batteriepolen (verglichen mit dem Blockdiagramm aus Abb. 6.15). Im unteren Kasten laufen die *SoC*-Kalkulierung sowie die Ermittlung der von dem Akku abgerufenen Leistung ab. Auf der linken Abbildungsseite ist ein „Puls-Generator" repräsentativ für die Aufschaltung des Batteriestromes als Eingangsgröße in das Modell aufgeführt. Im rechten violetten Kasten sind die Elemente zum Abspeichern der Ausgangsgrößen in den Base-Workspace hervorgehoben. Aus dieser Form der Ablage lassen sich leicht Diagrammen erstellen. In Abb. 6.22 sind ebenfalls die fünf Subsysteme aus obiger Abbildung zu sehen. Der Fokus der Abbildung liegt auf den Inhalt des jeweiligen Subsystems.

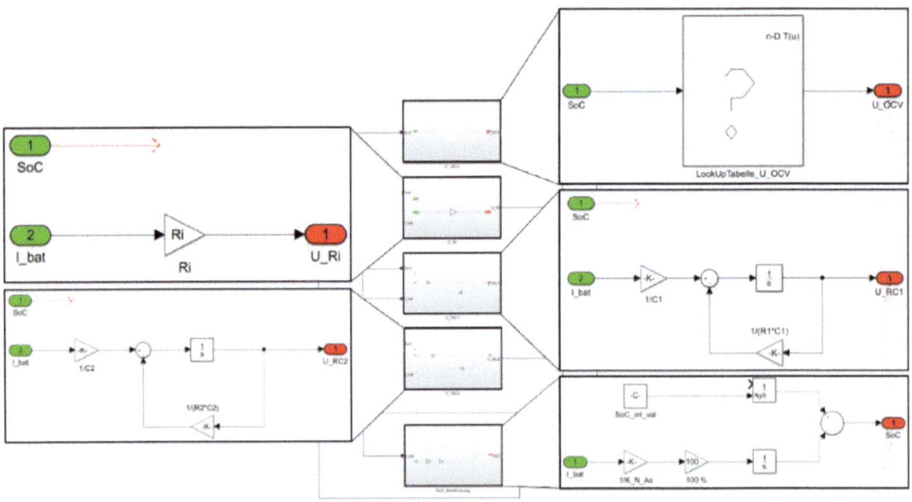

Abb. 6.22: Batteriemodell-Subsysteme in MATLAB/Simulink

Sowohl auf der linken als auch auf der rechten Abbildungsseite sind die in Simulink aufgezogenen mathematischen Modellgleichungen zu erkennen. Das obere Bild auf der rechten Seite zeigt die leere Lookup-Tabelle als Platzhalter für die Ruhespannungskennlinie mit dem Ladezustand als Eingang. Der darunterliegende Kasten sowie die beiden gegenüberliegenden umrahmten Grafiken visualisieren die Dynamikberechnung der Batteriespannung aufgrund des Stromflusses. Des Weiteren wird jedem der drei Subsysteme, neben der Eingangsgröße I_{bat}, der Ladezustand zugeführt. Dieser hat bisher keinerlei Einfluss auf die Berechnungen und dient lediglich der Vorbereitung zur späteren Erweiterung des Modells für die eigentlich strom- und ladezustandsabhängigen Parameter R_i, R_1, C_1, R_2 sowie C_2. Auf der unteren rechten Seite ist die Umsetzung der Gleichung für den sich aufgrund eines fließenden Stromes ändernden SoC dargestellt. Um die vier zuletzt beschriebenen Sachverhalte sowie deren Implementierung nachzuvollziehen empfiehlt sich die Betrachtung der Blockdiagramme Abb. 6.16 bis Abb. 6.20.

Es folgt die Verifikation des implementierten Modells. Diese beantwortet die Frage, ob ein entworfenes Modell den nachzubildenden realen Sachverhalt näherungsweise korrekt wiedergeben kann. Zur Vereinfachung ist die Lookup-Tabelle für U_{OCV} in dem Simulink-Modell auskommentiert und anstelle derselben ein Block mit einem konstanten Wert eingefügt. Umseitig in Tab. 6.3 sind Zahlenwerte für die Batteriedaten aufgeführt, die aus [26] entnommen sind. Des Weiteren sind Angaben bezüglich der Aufschaltungs- sowie der Simulationsparameter einsehbar.

Batteriedaten	
Batterietyp	Lithiumtitanat-Akkumulator
$\boldsymbol{K_N}$	13 Ah
$\boldsymbol{SoC(0)}$	60 %
$\boldsymbol{U_{OCV}}$	2,261 V
$\boldsymbol{R_i}$	0,001538 Ω
$\boldsymbol{R_1}$	0,001077 Ω
$\boldsymbol{C_1}$	1576,78 F
$\boldsymbol{R_2}$	0,000462 Ω
$\boldsymbol{C_2}$	2887,164 F
Aufschaltungsparameter für den Strom	
$\boldsymbol{I_{bat}}$	1C ≙ 13 A
Periodendauer	20 s
Pulsweite	25 %
Pulsaufschaltungsverschiebung	5 s
Simulationsparameter	
Startzeit	0 s
Stoppzeit	60 s
Solver-Typ	feste Schrittweite
Solver	ode5
Schrittweite	0,001 s

Tab. 6.3: Aufschalt- und Simulationsparameter

Die Durchführung der Simulation liefert das Ergebnis in Abb. 6.23.

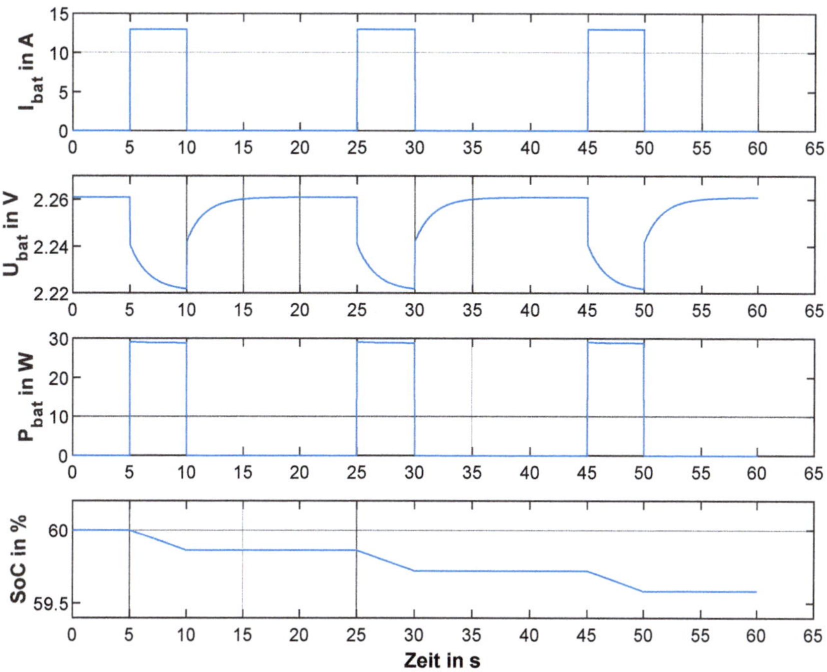

Abb. 6.23: Simulationsergebnisse für SoC, Leistung, Spannung und Strom

Beim Simulationsstart fließt kein Strom. Die Batterieklemmspannung liegt mit dem Ruhespannungswert von 2,261 V vor und die abgerufene Leistung beträgt 0 W. Ebenfalls ist keine Veränderung des Ladezustands anzumerken. Nach einer anfänglichen Zeitdauer von 5 s wird ein Strompuls mit einer Amplitude von 13 A auf das Modell aufgeschaltet und für insgesamt 5 s gehalten. In dem Verlauf von U_{bat} ist deutlich zu erkennen, dass die Klemmspannung zu Beginn um die über dem Ohm'schen Innenwiderstand abfallende Spannung sprungartig abnimmt. Daraufhin folgt über die Dauer der Pulsaufschaltung das batteriecharakteristische Einschwingen. Bei der Betrachtung der Parameter für R_1, C_1, R_2 sowie C_2 ergibt sich rechnerisch, dass die Zeitkonstante T_1 mit 1,7 Sekunden die größere gegenüber T_2 und somit maßgebend für das Erreichen des stationären Endwertes ist. Das fünffache von T_1 (1,7 Sekunden · 5 = 8,5 Sekunden) lässt darauf schließen, dass der Einschwingvorgang zum Zeitpunkt der Stromabschaltung noch nicht abgeschlossen ist, sondern erst nach einer Simulationszeit von insgesamt 13,5 Sekunden als eingeschwungen gilt. Die abgerufene Leistung springt anfangs auf einen Wert von etwa 29 W und folgt anschließend mit ihrem Verlauf dem der Batteriespannung, was als plausibles Ergebnis zu werten ist. Der Ladezustand verringert sich während der Belastung von 60 % auf 59,8611 % mit einem linearen Verlauf. Dies entspricht der Integration eines konstanten Stromwertes und erfüllt somit die Erwartungen. Für eine weitere Kontrolle wird die Gleichung (6.17) händisch gelöst und die entsprechenden Werte eingesetzt. Das Ergebnis stimmt mit dem Simulationswert von 59,8611 % überein, sodass die Einbindung der SoC-Ermittlung als erfolgreich einzustufen ist. Ab einer Simulationszeit von 10 Sekunden reduziert sich der Strom wieder auf einen Wert von 0 A. Die Klemmspannung nimmt sprungartig um den Betrag der vorab am Innenwiderstand R_i abgefallen Spannung zu und zeigt darauffolgend das identische Einschwingverhalten wie bereits unter Belastung. Nach etwa 8,5 Sekunden, was einer Simulationszeit von 18,5 Sekunden entspricht, ist zu erkennen, dass U_{bat} keiner nennenswerten Änderung mehr unterliegt, sodass das Erreichen des Endwertes eingetroffen ist. Insgesamt erfolgt die Strompulsaufschaltung zwei weitere Male. Ein Vergleich mit Abb. 6.12 führt zu der Schlussfolgerung, dass das vorliegende Modell mit den implementierten Gleichungen den charakteristischen Spannungsverlauf von realen Batterien nachbilden kann. Der daraus resultierende nächste Schritt ist, eigene Messdaten bezüglich eines existierenden Akkumulators zu erheben, daraus Parameterwerte für das Simulationsmodell zu gewinnen und anschließend die Validierung des Modells durchzuführen.

Wie schon in der Einleitung von Kapitel 6.4.2 formuliert kann die Implementierung auch durch Lookup-Tabellen für die Proportionalglieder für R_i, R_1, C_1, R_2 sowie C_2 erfolgen. Dieses Modell kommt erst zum Einsatz, wenn alle Wertigkeiten der

Parameter in Abhängigkeit des Ladezustands und der Stromhöhe durch die Parameteridentifikation bekannt sind. Als Ergebnis liegt dann für jeden einzelnen Koeffizienten eine Matrix vor, deren Zeilen die Abhängigkeit der Parameter von dem Ladezustand und deren Spalten die Abhängigkeit der Parameter von dem Strom beinhalten. Die jeweilige Matrix ist anschließend in die Lookup-Tabelle des entsprechenden Koeffizienten einzufügen. Mit dem Strom und dem SoC als Tabellen-Eingangsgröße bestimmt sich der dazugehörige Wert des Koeffizienten durch Interpolation und wird der Simulationsberechnung zugeführt. Sich ändernde Strombelastungen und Ladezustände verursachen also die Anpassung des jeweiligen Parameters sowie der Ruhespannung. Das Resultat ist eine realitätsnähere Nachbildung des Batterieverhaltens. An dieser Stelle wird auf die Umsetzung der Lookup-Tabellen in Simulink nicht weiter eingegangen und im Folgenden auch nicht in grafischer Form präsentiert, da es zu keiner konkreten Anwendung des Modells innerhalb dieser Arbeit kommt.

Es sei allerdings darauf hingewiesen, dass auf dem Datenträger die Modellimplementierung in Simulink mit der Integrierung der Tabellen für die einzelnen Koeffizienten zu finden und einzusehen ist. Darüber hinaus ist das gesamte Modell mit Daten aus dem Paper [26], in welchem eine vollständige Parameteridentifizierung eines realen Akkumulators in Abhängigkeit vom SoC und dem Strom durchgeführt wird, parametriert und somit vollumfänglich lauffähig.

Nach eigens getätigten Messungen und gesamter Identifikation aller Parameter, Kennwerte sowie der Ruhespannungskennlinie sind die Daten in dem Modell lediglich auszutauschen. Im unmittelbaren Anschluss daran kann eine Modellvalidierung erfolgen.

7 Fazit und Ausblick

Das vorliegende Werk bildet die Grundlage Mikromobilität systemisch zu verstehen und aufbauend auf den gewonnenen Erkenntnissen, gesamtheitliche Fahrzeugsystementwicklung zu betreiben. Die Darstellung der Symbiose aus Antrieb und Fahrzeugarchitektur vermittelt ein Verständnis für Schnittstellen und Einflussmöglichkeiten. Der ganzheitliche Modellansatz untersucht zudem jede Komponente modular und adressiert gezielt Forschungsfragen sowie Entwicklungspotentiale.

Ein weiterer grundlegender Baustein der vorliegenden Arbeit ist die Darstellung der gesamten Prozesskette von der theoretischen Entwicklung bis hin zur Implementierung auf der Zielhardware. Für mehrere Module – mechanisch, elektrisch sowie mechatronisch – liegen die Dokumentationen der realisierten Integrationsstufen zur Umsetzung eines optimalen Prototypenentwurfs vor. Durch die enge Abstimmung zwischen den Teildisziplinen sowie dem engmaschigen Vergleich zwischen Anforderungen, Gegebenheiten und Funktionalität zeigt sich so ein Ansatzpunkt für die ressourceneffiziente Entwicklung von Mikromobilitätslösungen.

Das stetige Wachstum an Mikromobilitätskonzepten geht mit dem Ruf nach ganzheitlichen und sicheren Systemlösungen einher. Die dargestellten Ergebnisse liefern die Basis einer effektiven und effizienten Entwicklung von aktiven Fahrerassistenzsystemen zur Steigerung der Sicherheit von Mikromobilen im diversifizierten, urbanen Straßenverkehr. Der Fortschritt von FAS prägt das Portfolio sowie die Mitgestaltung von elektrischen Kleinstfahrzeugen am städtischen Straßenverkehr deutlich. Das Resultat sind dann anforderungsorientierte und betriebssichere Mobilitätskonzepte, angepasst an die individuellen Bedürfnisse städtischer Gegebenheiten.

M. Ruschitzka et al., *Mechatronische Produktentwicklung im Kontext der Mikromobilität*, https://doi.org/10.1007/978-3-662-64623-6_7

A. Anhang

I. Herleitung des Überganges von Gleichung (2.60) auf (2.61)

Für die Umrechnung werden folgende trigonometrische Zusammenhänge benötigt, die aus [31] entnommen werden.

$$\sin(x_1) + \sin(x_2) = 2 \cdot \sin\left(\frac{x_1 + x_2}{2}\right) \cdot \cos\left(\frac{x_1 - x_2}{2}\right) \tag{A.1}$$

$$\sin(x_1) - \sin(x_2) = 2 \cdot \cos\left(\frac{x_1 + x_2}{2}\right) \cdot \sin\left(\frac{x_1 - x_2}{2}\right) \tag{A.2}$$

Der Übersicht halber wird hier die betreffende Gleichung (2.60) dargestellt.

$$\begin{pmatrix} u_{\psi P\alpha} \\ u_{\psi P\beta} \\ u_{\psi P0} \end{pmatrix} = -\widehat{\Psi}_P \cdot \dot{\varphi}_{EL} \cdot \frac{2}{3} \cdot \mathrm{T}_{\alpha\beta 0} \cdot \begin{pmatrix} \sin(\varphi_{EL}) \\ \sin\left(\varphi_{EL} - \frac{2 \cdot \pi}{3}\right) \\ \sin\left(\varphi_{EL} + \frac{2 \cdot \pi}{3}\right) \end{pmatrix} \tag{A.3}$$

Dabei gilt für die Transformationsmatrix:

$$\mathrm{T}_{\alpha\beta 0} = \begin{pmatrix} 1 & -\frac{1}{2} & -\frac{1}{2} \\ 0 & \frac{\sqrt{3}}{2} & -\frac{\sqrt{3}}{2} \\ \frac{1}{2} & \frac{1}{2} & \frac{1}{2} \end{pmatrix} \tag{A.4}$$

Damit lässt sich Gleichung (2.60) als System dreier Gleichung darstellen.

$$u_{\psi P\alpha} = -\widehat{\Psi}_P \cdot \dot{\varphi}_{EL} \cdot \frac{2}{3} \cdot \left[\sin(\varphi_{EL}) - \frac{\sin\left(\varphi_{EL} - \frac{2\pi}{3}\right)}{2} - \frac{\sin\left(\varphi_{EL} + \frac{2\pi}{3}\right)}{2}\right] \tag{A.5}$$

$$u_{\psi P\beta} = -\widehat{\Psi}_P \cdot \dot{\varphi}_{EL} \cdot \frac{2}{3} \cdot \left[0 + \frac{\sqrt{3}}{2} \cdot \sin\left(\varphi_{EL} - \frac{2\pi}{3}\right) - \frac{\sqrt{3}}{2} \cdot \sin\left(\varphi_{EL} + \frac{2\pi}{3}\right)\right] \tag{A.6}$$

$$u_{\psi P0} = -\widehat{\Psi}_P \cdot \dot{\varphi}_{EL} \cdot \frac{1}{3} \cdot \left[\sin(\varphi_{EL}) + \sin\left(\varphi_{EL} - \frac{2 \cdot \pi}{3}\right) + \sin\left(\varphi_{EL} + \frac{2 \cdot \pi}{3}\right)\right] \tag{A.7}$$

M. Ruschitzka et al., *Mechatronische Produktentwicklung im Kontext der Mikromobilität*, https://doi.org/10.1007/978-3-662-64623-6

Die Additionen im Klammerausdruck der letzten Gleichung ergeben null, weshalb diese Gleichung wegfällt. Eine Umformung innerhalb der Klammerausdrücke der ersten beiden Gleichungen (A.5) und (A.6) ergibt die folgenden Ausdrücke.

$$u_{\Psi P\alpha} = -\widehat{\Psi}_P \cdot \dot{\varphi}_{EL} \cdot \frac{2}{3} \cdot \left\{\sin(\varphi_{EL}) - \frac{1}{2} \cdot \left[\sin\left(\varphi_{EL} - \frac{2\pi}{3}\right) + \sin\left(\varphi_{EL} + \frac{2\pi}{3}\right)\right]\right\} \tag{A.8}$$

$$u_{\Psi P\beta} = -\widehat{\Psi}_P \cdot \dot{\varphi}_{EL} \cdot \frac{2}{3} \cdot \left\{\frac{\sqrt{3}}{2} \cdot \left[\sin\left(\varphi_{EL} - \frac{2\pi}{3}\right) - \sin\left(\varphi_{EL} + \frac{2\pi}{3}\right)\right]\right\} \tag{A.9}$$

Wendet man (A.1) und (A.2) auf diese Ausdrücke an, ergeben sich nachfolgende Ausdrücke.

$$u_{\Psi P\alpha} = -\widehat{\Psi}_P \cdot \dot{\varphi}_{EL} \cdot \frac{2}{3} \cdot \left\{sin(\varphi_{EL}) - \frac{1}{2} \cdot \left[2 \cdot sin(\varphi_{EL}) \cdot cos\left(-\frac{2\pi}{3}\right)\right]\right\} \tag{A.10}$$

$$u_{\Psi P\beta} = -\widehat{\Psi}_P \cdot \dot{\varphi}_{EL} \cdot \frac{2}{3} \cdot \left\{\frac{\sqrt{3}}{2} \cdot 2 \cdot cos(\varphi_{EL}) \cdot sin\left(-\frac{2\pi}{3}\right)\right\} \tag{A.11}$$

Weitere Umformungen führen zu:

$$u_{\Psi P\alpha} = -\widehat{\Psi}_P \cdot \dot{\varphi}_{EL} \cdot \frac{2}{3} \cdot \left\{sin(\varphi_{EL}) + \frac{1}{2} \cdot sin(\varphi_{EL})\right\} \tag{A.12}$$

$$u_{\Psi P\beta} = -\widehat{\Psi}_P \cdot \dot{\varphi}_{EL} \cdot \frac{2}{3} \cdot \left\{-\frac{\sqrt{3}}{2} \cdot \sqrt{3} \cdot cos(\varphi_{EL})\right\} \tag{A.13}$$

Damit ergibt sich das Ergebnis der Transformation wie folgt.

$$\begin{pmatrix} u_{\Psi P\alpha} \\ u_{\Psi P\beta} \\ u_{\Psi P0} \end{pmatrix} = \widehat{\Psi}_P \cdot \dot{\varphi}_{EL} \cdot \begin{pmatrix} -\sin(\varphi_{EL}) \\ \cos(\varphi_{EL}) \\ 0 \end{pmatrix} \tag{A.14}$$

II. Differentiation der Park-Transformationsvorschrift

Für die Park-Transformation von Gleichung (2.63) wird die Differentiation der Transformationsvorschrift benötigt, die im Folgenden hergeleitet wird. Die Herleitung findet sich in ähnlicher Weise in [5]. Der Ausgangspunkt für die Berechnung ist die Transformationsvorschrift aus Gleichung (2.64), die hier wiedergegeben wird:

$$\begin{pmatrix} x_\alpha(t) \\ x_\beta(t) \end{pmatrix} = T_{dq}{}^{-1} \cdot \begin{pmatrix} x_d(t) \\ x_q(t) \end{pmatrix} \quad \text{mit} \quad T_{dq}{}^{-1} = \begin{pmatrix} cos(\varphi_{EL}) & -sin(\varphi_{EL}) \\ sin(\varphi_{EL}) & cos(\varphi_{EL}) \end{pmatrix}. \tag{A.15}$$

Für die Differentiation gilt unter Anwendung der Produktregel folgender allgemeiner Ausdruck.

$$\begin{aligned} \frac{d}{dt}\begin{pmatrix} x_\alpha(t) \\ x_\beta(t) \end{pmatrix} &= \frac{d}{dt}\left[T_{dq}{}^{-1} \cdot \begin{pmatrix} x_d(t) \\ x_q(t) \end{pmatrix}\right] \\ &= \frac{d}{dt}T_{dq}{}^{-1} \cdot \begin{pmatrix} x_d(t) \\ x_q(t) \end{pmatrix} + T_{dq}{}^{-1} \cdot \frac{d}{dt}\begin{pmatrix} x_d(t) \\ x_q(t) \end{pmatrix} \end{aligned} \tag{A.16}$$

Die Differentiation der inversen Transformationsmatrix ergibt die Gleichung

$$\begin{aligned} \frac{d}{dt}T_{dq}{}^{-1} &= \frac{d}{dt}\begin{pmatrix} cos(\varphi_{EL}) & -\sin(\varphi_{EL}) \\ \sin(\varphi_{EL}) & cos(\varphi_{EL}) \end{pmatrix} = \dot{\varphi}_{EL} \cdot \begin{pmatrix} -sin(\varphi_{EL}) & -\cos(\varphi_{EL}) \\ \cos(\varphi_{EL}) & -sin(\varphi_{EL}) \end{pmatrix} \\ &= \dot{\varphi}_{EL} \cdot \begin{pmatrix} 0 & -1 \\ 1 & 0 \end{pmatrix} \cdot \begin{pmatrix} cos(\varphi_{EL}) & -\sin(\varphi_{EL}) \\ \sin(\varphi_{EL}) & cos(\varphi_{EL}) \end{pmatrix} \\ &= \dot{\varphi}_{EL} \cdot \begin{pmatrix} 0 & -1 \\ 1 & 0 \end{pmatrix} \cdot T_{dq}{}^{-1} = \dot{\varphi}_{EL} \cdot T_{dq}{}^{-1} \cdot \begin{pmatrix} 0 & -1 \\ 1 & 0 \end{pmatrix}. \end{aligned} \tag{A.17}$$

Auf den rechnerischen Nachweis des kommutativen Verhaltens wird an dieser Stelle verzichtet. Mit Einsetzen der Beziehung (A.16) in Gleichung (A.17) ergibt sich nach einiger Umformung unter Beachtung des kommutativen Verhaltens der herzuleitende Ausdruck.

$$\begin{aligned} \frac{d}{dt}\begin{pmatrix} x_\alpha(t) \\ x_\beta(t) \end{pmatrix} &= \begin{pmatrix} \dot{x}_\alpha(t) \\ \dot{x}_\beta(t) \end{pmatrix} \\ &= T_{dq}{}^{-1} \cdot \dot{\varphi}_{EL} \cdot \begin{pmatrix} 0 & -1 \\ 1 & 0 \end{pmatrix} \cdot \begin{pmatrix} x_d(t) \\ x_q(t) \end{pmatrix} + T_{dq}{}^{-1} \cdot \frac{d}{dt}\begin{pmatrix} x_d(t) \\ x_q(t) \end{pmatrix} \\ &= T_{dq}{}^{-1} \cdot \left[\dot{\varphi}_{EL} \cdot \begin{pmatrix} 0 & -1 \\ 1 & 0 \end{pmatrix} \cdot \begin{pmatrix} x_d(t) \\ x_q(t) \end{pmatrix} + \begin{pmatrix} \dot{x}_d(t) \\ \dot{x}_q(t) \end{pmatrix}\right] \end{aligned} \tag{A.18}$$

III. Leistungsberechnung in Raumzeigerdarstellung

Als Ausgangspunkt für die Raumzeigertransformation der Versorger-Leistung P_{BAT} dient die vektorielle Darstellung aus Gleichung (2.77).

$$P_{BAT} = \begin{pmatrix} u_{U,STR} & u_{V,STR} & u_{W,STR} \end{pmatrix} \cdot \begin{pmatrix} i_{U,STR} \\ i_{V,STR} \\ i_{W,STR} \end{pmatrix} = \begin{pmatrix} u_{U,STR} \\ u_{V,STR} \\ u_{W,STR} \end{pmatrix}^T \cdot \begin{pmatrix} i_{U,STR} \\ i_{V,STR} \\ i_{W,STR} \end{pmatrix} \tag{A.19}$$

Mit der Transformationsvorschrift

$$\begin{pmatrix} x_{u,str}(t) \\ x_{v,str}(t) \\ x_{w,str}(t) \end{pmatrix} = \frac{3}{2} \cdot T_{\alpha\beta 0}{}^{-1} \cdot \begin{pmatrix} x_\alpha(t) \\ x_\beta(t) \\ x_0(t) \end{pmatrix} \quad \text{mit} \quad T_{\alpha\beta 0} = \begin{pmatrix} 1 & -\frac{1}{2} & -\frac{1}{2} \\ 0 & \frac{\sqrt{3}}{2} & -\frac{\sqrt{3}}{2} \\ \frac{1}{2} & \frac{1}{2} & \frac{1}{2} \end{pmatrix} \tag{A.20}$$

gilt für die Clarke-transformierte Darstellung:

$$P_{BAT} = \left[\left(\frac{3}{2} \cdot T_{\alpha\beta 0}{}^{-1} \cdot \begin{pmatrix} u_\alpha \\ u_\beta \\ u_0 \end{pmatrix} \right)^T \cdot \frac{3}{2} \cdot T_{\alpha\beta 0}{}^{-1} \cdot \begin{pmatrix} i_\alpha \\ i_\beta \\ i_0 \end{pmatrix} \right] \tag{A.21}$$

Anschließend wird die amplitudenkorrekte Raumzeigerdarstellung durch die Multiplikation mit dem Faktor $\left(\frac{4}{9}\right)$ in eine leistungsinvariante Darstellung überführt. [5] Unter Anwendung der Umformungsregeln für die Matrix-Multiplikation mit anschließender Transposition nach [31] erhält man den Ausdruck

$$\begin{aligned} P_{BAT} &= \frac{9}{4} \cdot \begin{pmatrix} u_\alpha & u_\beta & u_0 \end{pmatrix} \cdot \left(T_{\alpha\beta 0}{}^{-1} \right)^T \cdot T_{\alpha\beta 0}{}^{-1} \cdot \begin{pmatrix} i_\alpha \\ i_\beta \\ i_0 \end{pmatrix} \\ &= \frac{9}{4} \cdot \left(\frac{2}{3} \cdot u_\alpha \cdot i_\alpha + \frac{2}{3} \cdot u_\beta \cdot i_\beta + \frac{4}{3} \cdot u_0 \cdot i_0 \right) \end{aligned} \tag{A.22}$$

für P_{BAT}. Geht man von einem symmetrischen versorgenden Spannungssystem und von einem Motor mit physikalisch symmetrischen Strängen aus, sind die Nullkomponenten vernachlässigbar, weshalb sich Gleichung (A.22) wie folgt vereinfacht:

$$P_{BAT} = \frac{3}{2} \cdot (u_\alpha \cdot i_\alpha + u_\beta \cdot i_\beta) = \frac{3}{2} \cdot (u_\alpha \quad u_\beta) \cdot \begin{pmatrix} i_\alpha \\ i_\beta \end{pmatrix} = \frac{3}{2} \cdot \begin{pmatrix} u_\alpha \\ u_\beta \end{pmatrix}^T \cdot \begin{pmatrix} i_\alpha \\ i_\beta \end{pmatrix}. \tag{A.23}$$

Unter Anwendung der Transformationsvorschrift für die Park-Transformation

$$\begin{pmatrix} x_\alpha(t) \\ x_\beta(t) \end{pmatrix} = T_{dq}^{-1} \cdot \begin{pmatrix} x_d(t) \\ x_q(t) \end{pmatrix} \quad \text{mit} \quad T_{dq} = \begin{pmatrix} cos(\varphi_{el}) & sin(\varphi_{el}) \\ -sin(\varphi_{el}) & cos(\varphi_{el}) \end{pmatrix} \tag{A.24}$$

ergibt sich der finale Ausdruck für P_{BAT}.

$$\begin{aligned} P_{BAT} &= \frac{3}{2} \cdot \left(T_{dq}^{-1} \cdot \begin{pmatrix} u_d \\ u_q \end{pmatrix} \right)^T \cdot T_{dq}^{-1} \cdot \begin{pmatrix} i_d \\ i_q \end{pmatrix} \\ &= \frac{3}{2} \cdot (u_d \quad u_q) \cdot \begin{pmatrix} i_d \\ i_q \end{pmatrix} = \frac{3}{2} \cdot (u_d \cdot i_d + u_q \cdot i_q) \end{aligned} \tag{A.25}$$

Um die Raumzeigertransformation der magnetisch Leistung P_{MAG} in den Spulen durchzuführen geht man von der vektoriellen Darstellung in Gleichung (2.80) aus.

$$\begin{aligned} P_{MAG} &= L_{STR} \cdot \dot{i}_{U,STR} \cdot i_{U,STR} + L_{STR} \cdot \dot{i}_{V,STR} \cdot i_{V,STR} + L_{STR} \cdot \dot{i}_{W,STR} \cdot i_{W,STR} \\ &= L_{STR} \cdot (\dot{i}_{U,STR} \quad \dot{i}_{V,STR} \quad \dot{i}_{W,STR}) \cdot \begin{pmatrix} i_{U,STR} \\ i_{V,STR} \\ i_{W,STR} \end{pmatrix} \end{aligned} \tag{A.26}$$

Die Clarke-Transformation dieser Gleichung erfolgt analog zu dem Vorgehen bei P_{BAT} und liefert

$$P_{MAG} = \frac{3}{2} \cdot L_{STR} \cdot (\dot{i}_\alpha \cdot i_\alpha + \dot{i}_\beta \cdot i_\beta) = \frac{3}{2} \cdot L_{STR} \cdot (\dot{i}_\alpha \quad \dot{i}_\beta) \cdot \begin{pmatrix} i_\alpha \\ i_\beta \end{pmatrix} \tag{A.27}$$

Unter Anwendung der Transformationsvorschrift für die Park-Transformation

$$\begin{pmatrix} x_\alpha(t) \\ x_\beta(t) \end{pmatrix} = T_{dq}^{-1} \cdot \begin{pmatrix} x_d(t) \\ x_q(t) \end{pmatrix} \quad \text{mit} \quad T_{dq} = \begin{pmatrix} cos(\varphi_{el}) & sin(\varphi_{el}) \\ -sin(\varphi_{el}) & cos(\varphi_{el}) \end{pmatrix} \tag{A.28}$$

und dem in Anhang II hergeleiteten Zusammenhang (A.22) für die Differentiation ergibt sich nach einigen Umformschritten

$$\begin{aligned} P_{MAG} &= \frac{3}{2} \cdot L_{STR} \cdot \left(\dot{\varphi}_{el} \cdot \begin{pmatrix} 0 & -1 \\ 1 & 0 \end{pmatrix} \cdot \begin{pmatrix} i_d \\ i_q \end{pmatrix} + \begin{pmatrix} \dot{i}_d \\ \dot{i}_q \end{pmatrix} \right)^T \cdot (T_{dq}^{-1})^T \cdot T_{dq}^{-1} \cdot \begin{pmatrix} i_d \\ i_q \end{pmatrix} \\ &= \frac{3}{2} \cdot L_{STR} \cdot \left(\dot{\varphi}_{el} \cdot \begin{pmatrix} -i_q \\ i_d \end{pmatrix}^T \cdot \begin{pmatrix} i_d \\ i_q \end{pmatrix} + \begin{pmatrix} \dot{i}_d \\ \dot{i}_q \end{pmatrix}^T \cdot \begin{pmatrix} i_d \\ i_q \end{pmatrix} \right). \end{aligned} \tag{A.29}$$

Es ist an dieser Stelle zu erwähnen, dass es sich bei T_{dq} um eine orthogonale Matrix handelt. Ihre Inverse entspricht ihrer Transponierten. Mit der Statorlängsinduktivität L_d und die Statorquerinduktivität L_q folgt für P_{MAG}.

$$P_{MAG} = \frac{3}{2} \cdot \left(L_d \cdot \dot{i}_d \cdot i_d + L_q \cdot \dot{i}_q \cdot i_q\right) = \frac{3}{2} \cdot \left(L_d \cdot \dot{i}_d \quad L_q \cdot \dot{i}_q\right) \cdot \begin{pmatrix} i_d \\ i_q \end{pmatrix} \tag{A.30}$$

Zuletzt wird die Raumzeigertransformation auf die thermische Leistung P_{THERM} angewendet. Der Ausgangspunkt hierfür ist Gleichung (2.83):

$$\begin{aligned} P_{THERM} &= R_{STR} \cdot {i_{U,STR}}^2 + R_{STR} \cdot {i_{V,STR}}^2 + R_{STR} \cdot {i_{W,STR}}^2 \\ &= R_{STR} \cdot \left(i_{U,STR} \quad i_{V,STR} \quad i_{W,STR}\right) \cdot \begin{pmatrix} i_{U,STR} \\ i_{V,STR} \\ i_{W,STR} \end{pmatrix}. \end{aligned} \tag{A.31}$$

Die Park-Clarke-Transformation dieser Gleichung erfolgt analog zu dem Vorgehen bei P_{BAT} und liefert

$$P_{THERM} = \frac{3}{2} \cdot R_{STR} \cdot \left(i_d \quad i_q\right) \cdot \begin{pmatrix} i_d \\ i_q \end{pmatrix} = \frac{3}{2} \cdot R_{STR} \cdot \left({i_d}^2 + {i_q}^2\right). \tag{A.32}$$

IV. Führungsübertragungsfunktion des Drehzahlregelkreises

Die folgenden Ausdrücke (2.113), (2.115), (2.118) und (2.122) sind bereits aus Abschnitt 2.5 bekannt. Sie werden hier zur erneuten Verwendung aufgegriffen.

$$F_{Oom}(s) = G_{Com}(s) \cdot G_{Pom}(s) = \frac{(\tau_{Com} \cdot S + 1) \cdot K_{OM} \cdot K_{Pom}}{\tau_{Com} \cdot S \cdot (\tau_{Wiq} \cdot S + 1) \cdot (\tau_{OM} \cdot s + 1)} \tag{A.33}$$

$$\tau_{Wiq} = \frac{\tau_q}{K_{Piq} \cdot K_q} = \frac{\tau_q}{2} \tag{A.34}$$

$$K_{Pom} = K_R \cdot \tau_R = \frac{\tau_{OM}}{K_{OM} \cdot \tau_q} \tag{A.35}$$

$$\tau_{Com} = 2 \cdot \tau_q \tag{A.36}$$

In einem ersten Schritt werden die Beziehungen (A.34), (A.35) und (A.36) in die Gleichung (A.33) eingesetzt. Es ergibt sich nach einigen Umformungen:

$$\begin{aligned} F_{Oom}(s) &= \frac{(2 \cdot \tau_q \cdot s + 1) \cdot \frac{\tau_{OM}}{\tau_q}}{2 \cdot \tau_q \cdot s \cdot \left(\frac{\tau_q}{2} \cdot s + 1\right) \cdot (\tau_{OM} \cdot s + 1)} \\ &= \frac{2 \cdot \tau_{OM} \cdot S + \frac{\tau_{OM}}{\tau_q}}{{\tau_q}^2 \cdot \tau_{OM} \cdot s^3 + (2 \cdot \tau_q \cdot \tau_{OM} + {\tau_q}^2) \cdot s^2 + 2 \cdot \tau_q \cdot S} \end{aligned} \tag{A.37}$$

Danach erfolgt die Bildung der Führungsübertragungsfunktion des geschlossenen Regelkreises.

$$\begin{aligned} G_{Wom}(s) &= \frac{F_{Oom}(s)}{1 + F_{Oom}(s)} \\ &= \frac{2 \cdot \tau_{OM} \cdot s + \frac{\tau_{OM}}{\tau_q}}{{\tau_q}^2 \cdot \tau_{OM} \cdot s^3 + (2 \cdot \tau_q \cdot \tau_{OM} + {\tau_q}^2) \cdot s^2 + 2 \cdot (\tau_q + \tau_{OM}) \cdot s + \frac{\tau_{OM}}{\tau_q}} \end{aligned} \tag{A.38}$$

Die Division durch $\frac{\tau_{OM}}{\tau_q}$ führt zu dem finalen Ausdruck.

$$G_{Wom}(s) = \frac{2 \cdot \tau_q \cdot s + 1}{{\tau_q}^3 \cdot s^3 + \left(2 \cdot {\tau_q}^2 + \frac{{\tau_q}^3}{\tau_{OM}}\right) \cdot s^2 + 2 \cdot \left(\frac{{\tau_q}^2}{\tau_{OM}} + \tau_q\right) \cdot s + 1} \tag{A.39}$$

V. Störübertragungsfunktion des Drehzahlregelkreises

Mit den Ausdrücken (A.33), (A.34), (A.35) und (A.36), sowie der hier aufgegriffenen Gleichung (2.23)

$$G_{om}(s) = \frac{\omega_{ROT}}{M_{AN} - M_L} = \frac{K_{OM}}{\tau_{OM} \cdot s + 1} \tag{A.40}$$

folgt für die Störübertragungsfunktion des geschlossenen Regelkreises.

$$\begin{aligned} G_{Zom}(s) &= \frac{-G_{om}(s)}{1 + F_{Oom}(s)} \\ &= -\frac{\dfrac{K_{OM}}{\tau_{OM} \cdot s + 1}}{1 + \dfrac{(\tau_{Com} \cdot s + 1) \cdot K_{OM} \cdot K_{Pom}}{\tau_{Com} \cdot s \cdot (\tau_{Wiq} \cdot s + 1) \cdot (\tau_{OM} \cdot s + 1)}} \end{aligned} \tag{A.41}$$

Diese führt unter Hinzunahme von (A.34), (A.35) und (A.36) zu:

$$\begin{aligned} G_{Zom}(s) &= \frac{-K_{OM} \cdot 2 \cdot \tau_q \cdot s \cdot \left(\frac{\tau_q}{2} \cdot s + 1\right)}{2 \cdot \tau_q \cdot s \cdot \left(\frac{\tau_q}{2} \cdot s + 1\right) \cdot (\tau_{OM} \cdot s + 1) + (2 \cdot \tau_q \cdot s + 1) \cdot \frac{\tau_{OM}}{\tau_q}} \\ &= \frac{-K_{OM} \cdot 2 \cdot \tau_q \cdot s \cdot \left(\frac{\tau_q}{2} \cdot s + 1\right)}{2 \cdot \frac{\tau_q^2}{2} \cdot \tau_{OM} \cdot s^3 + 2 \cdot \tau_q \cdot \left(\tau_{OM} + \frac{\tau_q}{2}\right) \cdot s^2 + 2 \cdot (\tau_{OM} + \tau_q) \cdot s + \frac{\tau_{OM}}{\tau_q}} \end{aligned} \tag{A.42}$$

Klammert man nun das den Faktor $\frac{\tau_{OM}}{\tau_q}$ aus ergibt sich der finale Ausdruck für die Störübertragungsfunktion.

$$\begin{aligned} G_{Zom}(s) &= -\frac{K_{OM} \cdot 2 \cdot \frac{\tau_q^2}{\tau_{OM}} \cdot s \cdot \left(\frac{\tau_q}{2} \cdot s + 1\right)}{\tau_q^3 \cdot s^3 + 2 \cdot \frac{\tau_q^2}{\tau_{OM}} \cdot \left(\tau_{OM} + \frac{\tau_q}{2}\right) \cdot s^2 + 2 \cdot \frac{\tau_q}{\tau_{OM}} \cdot (\tau_{OM} + \tau_q) \cdot s + 1} \\ &= -\frac{K_{OM} \cdot \frac{\tau_q^3}{\tau_{OM}} \cdot s^2 + K_{OM} \cdot 2 \cdot \frac{\tau_q^2}{\tau_{OM}} \cdot s}{\tau_q^3 \cdot s^3 + \left(2 \cdot \tau_q^2 + \frac{\tau_q^3}{\tau_{OM}}\right) \cdot s^2 + \left(2 \cdot \tau_q + 2 \cdot \frac{\tau_q^2}{\tau_{OM}}\right) \cdot s + 1} \end{aligned} \tag{A.43}$$

VI. Stationäre Endwerte der Übertragung des geregelten Systems

Innerhalb der folgenden Rechnung werden die stationären Endwerte relevanter Übertragungsfunktionen mittels der Grenzwertsätze der Laplace-Transformation für die Einheitssprunganregung ermittelt. Dabei müssen die Führungsübertragungsfunktionen jeweils einen Endwert von Eins aufweisen, damit die Regelgröße einer konstanten Führungsgröße stationär genau folgt. Die Störübertragungsfunktionen sollen einen Endwert von null erreichen, was zeigt, dass konstante Störungen vollständig abklingen. Wendet man den Grenzwertsatz der Laplace-Transformation und die Korrespondenz für den Einheitssprung nach [31] auf die Führungsübertragungsfunktion (2.107) des q-Stromregelkreises an, so ergibt sich der Wert 1 für den Grenzwert:

$$\lim_{s\to 0} s \cdot G_{Wiq}(s) \cdot \frac{1}{s} = \lim_{s\to 0} G_{Wiq}(s) = \frac{1}{\tau_{Wiq} \cdot 0 + 1} = 1 \tag{A.44}$$

Diese Beweisführung gilt analog für den d-Stromregelkreises. Die gleiche Vorgehensweise führt mit Anwendung auf die Führungsübertragungsfunktion (2.123) des Drehzahlregelkreises ebenfalls zum Grenzwert 1.

$$\begin{aligned}\lim_{s\to 0} s \cdot G_{Wom}(s) \cdot \frac{1}{s} &= \frac{2 \cdot \tau_q \cdot 0 + 1}{\tau_q{}^3 \cdot 0^3 + \left(2 \cdot \tau_q{}^2 + \frac{\tau_q{}^3}{\tau_{OM}}\right) \cdot 0^2 + 2 \cdot \left(\frac{\tau_q{}^2}{\tau_{OM}} + \tau_q\right) \cdot 0 + 1} \\ &= 1\end{aligned} \tag{A.45}$$

Auf die Störübertragungsfunktion (2.124) des Drehzahlregelkreises angewendet ergibt sich der Grenzwert 0.

$$\begin{aligned}\lim_{s\to 0} s \cdot G_{Zom}(s) \cdot \frac{1}{s} &= \lim_{s\to 0} G_{Zom}(s) \\ &= \frac{-K_{OM} \cdot \left(\frac{\tau_q{}^3}{\tau_{OM}} \cdot 0^2 + 2 \cdot \frac{\tau_q{}^2}{\tau_{OM}} \cdot 0\right)}{\tau_q{}^3 \cdot 0^3 + \left(2 \cdot \tau_q{}^2 + \frac{\tau_q{}^3}{\tau_{OM}}\right) \cdot 0^2 + \left(2 \cdot \tau_q + 2 \cdot \frac{\tau_q{}^2}{\tau_{OM}}\right) \cdot 0 + 1} \\ &= 0\end{aligned} \tag{A.46}$$

VII. Formeln zur Ermittlung von Kennwerten

Innerhalb der Modellanalyse in 2.4 und der Systemanalyse in 2.7 werden Kennwerte ermittelt. Diese Kennwerte basieren auf den Darstellungen in [14]und lassen sich mit folgendem Schaubild nachvollziehen.

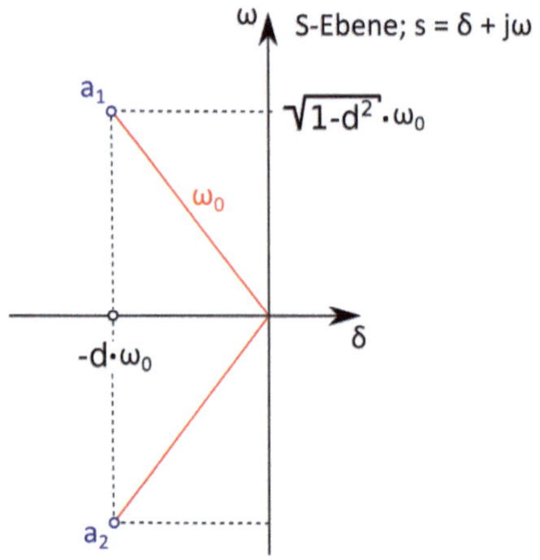

Abb. Anhang 1: Kennwerte anhand der Darstellung in der S-Ebene [14]

Eigenfrequenz des Poles bzw. der Nullstelle:

$$\omega = \sqrt{\Re[a]^2 + \Im[a]^2} \tag{A.47}$$

Zeitkonstante zur Eigenfrequenz des Poles bzw. der Nullstelle:

$$T = \frac{1}{\omega} \tag{A.48}$$

Dimensionslose Dämpfungszahl:

$$d = -\frac{\Re[a]}{\omega} \tag{A.49}$$

Literaturverzeichnis

1. Ackermann C (2012) Optimale Regelung der permanentmagneterregten Synchronmaschine unter Nutzung des Reluktanzmoments. Dissertation, Karlsruher Institut für Technologie
2. Barsoukov E, Macdonald JR (2018) Impedance Spectroscopy. Theory, Experiment, and Applications, 3rd ed. John Wiley & Sons Incorporated, Newark
3. Bernstein H (2015) NF- und HF-Messtechnik. Messen mit Oszilloskopen, Netzwerkanalysatoren und Spektrumanalysator. Lehrbuch. Springer Vieweg, Wiesbaden
4. Binder A (2017) Elektrische Maschinen und Antriebe. Grundlagen, Betriebsverhalten, 2. Aufl. 2017. Springer Berlin Heidelberg, Berlin, Heidelberg
5. Böcker J (2016) Geregelte Drehstromantriebe. Vorlesungsskriptum, Universität Paderborn
6. Böcker J (2017) Mechatronik und elektrische Antriebe. Vorlesungsskriptum, Universität Paderborn
7. Böcker J (2018) Elektrische Antriebstechnik. Vorlesungsskriptum, Universität Paderborn
8. Böge A, Eichler J (2008) Physik für technische Berufe. Physikalisch-technische Grundlagen, Formelsammlung, Versuchsbeschreibungen, Aufgaben mit ausführlichen Lösungen, 11., aktualisierte und erweiterte Auflage. Studium. Vieweg + Teubner, Wiesbaden
9. Bolte E (2012) Elektrische Maschinen. Grundlagen, Magnetfelder, Wicklungen, Asynchronmaschinen, Synchronmaschinen, Elektronisch kommutierte Gleichstrommaschinen. Springer, Berlin, Heidelberg
10. Breuer S, Rohrbach-Kerl A (2015) Fahrzeugdynamik. Mechanik des bewegten Fahrzeugs. ATZ / MTZ-Fachbuch. Springer Vieweg, Wiesbaden
11. Danfoss GmbH (2015) Wissenswertes über Frequenzumrichter. Handbuch VLT-Frequenzumrichter
12. DIN Deutsches Institut für Normung e. V. (2013) Vereinbarungen für Stromkreise und magnetische Kreise 17.220.01(DIN EN 60375)
13. Ersoy M, Gies S (eds) (2017) Fahrwerkhandbuch. Grundlagen - Fahrdynamik - Fahrverhalten - Komponenten - elektronische Systeme - Fahrerassistenz - autonomes Fahren - Perspektiven, 5. Auflage. ATZ/MTZ-Fachbuch. Springer Vieweg, Wiesbaden

M. Ruschitzka et al., *Mechatronische Produktentwicklung im Kontext der Mikromobilität*, https://doi.org/10.1007/978-3-662-64623-6

14. Föllinger O, Konigorski U, Lohmann B et al. (2016) Regelungstechnik. Einführung in die Methoden und ihre Anwendung, 12., überarbeitete Auflage. Lehrbuch Studium. VDE Verlag GmbH, Berlin, Offenbach
15. Gemaßmer T (2015) Effiziente und dynamische Drehmomenteinprägung in hochausgenutzten Synchronmaschinen mit eingebetteten Magneten. Dissertation, Karlsruher Institut für Technologie
16. Gerschler JB, Kowal J, Sauer DU (2007) High spatialimpedance based modeling of electrical and thermal behavior of Li-Ion-Batteries. A powerful design and analysis tool for battery packs in hybrid electric vehicles. https://www.researchgate.net/publication/322478056. Accessed 20 Aug 2021
17. Gerschler JB (2012) Ortsaufgelöste Modellbildung von Lithium-Ionen-Systemen unter spezieller Berücksichtigung der Batteriealterung. Zugl.: Aachen, Techn. Hochsch., Diss., 2012. Aachener Beiträge des ISEA, vol 63. Shaker, Aachen
18. Isermann R (ed) (2006) Fahrdynamik-Regelung. Modellbildung, Fahrerassistenzsysteme, Mechatronik; mit 28 Tabellen, 1. Aufl. ATZ/MTZ-Fachbuch. Vieweg, Wiesbaden
19. Keil P, Jossen A (2012) Aufbau und Parametrierung von Batteriemodellen. https://mediatum.ub.tum.de/doc/1162416/1162416.pdf. Accessed 19 Aug 2021
20. Keil S (2017) Dehnungsmessstreifen, 2., neu bearbeitete Auflage. Springer Vieweg, Wiesbaden
21. Korthauer R (ed) (2013) Handbuch Lithium-Ionen-Batterien. Springer Vieweg, Berlin
22. Kowal J (2018) Einführung in physikalisch-chemische elektrische Modelle. Vorlesungsfoliensatz. Technische Universität Berlin, Berlin
23. Kowal J (2018) Elektrische Ersatzschaltbildmodelle. Vorlesungsfoliensatz. Technische Universität Berlin, Berlin
24. Kowal J, Gerschler JB, Schaper C et al. (2010) Efficient battery models for the design of EV drive trains. 2010 14th International Power Electronics and Motion Control Conference (EPE/PEMC 2010). IEEE, Piscataway, NJ
25. Lunze J (2014) Regelungstechnik 1. Systemtheoretische Grundlagen, Analyse und Entwurf einschleifiger Regelungen, 10., aktual. Aufl. Springer-Lehrbuch. Springer Vieweg, Berlin
26. Madani S, Schaltz E, Knudsen S (2021) An Electrical Equivalent Circuit Model of a Lithium Titanate Oxide Battery. https://www.mdpi.com/2313-0105/5/1/31
27. Meyer M (2014) Signalverarbeitung. Analoge und digitale Signale, Systeme und Filter, 7., verbesserte Auflage. Lehrbuch. Springer Vieweg, Wiesbaden